海洋環境污染
與防治管理

Marine Environment, Pollution,
Control and Management

蕭葆羲 著

五南圖書出版公司 印行

序

　　海洋對於地球氣候之調節、大氣水文循環及陸域及海域生態系統運作，扮演極為重要的角色與功能，同時也是人類重要蛋白質食物之供應來源。由於科技進步，加上對於環境與生態之關係研究之理解，因此對於海洋的利用與管理，已從往昔「控制海洋」、「利用海洋」的概念，進展到「保育與管理海洋」、「永續發展」的作為。為了人類在地球的生存與永續發展，拒絕海洋污染，珍惜與保護海洋環境是必然的也是必須的舉動。因此海洋環境污染之處置與預防以及管理與生態保育維護，成為人類必要努力的標的。

　　本書內容主要係闡明海洋環境特性、海洋生產力、污染治理處置與預防、海洋污染調查與環境監測管理、海洋環境污染相關法令規章、以及臺灣海洋環境與海域港口污染防治管理。海洋水體運動現象（例如：海流、潮汐、波浪等）與海洋生產力以及海洋污染擴散，包括：溢油污染、海洋放流、鹵水排放、溫排水、海洋棄置、海下油井氣爆、海域鑽探生產水排放、海洋垃圾、海洋牧場、重金屬污染排放，該等因素現象相互交錯關聯，且影響海洋環境與海洋生態之效應。其中污染擴散之掌握預測，更有助於污染防治處理，書中特別將作者多年來在各種海洋污染擴散研究之數值模式與實驗模擬結果，分述於各相關章節，配合書中海洋環境與污染現象與防治等因素內容，予以闡釋敘明，提供讀者清晰明確概念，有利於研究分析海洋污染處理評估與防治之參考。本書同時也敘明海洋環境管理與污染調查監測之具體內涵與方法及措施，提供從事海洋環境影響評估之參酌。另外本書對於相關海洋污染法令（例如：《海洋基本法》、《海洋污染防治法》、《海岸管理法》）之說明分析，冀望可供海洋環境與污染防治處置時，依法有據進行管理之參考。綜論之，獲得海洋環境與污染現象

以及防治管理等因素之清晰明確概念，並由結合先進科技設備以及完善之法令，進行有效管理維護海洋環境與保育海洋生態，達成海洋永續發展目標。

　　臺灣有幸四面環海，本書中也敘明臺灣海域與海岸環境特性以及港口污染防治管理措施，內容有助於臺灣達到有效防治海洋污染以及管理海域海岸環境之參考。珍惜保護臺灣周圍的海洋環境，讓地球海洋環境更美好與海洋生態保育永續。

蕭葆羲

Email: baoshishiau@gmail.com

bsshiau@gate.sinica.edu.tw

b0085@mail.ntou.edu.tw

失去的海洋，
會不會讓人魚公主的童話，變成淒美的阿飄故事？

繪圖◎蕭彥岑

千年以前，

人類夢想征服自然

今天，人類漸漸了解，

唯有與自然和諧共存，才能永續發展

繪圖◎蕭彥岑

南非的立法首都開普敦（Cape Town）知名的地標有被譽為「上帝的餐桌」桌山（Table Mountain）（參見上圖），以及印度洋與大西洋的交匯點好望角（Cape of Good Hope）（參見下圖）。2011 年桌山被票選為「新世界七大自然奇蹟」。下圖左照片中遠眺突出的那一處岬頭就是好望角。好望角海域幾乎終年大風大浪，浪高可達 15 公尺以上，浪頭猶如懸崖峭壁，浪背如緩緩的山坡，受其侵襲而蒙難的船隻不計其數，是世界上最危險的航海區域之一。下圖右照片為開普點（cape point）美麗的老燈塔（historic lighthouse 1860-1919）。（*Photo by Bao-Shi Shiau*）

隆達（Ronda）是西班牙鬥牛發源地，建於懸崖的古老山城（參見上圖），位於西班牙安達魯西亞地區的馬拉加省海拔 700 公尺的丘陵地，被峽谷劃分為兩個城區。城市周圍的遺址最早可追溯到新石器時代，期間歷經羅馬、摩爾人的統治。下圖左為新橋（Puente Nuevo），在 18 世紀就已經完工，位在 El Tajo 峽谷之上，連結被瓜達萊溫河（Guadalevin）分割的新城與舊城，是一座橫跨於深谷 118 公尺的三拱石橋，橋體建築高度達 98 公尺。下圖右為舊橋（Puente Viejo），是一座單拱橋，在 1616 年就完工。1940 年代美國作家海明威（Ernest M. Hemingway）的著作《戰地鐘聲》（For Whom the Bell Tolls）的故事發源地就是西班牙隆達，故事以美國青年參加西班牙反西斯戰爭為題材。隆達鬥牛同樣讓海明威著迷，他也為此寫了兩本關於鬥牛題材的書籍：《午後之死》Death in the Afternoon，與《危險夏日》The Dangerous Summer。（*Photo by Bao-Shi Shiau*）

❧ 目　錄

第九章　臺灣沿海環境與濕地及海域港口污染防治　405

丹麥是眾所皆知的童話之國，在丹麥哥本哈根（Copenhagen）可以看到格林童話中為了愛情不惜犧牲雙腿的小美人魚雕像。小美人魚雕像於 1913 年設立，位於丹麥長堤（Langelinie）公園，為丹麥知名啤酒商 Carl Jacobsen 贈送給哥本哈根市的禮物，靈感來自於丹麥童話大師安徒生的名作《小美人魚》。小美人魚雕像本身約 1.25 公尺高。（*Photo by Bao-Shi Shiau*）

哥本哈根（Copenhagen）新港是丹麥的一條人工運河，建於 17 世紀，因船隻往來和裝卸貨頻繁，海上商業繁盛，遂逐漸形成了今日熱鬧的情景。運河兩旁排滿了 18 世紀時期的彩色房屋，有許多商店、餐廳與酒吧進駐，船隻與多彩的房屋相互倒映，已成為丹麥最著名的代表圖像。童話大師安徒曾住在新港右側 20 號的公寓，在此寫下了著名的童話故事《豌豆公主》和《打火匣》。（*Photo by Bao-Shi Shiau*）

哥本哈根市政廳（Copenhagen city hall）建築始建於 1892 年，1905 年落成啟用，該建築位於市中心的市政廳廣場前。陽台上方的丹麥主教 Absalon（1128-1201）鍍金塑像。鐘塔高 105.6 公尺，每 15 分鐘報時一次，整點鐘聲會長一些。報時鐘是設計師花了 27 年才完成的萬年鐘，且整點標示不是一般常見的數字，而是星宿圖案，鐘塔也是哥本哈根最高的建築。丹麥的許多重大活動都在市政廳廣場舉行。（*Photo by Bao-Shi Shiau*）

奧登賽（Odense）是丹麥第三大城市也是童話大師安徒生故鄉。安徒生博物館是為了紀念安徒生誕生 100 週年而建，博物館是一座紅瓦白牆的平房，坐落在一條鵝卵石鋪的街巷裡，景象讓人感覺仿佛回到了安徒生在 19 世紀生活的年代。（*Photo by Bao-Shi Shiau*）

第一章

海洋環境與污染導論

　　談到海洋污染，不能不從海洋環境說起；而海洋環境之存在，則需從宇宙形成，進而至地球海洋之形成談起。由於海洋水體運動除了改變海洋環境外，更影響各種污染在海洋之傳輸擴散，因此本章同時簡介地球上海洋之特性與海洋環境中水體之基本運動物理現象，例如洋流、潮汐、波浪等。另外介紹海沫對海洋環境之影響效應，以及敘明海洋環境污染之定義，以及如何永續海洋，為後代子孫永保美好海洋環境。

日本太平洋小笠原群島海底火山 2021 年 8 月 13 日噴發之浮石，於 12 月 16 日漂流至臺灣的基隆市國立臺灣海洋大學旁海域。（*Photo by Bao-Shi Shiau*）

1-1 從宇宙到地球之海洋

　　假若從宇宙形成之時開始計算，一直到目前為止，將這段時間壓縮對應成目前所慣用一年之日曆，此經轉換對應之日曆，我們稱為「宇宙年曆」。在天文物理所稱之「宇宙大霹靂（big bang of universe）」發生的那一剎那，開啟了宇宙年曆，至今約 138 億地球年〔普朗克太空望遠鏡在 2013 年利用觀測大爆炸殘留下來的熱輻射，據以回推宇宙膨脹的程度，以及相對應的年齡之方法，得出了 138 億年。（Crookes, 2020）〕。當時間序列持續進行

到宇宙年曆四月間的時候，在該期間宇宙持續不斷的擴展及膨脹，最初的似星體也同時在漆黑浩瀚無垠的空間裏誕生了，形狀如火焰般閃耀的各種類星雲隨後出現，此時呈現了宇宙雛形。在宇宙年曆五月間，銀河系誕生。銀白色的天河裏布滿了各式星體。時間繼續流過，到了宇宙年歷九月初，太陽系形成了。其恆星——太陽——於是開始灑出萬丈光芒，射向太陽系空間裏的每一個角落。時間又繼續過了五日，地球在太陽系的空間裏誕生了，又再過十一日，地球上出現了生命細胞，生命開始進行繁衍以及演化。當宇宙年曆十二月月三十一日最後一天降臨時，人類終於出現了！緊接著在這宇宙年曆的最後十秒鐘內的時間裏，發生了所有人類歷史上最重要的事情。雖然僅僅是宇宙年曆的最後十秒，然而該短促時間卻是相當於人類的整個歷史。所以若以宇宙年曆來看，整個人類歷史相較於整個宇宙形成過程之期程時間，事實上也只不過是一瞬間的事，真可謂是佛家所說的「剎那間」。

　　由太空看地球，讓人感覺到整個地球像是一個「浸泡在水裏的星球」，因此地球可以稱得上是一個「水行星」。拜受近代科技的進步，現今地球表面積測量之數據結果顯示：地球表面積的 70.8% 為海洋所佔據，共有約三億六千萬平方公里，大小約相當於臺灣的一萬倍大。海洋含括了十四億立

圖 1-1　太空看地球（水行星）

圖片來源：美國航空太空總署 NASA

方公里的水量，而若用人類身高體積尺度作比較，海洋確實會讓人感覺到那麼的廣大。經測得之太平洋最深處大約有 11524 公尺，相較於陸地上最高的聖母峰，足足還多了約 2600 公尺。假定將地球表面海平面上之陸地全部剷除進行填海，填完後整個地球表面海水尚有 2000 公尺深。但 2000 公尺深度大小相較於地球半徑 6400 公里的尺度，可以形容為海洋僅僅是一層薄紗，包覆著地球。這薄紗以地球大小尺度來看還真是薄薄的一層，讓人幾乎差一點感覺不到她的存在。雖是薄薄的一層，這一層（海洋）對於地球上得生命卻是非常寶貴重要，因為它是孕育萬物生命的起源處。地球表面呈現多姿多采，令人讚嘆，全是靠這薄薄的一層海洋。

　　與海水的水量相比較，陸地之地面上的水則顯得少之又少。若將南極、北極和高山的冰雪全都加起來，僅佔全世界水資源 2.15%。再加上河流、湖泊、空氣中的水蒸氣、雨水、地下水和土壤中的水分，總共也才佔世界水資源的 2.8%，其他都是海水了，足見海洋之大與廣。據估計目前海水量約為 $1,370 \times 10^6$ 立方公里。

　　英國《每日郵報》報導（2014-12-23），日本氣象衛星「向日葵 8 號（Himawari 8）」在 3 萬 5 千公里的高空下，拍攝下地球最原始、未經任何

圖 1-2

圖片來源：每日郵報

顏色修飾的樣貌，「向日葵 8 號」利用搭載的可視紅外線輻射計（AHI）拍攝，並於 10 月 7 日發射升空，8 日傳回地球的照片，如圖 1-2。我們所熟知的藍色地球，如圖 1-1，其實是美國行航空太空總署（NASA）通過圖像增強和色彩校正處理出來的。

1-2 地球表面形成海洋的起源

由於地球剛形成時是非常熱的，因此一開始地球表面不可能有水。海洋面積佔地球表面積的 70.8%，而這巨量水體在地球表面形成面積廣大的海洋，水體之起源爲何？有各種說法：

(一) 自源說

當地球剛形成時，地球的物質中可能曾存在大量水（Drake（2005）），整個球體中的礦物含有很多水分，且溫度很高。在逐漸冷卻的過程當中，水分慢慢地被釋放出來，因爲水的密度較礦物小，故而逐漸往上移動，終於聚集在地球的表面。由於地表面仍是高溫的地殼，立即被蒸發成爲水蒸氣，在地表上空之大氣層內形成厚厚的雲層，當厚重雲層冷卻後且因重力效應，變成雨水降落於地表上，並再蒸發上去。藉由這樣的循環將地殼的熱能散發到大氣層中，使得地殼表面的溫度降低，而降下的雨水在地表面上也逐漸累積，終將形成了所謂海洋 [Wilde *et al*. (2001), Schmandt *et al*. (2014)]。

(二) 外源說

小行星與彗星都爲地球帶來了水，但是比例仍待研究。利用同位素比例（isotope ratio）分析可以判斷地球上的水的來源，因此科學家使用水的氘 / 氫比例（D/H）做爲分析指標。氘是氫的同位素，又名重氫。近年諸多研究顯示來自小行星帶的隕石，其中水的氘 / 氫比例與地球相近，而彗星的氘 / 氫比例都比地球高。這似乎確定了小行星是地球水的主要來源，而彗星

帶來的水應該較小。研究數據顯現，地球海洋水中氫的同位素氘和氫的比值，與富碳球粒隕石雜質中二者的比例類似，而先前測量彗星和海王星外天體所得數值與地球海洋水的相似程度並不高，因此地球上的水主要來自小行星 [Daly *et al.* (2018), Gorman (2018)]。

1-3 海與洋

通常泛稱海水覆蓋的地表為海洋，亦或指大陸以外之全部水域。其實「海」與「洋」是不同的。簡單的說，「海」緊鄰大陸，受大陸直接影響，無獨立的洋流系統；「洋」則是地球上大片的水域，具有獨立的洋流系統。洋又可稱為大洋（oceans）或世界洋（world oceans），其鹽度大致一定。海和洋當然是互相連接的，同時也都受月球、太陽的引力影響、地球的自轉及太陽輻射的熱力作用。

如果以陸地和海洋的區域位置來區分，分別有：(1) 太平洋、(2) 大西洋、(3) 印度洋、(4) 北冰洋與 (5) 南冰洋。其中北冰洋包括有北極海、加拿大群島海、巴芬灣（Baffin）以及挪威海；而南冰洋則為環繞南極之海洋。各洋之面積大小依序為：太平洋、大西洋、印度洋、北冰洋與南冰洋，而平均深度順序則為：太平洋、印度洋、大西洋、北冰洋、與南冰洋；另水體容積大小順序分別為太平洋、大西洋、印度洋、北冰洋、與南冰洋。值得一提，太平洋之水體容積佔總海水量約 51.6%，而大西洋則為 23.6%，印度洋為 21.2%。因此太平洋所佔比例已超過半數，而大西洋與印度洋均低於四分之一。表 1-1 所列為三大洋之面積、體積、以及平均深度。

表 1-1　三大洋之面積、體積、以及平均深度

項目	太平洋	大西洋	印度洋	三大洋合計
面積（$10^6 km^2$）	179.679	106.463	74.917	361.059
體積（$10^6 km^3$）	723.699	354.679	291.945	1370.323
平均深度（m）	4028	3332	3892	3795

　　舉凡大洋靠近陸地邊緣部分，或由島弧、半島等所隔離者，亦或居於兩陸地間，或由陸地所包圍者，皆稱為海。甚至遠洋中由洋流所劃分之區域，也稱為海。因此海之面積遠比洋小，且深度亦淺。海依其特性，大致可區分為：

1. 邊海或邊緣海（Marginal sea）：其特徵為與大陸接近，且同時為島嶼或半島所包圍。一般邊海之深度、形狀與大小等極為不一致，並受到潮汐之影響甚大。屬於邊海者有，例如：東海、南中國海、日本海、白令海、加勒比海等等。

2. 地中海（Mediterranean sea）：其特徵為深入大陸內地，而介於兩個以上大陸之間，有較淺之海峽與大洋相連接，深度有時與大洋相當。屬於地中海型有，例如歐洲非洲間之地中海、墨西哥灣（Gulf of Mexico）、介於歐美亞三洲之間之北極海（North Polar sea）等。其中以歐洲非洲間之地中海最為著名，其出口僅有直布羅陀海峽（Gibraltar）與大西洋相連通。

3. 內陸海（island sea）：其特徵係位於大陸內部，其水體受河流注入之影響甚大，而鹽分也較大。由於與大洋隔絕，因此受到潮汐之影響甚微。屬於內陸海者有，例如：裏海（Caspian sea）、黑海（Black sea）。裏海往昔曾與其西方之黑海相連通，嗣後由於海水面降低，且陸地上升，因此導致完全孤立，形成今日之內陸海。黑海則與其西方之地中海以博斯普魯斯海峽（Bosphorus strait）相連，海峽寬度最窄者僅七百公尺，平均深度四十公尺，因此黑海與地中海之水體並不交流，故而屬於內陸海。圖 1-3 照片為博斯普魯斯海峽，以及橫跨海峽之吊橋，吊橋之兩側分屬於歐洲與亞洲。

4. 海峽：凡夾在兩陸地之間，或大陸與島嶼間之狹長海道，連通兩端海洋者，皆稱為海峽。例如臺灣海峽、英吉利海峽等。

5. 深海（deep sea）：深海為遠洋之一部分，以洋流為限。例如南冰海（Antarctic sea），係自南極洲之海岸向北延伸至南冰洋輻合流（Antarctic convergence）者。又例如撒古梭海（Sargasso sea），位於北大西洋

圖 1-3　橫跨歐亞兩洲之博斯普魯斯海峽（Bosphorus strait）（*Photo by Bao-Shi Shiau*）

西部，由四面洋流所包圍者，其南面為北赤道流，東面為灣流，北面為西風漂流，東面則為加那利流（Canaries current）。

1-4 海水物理特性

海水主要成分為水，與其他物質比較，水具有幾項特性值得一提：(一)除了液態氨（liquid ammonia）外，水為液態物質中比熱最大者；亦即當對液態物質加熱或放熱時，水之溫度改變量最小。(二) 水之潛熱（latent heat）非常大；水之蒸發熱為所有物質中最大者，而融合熱（heat of fusion）則除氨（ammonia）外，也是最大者。

除了主要成分為水外，海水係含有多種鹽類物質（參閱表 1-2），因此其密度較淡水為大。由表 1-2 成分比例顯示海水中所含之各種鹽類物質，主要為氯化鈉（NaCl，sodium chloride），佔總鹽量之 77.91%。其次為氯化鎂（$MgCl_2$，magnesium chloride），約佔 10.60%。其他鹽類所含比例則較小。

其實最初的海水並不鹹，只是後來陸地上的岩層受到風化侵蝕，逐漸將其中的鹽分子溶出來，並經由雨水帶到溪河，再流入海洋。海洋日復一日接收來自溪河的鹽分，因此一天比一天鹹。當然，過量的鹽也會沉澱結晶，最

表 1-2　海水中所含有之各種鹽類物質比例

種類	含量（g/l）	百分比（%）
NaCl（sodium chloride）	28.014	77.91
$MgCl_2$（magnesium chloride）	3.812	10.60
$MgSO_4$（magnesium sulfate）	1.752	4.87
$CaSO_4$（calcium sulfate）	1.283	3.57
K_2SO_4（potassium sulfate）	0.816	2.27
$CaCO_3$（calcium carbonate）	0.122	0.34
KBr（potassium bromide）	0.101	0.28
$SrSO_4$（strontium sulfate）	0.028	0.08
H_2BO_4（boric acid）	0.028	0.08
總計	35.956	100.00

後達到平衡狀態，海水大致就維持某一穩定的鹹度了。

　　整體說來，海洋海水物理量性質在垂直方向之變化率 a 遠超過其在水平方向之變化率 b，二者之間變化率之差別約有三個數量級（order of magnitude），亦即變化率之差別約有千倍之距，$a/b \sim 10^3$。

　　一般表層海水之鹽度分布狀況，大約與緯度平行。在赤道附近鹽度最低，南北緯 20 度附近最高，接著向兩極又漸減。原因係在赤道為無風帶且降雨最多，而 20 度處附近為高壓帶且蒸發強。至於高緯度之西風帶，降雨又多且受洋流及冰山之影響，故鹽度又呈現減低之趨勢。

　　開闊表層海水之鹽度，大多介於 33 至 37o/oo 之間。有些地區，例如地中海東部及紅海，具有高鹽度之特性，鹽度值甚至達到 41o/oo。一般而言，北大西洋表面鹽度最大，為 35.5o/oo。南大西洋及南太平洋較小，為 35.2o/oo。北太平洋最小，為 34.2o/oo。開闊海洋鹽度年變化約為 0.5o/oo，北太平洋東部以及孟買 Bengal 灣，年降水變化大，因此鹽度年變化值也大，但限於表層水。

　　全世界海水整體平均鹽度為 34.72o/oo（per mil），或 3.472%。海水之

鹽度表示一般係以 psu 表之，psu 係定義為溶解在 1kg 海水當中之鹽量（以 gram 計量）。雖然如上所述某些海域海水鹽度與平均值有差異，但各種鹽類成分所佔之比例，實質上一如表 1-2 所示，並無變化（Forshhammer，1859 年發現，而 Dittmar，1884 年證實。）。亦即在任何高鹽度或低鹽度之海域海水，其 NaCl 之含量比例仍為 77.91%。因此海水鹽度 S（o/oo）可由其含氯濃度（Cl o/oo）決定之。鹽度與含氯濃度之經驗公式如下：

$$S(o/oo) = 1.80655 Cl(o/oo) \qquad (1\text{-}1)$$

由於海水密度（ρ，單位為 g/cm^3）與標準淡水密度（1.000 g/cm^3）差異不大，因此海水密度改用 σ_i 表示，其定義為：

$$\sigma_i = (\rho - 1) \times 1000 \qquad (1\text{-}2)$$

在大氣壓力下，若考慮溫度 T 對海水密度之影響，可採用海水密度之近似公式：

$$\sigma_i = 28.14 - 0.07357T - 0.00469T^2 + (0.802 - 0.002T)(S - 35) \qquad (1\text{-}3)$$

參閱圖 1-4，海水密度（或鹽度或溫度）隨深度變化而有所不同時，該現象我們稱為密度（鹽度、溫度）層變（density（salinity、temperature）stratification）。此密度、鹽度、溫度層變現象，在某些海域可能為長久存在，而某些海域也可能隨季節變化而隨之明顯改變（參閱圖 1-5）。

聲音在任一物質之傳遞速度 V_c，可依照下述公式計算：

$$V_c = \sqrt{\frac{\gamma}{\rho K}} \qquad (1\text{-}4)$$

式中 $\gamma = \dfrac{c_p}{c_v}$ 為分別在等壓及等體積狀況下之比熱（specific heat）比值，ρ 為聲音傳遞物質之密度，K 為物質之壓縮性（compressibility）。

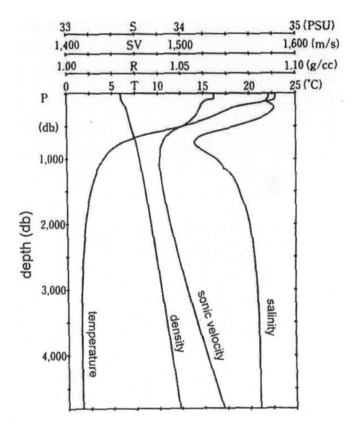

圖 1-4　在不同海水深度下，溫度、密度、鹽度、及音速等之變化

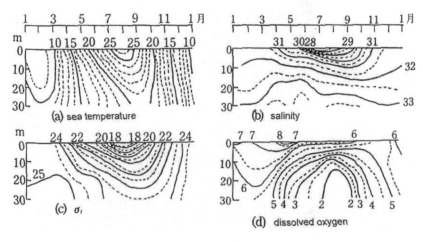

圖 1-5　不同季節之海水溫度、鹽度、密度與溶氧之分布變化

聲音在海水中傳遞速度將隨著海水溫度、壓力、及鹽度之增加而增加。當音波在海水中某一深度之傳遞速度到達最小值時，該深度稱為 SOFAR (SOund Fixing And Ranging) channel。在此 SOFAR channel 深度，聲音音波可傳遞很長的距離，卻無顯著之音波強度損失。

聲音在海水中傳遞，其音波強度將以指數型式隨著傳遞距離增加而衰減，亦即

$$I_x = I_0 \exp(-2\alpha x) \qquad (1\text{-}5)$$

式中 I_0 為在音源處之音波強度，I_x 為距離音源 x 處之音波強度，α 為音波吸附係數（absorption coefficient）。音波吸附係數與聲音之頻率 f 成正比例，因此低頻聲音較高頻聲音可傳遞更遠距離。海水之音波吸附係數 α 約為 $3f^2 \times 10^{-15}$（1/cm），f 單位為 Hz。

例題　在海水中，若是頻率 10kHz 之聲音，距離音源 10km 處，其音波強度衰減為何？

解答：距離音源 10 km 處之音源強度如下：

$$I_x = I_0 \exp(-2\alpha x) = I_0 \exp\{-2 \cdot [3(10 \cdot 10^3)^2 \cdot 10^{-15} \frac{1}{cm}] \cdot (10 \cdot 10^5 cm)\} = 0.55 I_0$$

故音波強度衰減了 45%

光在海水中之傳遞與聲波類似，也會隨著傳遞距離 x 增加，而呈現指數型式衰減，關係如下式：

$$I_x = I_0 \exp[-(b + c)x] \qquad (1\text{-}6)$$

（1-6）式中，b 為吸附效應之吸附因子（absorption factor），c 為散射效應之散射係數（scattering coefficient）。不同波長之光線之 b，c 值示如圖 1-6。在光波長範圍從紫外線（ultraviolet rays）至紅外線（infrared rays），吸附效應遠遠強過散射效應。

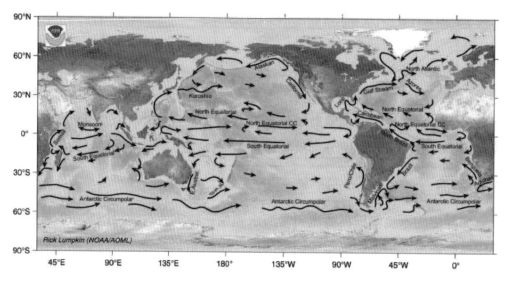

圖 1-7　大洋海流

圖片來源：美國國家海洋大氣管理署 NOAA

3. 大西洋：安哥拉洋流、安地列斯暖流、巴芬島寒流、本格拉寒流（本吉拉涼流）、巴西暖流、加那利寒流（涼流）、合恩角寒流、加勒比暖流、東格陵蘭寒流、福克蘭寒流、墨西哥灣暖流、幾內亞暖流、拉布拉多寒流、北大西洋暖流、北巴西洋流、挪威暖流、葡萄牙洋流、南大西洋洋流、斯匹茲卑爾根洋流、西格陵蘭暖流、西風漂流。

4. 印度洋：阿古拉斯暖流、東馬達加斯加暖流、赤道逆流、印度尼西亞洋流、盧文洋流、馬達加斯加暖流、莫三比克暖流、索馬利亞洋流、反南澳大利亞洋流、南赤道洋流、西南和東北季風漂流（印度季風洋流）、西澳大利亞寒流（西澳涼流）、西風漂流。

5. 南冰洋：南極環極洋流、威德爾海環流、塔斯曼洋流。

　　海流對海洋中許多物理過程、化學過程、生物過程和地質過程，以及海洋上空的氣候和天氣的形成及變化，都有絕對影響效應，故了解和掌握海流的規律、大尺度海─氣相互作用和長時期的氣候變化，對漁業、航運、污染排放以及軍事等都有重要意義。

　　依據海水水體之流動之性質不同，可將海流區分為：

1. 洋流

　　通常係發生於大洋中之水流，有一定之流向與流速。由於形成影響較為顯著之因素為海水密度分布之不均勻與大氣環流風帶等效應，又可區分為密度流（density current）與吹送流（drift current）。所謂密度流即是不同溫鹽特性之水團，由於密度之差異性，形成浮力驅動水團，引發海水流動。而吹送流則是一定方向之風，由於在海面上長時間吹送，經由水面傳遞作用力，使得水團獲得能量，因而驅動海水流動。

　　洋流相較於附近海水的溫度可分為：(1) 暖流（低緯度→高緯度）、(2) 寒流（高緯度→低緯度），(3) 涼流（中緯度→赤道）。北太平洋最強的洋流是日本西岸的黑潮，北大西洋則是美國東岸的墨西哥灣流。洋流會影響地域的氣候，並且常帶來大量的浮游生物，形成漁場，也可利用洋流的流向加快航運的速度。

2. 潮流（tidal current）

　　海水由於受到日、月、星球之引力作用，而產生潮波，該潮波在沿著海岸附近海域產生週期性的水位漲落引發之水流，稱為潮流。

3. 風流（wind current）

　　與吹送流性質相同，惟吹送流係只受到大氣環流風帶影響，發生於大洋中。而風流則指在沿岸陸棚海域，受到季風之影響，形成風向與流速不定之水流。

4. 補流（compensation current）或升降流（upwelling，downwelling）

　　在某處之海水流向他處，因流體運動之連續性原理，使得他處之海水流過來補充，稱之為補流或稱為升降流。補流又可分為上升流與下降流。

　　關於補流中之上升流，其係因表層水平向水流的四面發散，致使表層

以下的海水產生垂直上升的流動。相反地，若因表層水平向水流的四面聚合，使海水產生海面垂直下降的流動，稱之為下降流。上升流和下降流合稱為升降流，為海洋環流的重要現象。

升降流的生成與風有著密切的關係。在北半球，當風沿著與海岸（位於風向的左側）平行的方向較長時間地吹刮時，在地轉偏向力的作用下，風所形成的風飄流使表層海水離開海岸，便引起近岸的下層海水上升，形成了上升流。在遠離海岸處則形成了下降流，它從下層流向近岸，以彌補近岸海水的流失。在南半球，也有相應的情況發生。在颱風的作用下，颱風中心的表層海水產生四面發散，使其下層海水上升，形成了上升流，而在颱風邊緣則形成下降流。

5. 熱鹽環流

大洋上的結冰、融冰、降水和蒸發等熱鹽效應，造成海水密度在大範圍海面分布不均勻，使得極地和高緯度某些海域表層生成高密度的海水，進而下沉到海域深層和底層。在水平壓力梯度的壓力推動下，沿著水平方向的流動，並可通過中層水底部向上再流到表層，形成了大洋的熱鹽環流。

(二) 潮汐

當天體之間萬有引力作用於海面時，海水面隨之變化，水面升降大小幅度與天體相互位置有關，這種海水面之升降稱為天文潮（astronomical tide）。一般而言，地球與其他星球間之萬有引力較小，若忽略不計，此時其海水面隨之變化稱為海潮（ocean tide）。當低氣壓或颱風通過海面時，因氣壓降低而使得水位上升，且同時由於強風擁積作用，合併引發水位升高，此種因氣象作用引起水位變化，稱為氣象潮（meteorological tide）或暴潮（storm）。

普通潮汐均指天文潮，亦即當海洋表面由於受到月球和太陽的引力（其他星體之萬有引力相對微小，忽略不予考慮），以及地球公轉、自轉的影響，進而產生海面週期性規則的升降作用。海水面之升降變化，水位上升稱

爲「潮」，水位下降稱爲「汐」，合稱爲「潮汐」。一般每天大約有兩次升降。

　　兩星球之間作用力包括有：萬有引力（重力）與離心力，二者合力作用，稱爲引潮力，或稱潮汐力。重力與離心力係與兩星球間之距離平方成反比，但引潮力卻與兩星球間之距離三次方成反比。

　　月球對地球海洋引潮力之分析如下：

1.萬有引力（亦即重力）

　　參閱圖 1-8，在地球表面任一處，例如面向月球（近月側）或背向月球（遠月側）受到之月球萬有引力（重力）F_g，分別爲：

$$F_g = \frac{GmM}{(R-r)^2} \text{ 及 } F_g = \frac{GmM}{(R+r)^2} \tag{1-7}$$

式中 G 萬有引力係數 $6.673\,cm^3/gs^2$，m 爲地球上任一質點質量，M 爲月球質量，r 爲地球半徑，R 爲地心至月心之距離。

2.向心力（或離心力）

　　參閱圖 1-8，地心質點 m 受到月球影響之向心力（或離心力）F_c 爲：

$$F_c = \frac{GmM}{R^2} \tag{1-8}$$

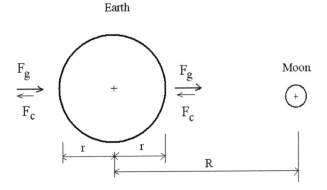

圖 1-8　地球與月球引潮力分析示意圖

3.引潮力

此時地球表面任一處受到之月球萬有引力 F_g 與離心力 F_c 之合力並不等於零，此合力將引發海洋水體之潮汐運動，稱為引潮力 F_{tide}。

(A) 當地球表面面向月球處（近月側）受到之月球萬有引力 F_g 與離心力 F_c 之合力計算如下：

$$F_{tide} = F_g - F_c = \frac{GmM}{(R-r)^2} - \frac{GmM}{R^2} \qquad （1\text{-}9）$$

將上式展開，

$$F_{tide} = GmM \frac{R^2 - (R-r)^2}{(R-r)^2 R^2} \qquad （1\text{-}10）$$

$$= GmM \frac{R^2 - (R^2 - 2Rr + r^2)}{(R-r)^2 R^2}$$

由於 $R \gg r$，故 $R - r \doteqdot R$，$r^2 \doteqdot 0$

$$因此\ F_{tide} = \frac{GmM\,2r}{R^3} \qquad （1\text{-}11）$$

引潮力 F_{tide}（正號）表示方向係面向月亮。

(B)當地球另一面表面背向月球任一處受到之月球萬有引力 F_g 與離心力 F_c 之合力計算如下：

$$F_{tide} = F_g - F_c = \frac{GmM}{(R+r)^2} - \frac{GmM}{R^2} \qquad （1\text{-}12）$$

將上式展開，

$$F_{tide} = GmM \frac{R^2 - (R+r)^2}{(R+r)^2 R^2} \qquad （1\text{-}13）$$

$$= GmM \frac{R^2 - (R^2 + 2Rr + r^2)}{(R+r)^2 R^2}$$

由於 $R \gg r$，故 $R + r \doteqdot R$，$r^2 \doteqdot 0$

$$因此 \ F_{tide} = -\frac{GmM2r}{R^3}$$　　　　（1-14）

引潮力 F_{tide}（負號）表示方向係背離月亮。

(C) 近月側與遠月側之引潮力大小（與兩星球距離三次方成反比）相等，但方向相反。

(D) 據上分析，由於引潮力與星球質量成正比，但與其距離三次方成反比。

例題　月球質量約 7.35×10^{22}kg，平均半徑約 1.74×10^5m，月球與地球平均距離約 3.85×10^8m。地球質量約 5.98×10^{24}kg，平均半徑約 6.38×10^6m，太陽質量約 1.99×10^{30}kg，平均半徑約 6.96×10^8m，太陽與地球平均距離約 1.50×10^{11}m。

　　　試問月球與太陽對於地球之引潮力比例為何？

解答：月球引發之引潮力 $F_{tide,moon} = \dfrac{GmM_{moon} \cdot 2r}{R_{moon-earth}^3}$

　　　太陽引發之引潮力 $F_{tide,sun} = \dfrac{GmM_{sun} \cdot 2r}{R_{sun-earth}^3}$

　　　引潮力比例 $\dfrac{F_{tide,moon}}{F_{tide,sun}} = \dfrac{\dfrac{GmM_{moon} \cdot 2r}{R_{moon-earth}^3}}{\dfrac{GmM_{sun} \cdot 2r}{R_{sun-earth}^3}} = \dfrac{M_{moon}}{M_{sun}} \left(\dfrac{R_{sun-earth}}{R_{moon-earth}} \right)^3$

　　　　　　　　$= \dfrac{7.35 * 10^{22} \, kg}{1.99 * 10^{30} \, kg} \left(\dfrac{1.50 * 10^{11} \, m}{3.85 * 10^8 \, m} \right)^3 \approx 2.2$

計算結果顯示，由於月球比太陽距離地球近，因此影響潮汐最大。月球與太陽之於地球之引潮力比值約為 2.2：1。

　　引潮力引起海水的流動，稱為潮流（tidal current）。引潮力除了在地球表面之近月側與遠月側係垂直於地球表面，其他地方引潮力都與地球表面傾斜。形成漲潮（flood）與退潮（ebb）原因主要係引潮力與地球表面平行之分力，而非與地球表面垂直之分力。該平行分力使得海水流向近月側或遠月側聚集，造成該二側海水量增加，因此呈現漲潮現象。反之，若海水流走離開兩側，造成該二側海水量減少，因此呈現退潮現象。參閱圖1-9，漲潮時水位稱為高潮位（high tide），退潮時水位稱為低潮位（low tide），高潮位與低潮位之差距稱為潮差（tide range）。

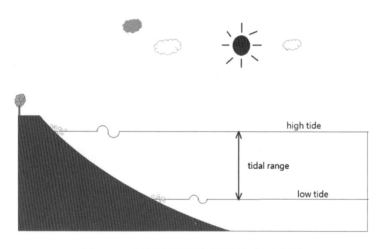

圖1-9　高潮位低潮位與潮差之示意圖

　　在某些地區，利用較大之潮差，引入潮流推動水力渦輪機，進行發電，稱之為潮差發電（tidal power generation）。選定適當地點之大範圍海灣海域築堤蓄水，當漲潮時，堤可阻擋海水，待漲至最高潮位時，將堤外高水位海水經由設計之水道導入堤內，在水流經設計水道內之渦輪機時，推動渦輪機發電。當退潮時，等堤外海域水位降至最低潮位時，打開水道讓堤內高水位海水反向流出堤外，而經水道流出堤外時，反向推動渦輪機發電。如此漲退潮水位落差，來回推動渦輪機達到發電目的。工程實務設計一般潮差須達7公尺以上，才具有開發價值。加拿大東南部大西洋沿岸的芬迪

灣（Fundy Bay），是世界海潮潮差最大的海灣，平均潮差達 12 公尺，而灣口最大潮差曾經達 16 公尺。臺灣東海岸潮差變化不大，平均潮差約 1 公尺。東北角和西南海岸則潮差最小，平均潮差小於 1 公尺。至於西海岸潮差由南北兩端向中部漸增，最大在苗栗至台中一帶，平均潮差約 4 公尺，大潮差超過 5 公尺。

　　潮汐與潮流對於海洋環境污染之相關問題影響甚大，例如：(1) 沿岸小型漁船的出入，養殖業，港灣航道之疏浚都需配合潮汐，(2) 污水排放於海岸水域，(3) 電廠冷卻水取用及熱廢水排放，(4) 港區或灣區水質污染利用海水交換改善等等，也需考慮潮汐效應，(5) 潮汐亦有疏導港口或河口積沙的功能。

　　滿月和新月時，由於月球、太陽和地球成一直線，引力相疊，故而潮差最大，產生了大潮；反之，上弦月和下弦月時，就形成小潮。海面水位上升達到最高位置時，稱為高潮或滿潮；而水位下降至最低位置時，稱為低潮或乾潮。由低潮至高潮，海面水位逐漸上升，稱為漲潮。反之，海面水位自高潮至低潮，海面逐漸下降稱為退潮。自高潮至下次高潮或自低潮至下次低潮所需時間，稱為潮汐週期。高潮與相鄰低潮之水位差稱為潮差，各地潮差均不同，且同一地點亦逐日而異。發生乾潮與滿潮之時刻，每日均有不同。一年之中以春秋分之潮差最大，每月之間，則以朔望後一至三日之潮差最大，上下弦月後一至三日之潮差較小。一般在朔望之潮汐稱為大潮（spring tide），上下弦月之潮汐稱為小潮（neap tide），參閱圖 1-10。

　　潮汐可分為：(1) 半日潮：每天漲潮、退潮各兩次，且兩次漲潮高度大約類似。(2) 全日潮：一天只有一次顯著之漲潮。(3) 混合潮：每天漲潮、退潮各兩次，但兩次漲潮高度不同，一次較高，另一次較低。

　　潮汐之預報，較精確做法係應用調和分析法（harmonic analysis）計算。由於海面水位升降，係各種天體引力組合，因此可視為不同週期、不同引力強度及不同相位之正弦與餘弦三角函數所合成。故使用傅利葉轉換（Fourier transform）方式，將各分潮成分解析計算出來，稱為調和分析。

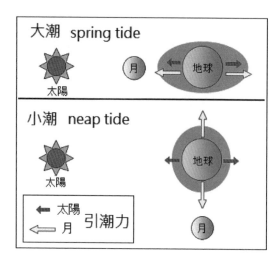

圖 1-10　引潮力與大潮小潮之示意圖

　　另外一種預報方式稱為非調和分析法（non-harmonic method），該法係假設每日有兩次滿潮與兩次乾潮，計算方法為將當地長期觀測紀錄資料平均，獲得平均滿潮與平均乾潮高度，同時計算求得平均滿潮與平均乾潮之時間間隔，則該地方之滿潮與乾潮之發生時間為：

$$滿潮時間 = 月中天 + 平均滿潮間隔 \qquad (1\text{-}15)$$

$$乾潮時間 = 月中天 + 平均乾潮間隔 \qquad (1\text{-}16)$$

　　此種非調和分析法，特點為具有簡便性，且有某種程度上之可靠性。雖然沒有調和分析法那麼精準，但在某些工程應用上已足敷使用，因此還是具有實際應用價值。

(三) 波浪

　　海水受到外部力量的作用而形成水表面規則或不規則的波動現象，亦即水面週期性之升降，稱為波浪（Wave）。參閱圖 1-11，在水深（water depth）d 之波浪運動中，水位最高點稱為波峰（wave crest）；水位最低點稱為波谷（wave trough）；水平面至波峰或波谷之垂直距離稱為波幅（wave

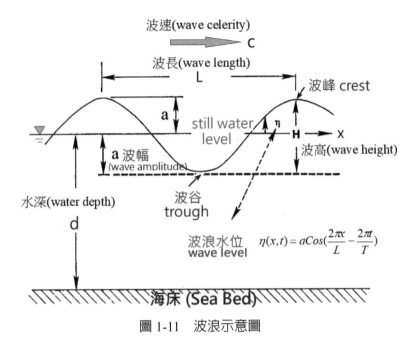

圖 1-11　波浪示意圖

amplitude）a；而波峰至波谷之垂直距離稱為波高（wave height）H = 2a；相鄰波峰或波谷之水平距離稱為波長（wave length）L；波峰前進之速度稱為波速（wave celerity）c，或稱相速（phase velocity）；而波峰前進一個波長所需時間稱為週期（wave period）T。波高與波長之比例稱為波之尖銳度（steepness）H/L。

　　波浪之水位 η 變化函數可以下式表示之。

$$\eta(x,t) = a\cos\left(\frac{2\pi x}{L} - \frac{2\pi t}{T}\right) \qquad (1\text{-}17)$$

或者

$$\eta(x,t) = a\sin\left(\frac{2\pi x}{L} - \frac{2\pi t}{T}\right) \qquad (1\text{-}18)$$

另外依據定義，波速或相速可以下式表示之。

$$c = \frac{L}{T} \qquad\qquad （1\text{-}19）$$

波速或相速 c 與波長 L、水深 d 等變數之關係，應用微小振幅波（small amplitude plane wave）理論分析推導，可獲得波速 c 公式如下：

$$c = \left[\frac{gL}{2\pi} \tanh\left(\frac{2\pi d}{L} \right) \right]^{\frac{1}{2}} \qquad\qquad （1\text{-}20）$$

將（1-19）式與（1-20）式合併，可獲得波速或相速 c 如下式：

$$c = \frac{gT}{2\pi} \tanh\left(\frac{2\pi d}{L} \right) \qquad\qquad （1\text{-}21）$$

　　就生成波浪的原因與波形的不同，因而有各種名稱，例如：受風吹襲而引起的稱為風浪（wind wave）；波頂很圓、波長很長的稱為長浪；由海底地震或地形變動崩塌產生的波浪稱為海嘯（tsunami）；海水內部因為上下層密度差，受到擾動在海水內部所產生的波動，稱為內波（internal

圖 1-12　《神奈川衝浪裏》是葛飾北齋（1760-1849）的浮世繪版畫《富嶽三十六景》之一，於 1832 年出版。畫作裡描繪的驚濤巨浪掀捲著漁船，漁民們為了生存而努力抗爭的圖像，遠景是富士山。

圖片來源：維基百科富嶽三十六景

wave）；波浪受到障礙或受相鄰波浪影響所形成的波稱為次生波；波浪向海岸前進時，如波高等於或大於海洋深度時，上部波速未減而下部波速減慢，導致上面的浪往前捲，終於破碎，稱為碎浪或捲波。

　　波浪分類可依照：1.起浪力量分類，2.震動之特性分類，3.波浪之週期分類，4.波形之移動狀況分類，5.波形之斷面形狀分類，以及6.波長與水深之關係分類。茲分述如下：

1. 起浪力量分類

(1) 風浪：係因風壓所產生之波浪；

(2) 地震波浪：因地震海嘯所引起之波浪；

(3) 潮波：因日月天體引力所引起之波浪；

(4) 長浪或稱湧浪（swell）：係因受到強烈低氣壓所引發；

(5) 內波（internal wave）：密度相異之兩水團，於其交接面處所形成之波動，謂之內波。通常在海面上甚難直接看見，若有船隻航行其上，受其影響，有時甚至無法前進，因此航海者稱此為「死水」。

2. 震動之特性分類

(1) 自由波：波浪發生後，其原來之動力停止作用，但波浪仍然繼續自由前進，波浪速度與週期僅受海洋形狀及深度影響，稱為自由波；

(2) 強制波：產生波浪之原動力，繼續作用，而波浪之行進速度與週期始終受到此等外力所控制，謂之強制波。

3. 波浪之週期分類

(1) 表面張力波（capillary wave）：週期小於 0.1 秒；

(2) 超重力波（ultra-gravity wave）：週期介於 0.1 秒至 1 秒之間

(3) 重力波（gravity wave）：週期介於 1 秒至 30 秒之間；

(4) 低重力波（infra-gravity wave）：週期介於 30 秒至 5 分鐘之間；

(5) 長週期波（long period wave）：週期大於 5 分鐘而小於 12 小時；

(6) 潮波（tidal wave）：週期大於 12 小時而小於 24 小時；

(7) 越潮波：週期大於 24 小時者。

4. 波形之移動狀況分類

(1) 行進波（progressive wave）：波峰與波谷依序前進，而非固定出現在一
　　定位置者，稱之行進波。例如風浪、湧浪等。

(2) 駐波（standing wave）：又稱為震盪（seiche）。波形無前進之跡象，
　　而發生在一定位置處。常發生於封閉式水域（如湖泊），或水域一端與
　　大海相連接之灣區（bay）或港區。

5. 波形之斷面形狀分類

(1) 正弦波（sinusoidal wave）。

(2) 擺線波。

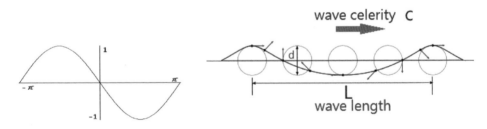

圖 1-13　正弦波與水分子作圓周運動擺線波之行進軌跡

6. 波長與水深之關係分類

(1) 深水波：當水深大於波長之二分之一時（d/L>1/2），稱為深水波。該等
　　波行進時，其水分子之圓周運動，僅影響及於水表面，因此又稱為表面
　　波。深水波之水分子軌跡呈圓形。參閱圖 1-14。

　　$\because d/L > 1/2$　$\therefore 2\pi d/L > \pi$　$\therefore \tanh(2\pi d/L) \approx 1$

　　代入（1-20）式或（1-21）式，分別獲得：

深水波之波速 $c = \sqrt{gL/2\pi}$ 或 $c = gT/2\pi$ （1-22）

(2) 淺水波：當水深小於波長之二十分之一時，稱爲淺水波。此等波浪行
進，可影響及於海底。通常發生於深海中之潮波、或長波等，均可視爲
淺水波；反之在淺海中之微小波，其對海底無影響，反被稱爲深水波。
亦即深水波或淺水波之意義，乃係以波長與水深之比例決定之。淺水波
則爲橢圓形。參閱圖 1-14。

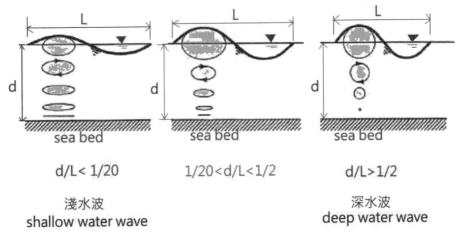

圖 1-14　淺水波與深水波示意圖

$\because d/L > 1/20$　$\therefore 2\pi d/L > 1/4$　$\therefore \tanh(2\pi d/L) \approx 2\pi d/L$

代入（1-20）式，獲得：

淺水波之波速　$\therefore c = \sqrt{gd}$ （1-23）

　　波浪對海岸會產生侵蝕和堆積作用，改變海岸環境。在波浪較小的海
岸，波浪破碎後上沖的力量大於退回海中的力量，容易形成平坦的沙灘；較
大的湧浪上沖的力量小，退回海中的力量卻較大，會造成海岸的侵蝕，形成
較陡峭的海岸。

　　一般海洋上之波浪非常地不規則，係乃由無數振幅、相位、週期等波
浪所疊加而成。因此處理與研究海上波浪，使用統計方法爲不二法門。將波

浪之波高大小按照順序排列，所有波高個數中最大之十分之一之波高之平均值，稱為十分之一最大波高，以 $H_{1/10}$ 代表之；所有波高個數中最大之三分之一之波高之平均值，稱為三分之一最大波高，或稱為有意義波高（significant wave height），以 $H_{1/3}$ 表示之。而所有波高之平均值，稱為平均波高，以 H_{ave} 或 $\overline{H}$ 表示。此等波高與波浪能量 E 之關係，可以下列關係式表示為：

$$\overline{H} = H_{ave} = 1.772\sqrt{E} \qquad （1\text{-}24）$$

$$H_{1/3} = 2.832\sqrt{E} \qquad （1\text{-}25）$$

$$H_{1/10} = 3.600\sqrt{E} \qquad （1\text{-}26）$$

此處波浪能量 E 與波幅 a 之平方成正比，係為單位面積上之總能量 $\frac{1}{2}\rho ga^2$，包括平均位能 $\frac{1}{4}\rho ga^2$ 與動能 $\frac{1}{4}\rho ga^2$。在簡諧波浪運動中，其波幅 a 為波高 H 之一半，因此簡諧波浪運動之波浪總能量 $E = \frac{1}{8}\rho gH^2$。

　　海洋之波浪波高統計分布關係，依據 Longuet-Higgins 之理論，其波高分布機率密度函數 $P(\frac{H}{H})$ 關係為 Rayleigh 分布：

$$P(\frac{H}{H}) = 1 - \exp[-\frac{1}{4}(\frac{H}{H})^2] \qquad （1\text{-}27）$$

1-6 聖嬰現象及反聖嬰現象與大氣海洋環境之關係

　　所謂聖嬰現象（El Nino）係指熱帶東太平洋海域的海面特殊增溫現象。而相對於聖嬰現象，亦有所謂反聖嬰現象（La Nina），係指熱帶東太平洋海域的海面特殊降溫現象。太平洋上空的大氣環流叫做沃克環流（Walker circulation），當沃克環流變弱時，海水吹不到西部，太平洋東部海水變暖，就是聖嬰現象。聖嬰同時存在海洋與大氣之中，因此又被稱為科學家聖嬰南方振盪（El Nino Southern Oscillation，ENSO）。當沃克環流變得異

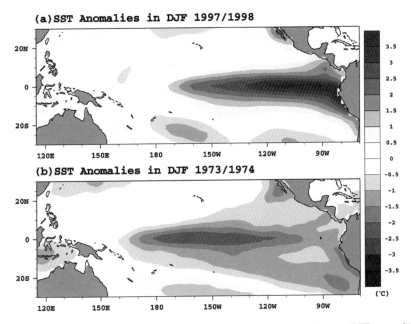

圖 1-15　(a)20世紀超級聖嬰的海平面溫度，平均期間自1997年12月至1998年2月。

　　　　(b) 同 (a) 但為 1973/74 年的反聖嬰，期間自 1973 年 12 月至 1974 年 2 月。

來源：中央氣象局網站

常強烈，溫度較高的海水被東南信風吹向太平洋西部，因此西部海水溫度增高，產生反聖嬰現象。

　　聖嬰現象是秘魯漁夫用來形容出現在南美洲西岸厄瓜多和秘魯一代的海洋暖水現象，由於海水溫度上升使得海洋水中的浮游生物減少，缺少了浮游生物，魚類也跟著減少。聖嬰現象帶來豐沛而持續的降雨，湖泊出現在乾旱的沙地，使得原本是環境惡劣的沿海沙漠，在幾個星期之間長滿了綠油油的植物。陸地上雖然充滿了綠意，但是海洋中隨著海溫增高，浮游生物大量減少，附近海域魚類數量因而急遽減少，食物鏈中位居捕食者的海鳥，因缺乏魚類當食物，造成許多海鳥死亡。

　　事實上，這種海面溫度異常升高的現象不僅僅只發生在秘魯、厄瓜多的沿岸，甚至也發生在整個熱帶東太平洋，且海水溫度升高的幅度甚至可較季節平均溫度高出 2℃ 以上，有時異常的期間有時甚至可長達一年半。該現象

不僅會影響地區性的海域陸域生態平衡，更牽動著全球大氣環流和氣候的變化，故「聖嬰現象」已被用來泛指赤道太平洋海面的增溫現象。

當出現和聖嬰現象相反的情況時，被稱為「反聖嬰（La Nina）」現象。當反聖嬰現象出現時，太平洋中部和東部的海面溫度會比長期平均溫度低個幾度，且造成的遠地天氣和氣候異常現象大致和聖嬰時相反。例如，反聖嬰會在印尼、澳大利亞、巴西東北等地區造成有利農耕的降雨，反之，聖嬰時則會在這些地區造成乾旱。聖嬰和反聖嬰現象就像天平的兩端，二者對海洋甚至大氣環境之影響甚鉅。

聖嬰現象所引起的短期氣候改變其實不單會影響到太平洋沿岸國家，全球很多地方也會間接受到影響。原因在於聖嬰現象影響下的大氣循環會擾亂全球正常的大氣循環，使地球很多地方出現異常氣候。例如乾旱地區發生洪災，進而影響經濟及糧食生產、甚至威脅人們的生命。

1-7 海沫及其對海洋大氣環境之效應與污染

在海面上，由於波浪起伏，經常會把空氣捲入海水中，形成空氣泡。當這些空氣泡在水中上浮至水面時，因其所承受之水壓力改變，故而破碎為許多小氣泡留在水面。這些氣泡表面也會像肥皂泡一樣變薄爆裂，並且由於表面不穩定而形成許多非常細小之液滴（粒徑 1～5 微米），稱為薄膜液滴（film droplets）。另一方面，泡沫中央有可能受到周圍水之擠壓，噴射出直立水柱，繼而斷裂成若干較大液滴（粒徑 5～10 微米），稱為噴射液滴（jet droplets）。又碎波或海浪拍打岸邊，也會產生少量粒徑較大之液滴。綜合以上所述，此類由海洋表面產生，透過紊流傳送進入大氣之液滴，統稱為海沫（sea spray）。

海沫對於海洋與大氣環境及氣候和生物活動有著相當重要之影響。海沫進入大氣中，受到環境溫度、濕度的影響而蒸發，直接改變大氣海洋交界面熱量和水氣交換之通量。另外，大氣中水氣要凝結成雲滴需要「凝結核」，一般說來，海面上空氣污染源較少，因此海沫便成為凝結核之重要來源。

海沫粒徑較粉塵粒徑爲大，有利於雲滴活化；較大之海沫進入海洋性積雲層內，還能有效地與雲滴碰撞，加速降水。

海沫對於環境的一些不利影響，例如：在美洲地區曾發生過大規模之呼吸道疾病流行，卻找不到致病原因。後來才發現病因起因於海中紅藻類大量繁殖，其所排放之劇烈毒素隨著海沫進入大氣，刺激人類之呼吸道系統。海沫也會造成鹽害效應，例如興建在海岸邊之電廠，其相關機組設備管線，很容易因空氣中懸浮之海沫，而造成鹽害，侵蝕管線。

1-8 海洋環境污染

何謂海洋環境污染？依據 1982 聯合國海洋法公約第一條：所謂海洋環境污染是指人類直接或間接把物質或能量引入海洋環境，（包括河口灣），以致於造成或可能造成損害生物資源和海洋生物、危害人類健康、妨礙捕魚和海洋的其他正當用途在內的各種海洋活動、損害海水使用質量，和減損環境美觀等有害影響。據此，海洋污染物類型包含：(1) 物質，(2) 能量。而污染之方式則有：(1) 直接方式引污染物質入海，或 (2) 間接方式污染引污染物質入海。污染引發之災害影響有：(1) 損害生物資源和海洋生物，(2) 危害人類健康，(3) 妨礙捕魚，(4) 正當用途在內的各種海洋活動，損害海水使用質量，(5) 減損環境美觀。

海洋環境污染因素，依據 1982 聯合國海洋法公約，係將污染源區分爲下列各項：(1) 來自船舶的污染；(2) 傾倒廢物；(3) 海底活動所造成的污染；(4) 來自陸地的污染；(5) 來自大氣的污染。

1-9 海洋環境之保育與管理

海洋佔地球表面積約百分之七十左右，廣大海域對於地球氣候之調節、大氣水文循環及陸域及海域生態系統運作，扮演極爲重要的角色與功能。海洋同時也是人類重要蛋白質食物之供應來源。由於科技進步，加上對

於環境與生態之關係研究之理解，因此對於海洋的利用與管理，已從過去「控制海洋」、「利用海洋」的概念，進展到「保育與管理海洋」、「永續發展」的作為。海洋環境孕育豐富的資源，因此海洋環境域污染之防治及管理為達到「永續發展」為必然之路。

　　臺灣四面環海，為一典型海洋國家，又海洋為大地之母，資源的開發利用維繫國家經濟命脈，海洋與國家生存發展互為依存。臺灣本島及各離島海岸地區擁有豐富生態海洋資源，為推展國民休閒、生態觀光、以及娛樂漁業等多元化發展，因此海洋資源的合理有效利用，保育與管理，以及永續發展，都是當今我們關切議題。如何有效管理海洋環境，保護有限海洋資源，以及維護海岸與海域自然景觀，以確保國家海洋相關之權益，實為當前重要課題。

　　關於海洋環境、污染等之保育管理，以及永續發展等課題，可藉由產官學等通力合朝向目標努力邁進。透過以下做法完成目標，(1) 積極推動建立相關完善之海洋環境保護法規；(2) 海域環境與污染等監測數據資料庫建置；(3) 全民海洋環境教育推展；(4) 積極參與國際間有關海洋環境保護與海洋生態保育等事務及訓練。

1-10 海洋環境污染與海洋永續發展

　　當污染物排入海洋水體後，藉由前述之海水之物理性運動現象，可將污染物傳輸擴散，在經由生物作用分解，基本上可達到自淨作用之目的。海洋面積與水體體積看起來非常巨大，但實際上受到海水溫度密度層變之溫躍層（thermocline），以及潮汐海流運動等諸多物理現象限制，污染物在海洋之傳輸與擴散範圍則受到相當之限制。亦即，海洋並非想像中可以均勻將污染物擴散分布，亦或容納很多甚至無限之污染物。當排入海洋之污染物，超過海洋水體之自淨能力時，海洋污染問題就浮現出來了。

　　世界各國，尤其濱海國家無不把海洋當成一項重要資源，因此海洋污染就成為一項重要議題。臺灣四面環海，以海洋立國，如何對於海洋環境污染

進行防治管理，以及有效永續經營與發展利用海洋，顯然變成是國家重要努力方向。

地球只有一個，而海洋又是地球表面主要部分，更是人類生命存續所依賴。因此從 1990 年代開始，環保意識逐漸深入人心，世人警覺到保護地球的重要性，因此出現了「永續生存與發展」之概念。從自然生態的角度切入，要永續發展，就是要保護與強化自然環境系統生產及更新的能力。因此永續發展之具體展現係為滿足當代人類需求而開發自然資產，但以不損害後代子孫滿足其需求能力的總體發展為主要基本原則。實質內涵將包含三大原則：(1) 公平性：亦即要滿足各世代間的公平分配資源；(2) 持續性：不能使得海洋與陸地自然資源與環境的負荷能力超載，才得持續永續；(3) 共同性：共同保護全球海洋與陸地環境體系。

因此，對於永續發展的具體實踐，就是經由落實生物多樣性公約（Convention on Biological Diversity）的三大目標而獲得。三大目標分別為：(1) 保育生物多樣性；(2) 永續利用生物多樣性；(3) 公平合理的分享生物多樣性遺傳資源所產生的利益。

由於海洋是一切生物生產及維持生存的根源，因此如何完成落實「生物多樣性」目標，應加強全民認識海洋，降低對海洋環境污染，並積極保護與保育海洋環境與生態及資源。

對於海洋之永續發展而言，可藉由下述三方面實踐履行。(1) 合理開發及利用海洋環境資源；(2) 建立海洋環境與生態及資源永續發展能力；(3) 積極保護海洋生態與環境。

海洋是人類的珍貴資源，需要合理適度地開發與利用，方可確保海洋環境與生態等資源生生不息，才有可能永續經營利用。藉由先進的科學技術，提供改善海洋產業結構，並動態地調整海洋產業布局，以及實施潔淨生產，達到降低海洋環境污染，確保海洋環境與資源永續。

建立海洋環境與生態及資源永續發展能力，需要有效綜合管理之規劃與執行，包括訂定海洋相關法令，建置綜合管理制度和協調機構，有效積極執行規劃開發利用，管理海洋使用，以及管理海洋環境與資源。

　　積極保護海洋生態與環境，以確保海洋資源及生物多樣性，並得以永續利用。例如：(1) 建置漁業及生物多樣性資源監測網；(2) 設置海洋自然保護區，並防止、減輕、控制海拋廢棄物與其他海上開採活動對海洋環境的污染；(3)訂定每年最高漁撈許可量、禁止捕撈瀕臨絕種及稀有海洋動、植物。

1-11 海洋環境之永續發展——臺灣應面對的重要課題

　　臺灣四面臨海，沿岸綿延達一千五百多公里。若充分的利用四周環海的自然環境資源，世代永續經營，將可世世繁榮富足。因此對於珍貴的海洋資源與環境，未來臺灣所應面對的許多重要課題，列舉如下，提供探討與深思，讓臺灣未來的海洋環境永續發展。

(一) 後高污染性工業時期之課題

　　從 1960 年代開始，臺灣積極發展工業，發展經濟。因此引入許多高污染性的工業，使得臺灣陸地河川以及海域的環境與生態，受到污染嚴重影響。將臺灣西部沿海海岸寶貴濕地、潟湖等填海造陸為工業區，造成海洋生態浩劫。對於在後高污染性工業之時期，未來應思考如何補救降低改善污染（例如：建置海洋相關自然環境生態與資源及人與海互動資料庫），讓海岸及海域環境復原，得以永續發展。

(二) 加強政府與人民對臺灣的海域環境認識教育

　　往昔政府人民著重經濟發展而污染海洋環境，忽略對海洋與陸地環境之污染破壞，欠缺反省。展望未來，政府與人民一起努力，制定發展出親近海洋，愛惜海洋，與海洋共生共榮的相關海洋政策，包括海洋環境污染與海洋資源永續經營，並透過教育宣傳，提升人民的海洋環境污染認知，保護海洋環境，進而有利推動相關海洋政策，使得海洋永續落實。

(三) 規劃海洋保護區（**Marine Protected Area, MPA**）

藉由規劃海洋保護區，以獲得恢復海域生物多樣性之成果。規劃方法包括有不同之等級，例如從「禁止採捕區（no-take areas）」，到「多功能使用區（multiple use areas）」，可使海洋環境生態與漁業永續經營。

參考文獻

1. Crookes, D., How Can a Star Be Older Than the Universe? , *Live Science* Jan. 31, 2020.

2. Daly, R. T.; Schultz, P. H., "The delivery of water by impacts from planetary accretion to present", *Science Advances*. 2018, Vol.4 No.**4**: eaar2632.

3. Derraik, J. G. B., "The pollution of the marine environment by plastic debris: a review", *Marine Pollution Bulletin*, Vol.44, pp.842-852, 2002

4. Dittmar, W., "The Composition of Ocean Water," *Nature*, pp.292-294, July 24, 1884.

5. Drake, M. J. The Leonard Medal Address: Origin of water in the terrestrial planets. *Meteoritics and Planetary Science*. 2005, Vol. 40: 519

6. Frankel, E.G., Ocean Environmental Management, Prentice Hall, 1995

7. Gerges, M.A., "Marine pollution monitoring, Assessment and control: UNEP's Approach and strategy", *Marine Pollution Bulletin*, Vol.28, pp.199-210, 1994

8. Gorman, J., How Asteroids May Have Brought Water to Earth. *The New York Times*. 2018-05-15

9. Schmandt, B., Steven D. J., Becker, T. W., Zhenxian Liu, Z., Dueker, K. G., "Dehydration melting at the top of the lower mantle", *Science*. 2014, Vol. **344**, pp.1265-1268.

10. Wilde S.A., Valley J.W., Peck W.H. and Graham C.M., "Evidence from detrital zircons for the existence of continental crust and oceans on the Earth 4.4 Gyr ago", *Nature*. 2001, Vol.409, pp.175-178.

11. 國際海洋年談海洋的永續發展，陳鎮東教授。

問題與分析

1. 其他行星廣義海洋為何？

2. 地球海洋環境與生命關聯為何？

3. 海洋環境保育及永續與陸域環境保育及永續之關聯為何？

4. 假設月球質量增加變成為目前的 1.5 倍，試問月球與太陽對於地球之引潮力比例為何？

5. 在水深 3m 處海岸之淺水波，試問此淺水波之波速為何？

   解答提示：$c = \sqrt{gd} = \sqrt{9.8\dfrac{m}{s^2} \times 3m} = 5.42\dfrac{m}{s}$

6. 在某海域水深 50m 處波浪之波長 500m 波浪，試問此條件下波浪之波速為何？週期為何？

   解答提示：$\dfrac{d}{L} = \dfrac{50m}{500m} = \dfrac{1}{10}$　　　$\dfrac{1}{20} < \dfrac{d}{L} < \dfrac{1}{2}$

   波速 $c = \left[\dfrac{gL}{2\pi}\tanh\left(\dfrac{2\pi d}{L}\right)\right]^{\frac{1}{2}} = \left[\dfrac{9.8\dfrac{m}{s^2} \times 500m}{2\pi}\tanh\left(\dfrac{2\pi \times 50m}{500m}\right)\right]^{\frac{1}{2}} = 20.84\dfrac{m}{s}$

   週期 $T = \dfrac{L}{c} = \dfrac{500m}{20.84\dfrac{m}{s}} = 24s$

7. 在大洋海域水深 4000m 處波浪之波長 100m 波浪，試問此波浪之波速為何？

   解答提示：$c = \sqrt{\dfrac{gL}{2\pi}} = \sqrt{\dfrac{9.8\dfrac{m}{s^2} \times 100m}{2\pi}} = 12.49\dfrac{m}{s}$

8. 海嘯可怕之處在於波速非常快，一般海嘯週期介於 5～20 min，波長可達數百公里，在大洋上波高小於 1 公尺，但傳遞至岸邊時波高可達十幾公尺。試問在水深 4 km 大洋上發生之海嘯，若波長 200 km，其波速為何？

   解答提示：$\because$ d/L = 4km/200km = 1/50 < 1/20，海嘯屬於淺水波

   $\therefore$波速 $c = \sqrt{gd} = \sqrt{9.8\dfrac{m}{s^2} \times 4km} = \sqrt{9.8\dfrac{m}{s^2} \times 4000m} = 198\dfrac{m}{s}$

五漁村（Cinque Terre）又名五鄉地，位於義大利北方利古里亞海（Ligurian Sea）拉斯佩齊亞（Le Spezia）省沿海岸線上的國家公園，成立於西元 1999 年，是義大利面積最小的國家公園。並於 1997 年被聯合國教科文組織列入世界文化遺產。五漁村由北而南為 Monterosso、Vernazza、Corneglia、Manarola、Riomaggiore 五個小村莊。本圖照片地點為 Manarola。（*Photo by Bao-Shi Shiau*）

五漁村（Cinque Terre）又名五鄉地，位於義大利北方利古里亞海（Ligurian Sea）拉斯佩齊亞（Le Spezia）省沿海岸線上的國家公園，成立於西元 1999 年，是義大利面積最小的國家公園。並於 1997 年被聯合國教科文組織列入世界文化遺產。五漁村由北而南為 Monterosso、Vernazza、Corneglia、Manarola、Riomaggiore 五個小村莊。本圖照片地點為 Vernazza。（*Photo by Bao-Shi Shiau*）

伊斯坦堡（Istanbul）是土耳其第一大城，位於土耳其西北部，地處黑海與地中海、巴爾幹與安那托利亞間的戰略要地〔博斯普魯斯（Bosphorus）半島〕上，橫跨歐亞兩大洲，曾經被兩大帝國統治過。羅馬帝國統治時，稱作君士坦丁堡，而鄂圖曼帝國統治時，改稱為伊斯坦堡，沿用至今。過去曾是拜占庭及鄂圖曼帝國的首都達 2000 年，是小亞細亞及安納托利亞高原豐富的文化資產，東西方文化交會合流處，1985 年入選為世界文化遺產。照片左上方為蘇丹阿梅特清真寺（Sultan Ahmet Camii），土耳其的國家清真寺，始建於 1609 年，在 1616 年啟用，蘇丹艾哈邁德清真寺還有另外一個名稱叫藍色清真寺（Blue Mosque），一般伊斯蘭清真寺只有 4 個宣禮塔，而此處有 6 個，為其特色之一。藍色清真寺是伊斯坦堡最大的圓頂建築，整座建築由大石頭疊建，沒有使用一根釘子。（*Photo by Bao-Shi Shiau*）

照片為伊斯坦堡（Istanbul）的聖索菲亞大教堂（Hagia Sophia），建築融合了東方拜占庭和伊斯蘭風格。擁有 1500 年歷史的聖索菲亞大教堂，起源於東正教的拜占庭帝國，後被鄂圖曼帝國佔領而改建，周圍修建 4 支鄂圖曼式尖塔。因此它曾經是基督教的教堂、伊斯蘭教的清真寺，在羅馬聖彼得大教堂未興建前，是全世界最大的教堂。期間雖變成伊斯蘭教的清真寺達 500 年之久，現在是伊斯蘭教的清真寺。（*Photo by Bao-Shi Shiau*）

第二章

海洋污染物性質和污染來源
與遷移轉化

　　海洋環境污染主要探討經由人類活動而直接或間接進入海洋環境，並能產生有害影響的物質或能量。人們在海上和沿海地區排污可以污染海洋，而投棄在內陸地區的污物亦能通過大氣的搬運，河流的攜帶而進入海洋。海洋中累積著的人為污染物不僅種類多、數量大，而且危害深遠。當然，自然界如火山噴發、自然溢油也造成海洋污染，但相比於人為的污染物影響小，因此不作為海洋環境污染與防治研究的主要對象。

　　海洋污染基本上是一個生化問題（biological problem），污染之影響效應也是在於生化方面，造成生物包括人類生命健康之不利衝擊與影響。但在污染之過程則是屬於物理性與化學性。以下分別就污染物與來源做一扼要說明。

2-1 污染物性質與分類

　　經排放或傾倒進入海岸或海洋之污染物，依其性質可區分類為：

(一) 可分解性物質

　　一般有機物質，可藉由細菌進行生物分解。例如都會地區生活廢水經污水處理廠處理後之海洋放流水。

　　有機物質經細菌進行有氧過程（aerobic process）分解，產生穩定性成分物質，例如 CO_2、NH_3、H_2O 等。有氧分解反應過程如下：

有機物（含 C, N, S）+ 微生物 + O_2 →微生物細胞 + CO_2 + H_2O + NO_3^- + SO_4^{2-}
$$(2\text{-}1)$$

　　若經厭氧過程（anaerobic process）分解，則終端產物為甲烷 CH_4，硫化氫 H_2S 等有害惡臭物質。厭氧分解反應過程如下：

酸性細胞 + 有機酸 + CO_2 + H_2O + NH_3 + H_2 $\xrightarrow{\text{甲烷菌}}$ 甲烷菌細胞 + CO_2 + CH_4 + H_2S
$$(2\text{-}2)$$

海水中排入適量有機物質，對於水體中植物有益，但若過量，使得厭氧過程之分解發生，則有害於海水中之動、植物。

(二) 肥料物質

可耕農地或牧場草地或高爾夫球場，由於施放肥料，經由雨水沖刷，流入河川，再流入海洋。因為化學肥料含硝酸鹽（nitrate）及磷酸鹽（phosphate），此等物質為水中浮游植物（phytoplankton）之重要食物來源，有利於其生長。而若浮游植物大量死亡，沉入海底，則容易造成厭氧條件。

(三) 消散式物質

排放處具有局部高濃度，可能造成海洋水體環境危害。但遠離排放處，則因濃被稀釋且消散，將不至於造成危害。屬於該類消散性物質有，例如廢熱、廢酸、廢鹼、氰酸類（cyanide）廢物。

1. 廢熱

一般燃油或煤之火力電廠，其熱功率為 35%～40%（熱功率係指由熱能轉換為有用之熱功，例如電力，之轉換效率），因此大部分廢熱需排除。該大量之廢熱，一般方式係以水體進行冷卻後將其有效排除。所需水量當然巨大，因此火力電廠需設置於有穩定足夠水量之河邊、湖邊或海岸邊。

在海岸邊之火力或核能電廠，抽取大量海水作為電廠冷卻用水，冷卻之後形成廢熱水，將該廢熱水排放進入海中，此等溫排水造成附近海域水溫增高，影響海域水中生態。例如：我國核二電廠溫排水造成附近海域之秘雕魚。

2. 廢酸、廢鹼

工廠產生之事業性廢棄物，例如大量之酸鹼廢液，以船舶拖運至海上海拋，造成該區海域污染。

3. 氰酸類廢物

冶煉工廠產生之廢物，具有劇毒性質。排入海中後，使海域中生態破壞，造成嚴重的海洋污染問題。

(四) 油

油輪在運送時，在海域上發生意外造成原油溢漏，或在海岸及港區輸送油品，疏忽或意外，造成油品溢漏。溢漏後，在海域水體造成油污染。

石油及其產品，包括原油和從原油分餾成的溶劑油、汽油、煤油、柴油、潤滑油、石蠟、瀝青等，以及經裂化、催化重整而成的各種產品。主要是在開採、運輸、煉製及使用等過程中流失而直接排放或間接輸送入海；是當前海洋中主要的，且易被感官覺察的量大、面廣，對海洋生物能產生有害影響，並能損害優美的海濱與海洋環境的污染物。

(五) 顆粒狀物

包括浚渫泥、飛灰、煤渣等顆粒狀污染物，同時也包括水中懸浮顆粒，均將造成海域水體混濁，影響水中植物光合作用，造成水中動物呼吸與進食困難，威脅水域生態環境。另外較大顆粒沉澱，也可能改變海床底泥特性，甚至覆蓋底床，令生物窒息（例如珊瑚），因此嚴重影響海域生態與環境。

(六) 保存性污染物質

該類物質排放進入海域水體後，將不會分解也不會消散。可能沉入海底，或進入魚體，故而進入食物鏈。這類物質包括有 (1) 重金屬（例如鉛、汞、銅、鋅等），或 (2) 有機化合物，例如滴滴涕（DDT）、多氯聯苯（PCB，PolyChlorinated Biphenyls），或 (3) 放射性物質，該類物質嚴重破壞海洋環境，對環境水體有極大殺傷力。

1.重金屬

各類重金屬對海洋生物或人體之影響分述如下：

(1) 水銀

工業生產過程當中有許多地方需要用到水銀，例如造紙業經常使用水銀處理所積存之木材，以避免受到眞菌之感染而生腐朽。而絕大部分水銀經由河川夾帶進入海洋，使得沿海水域水銀含量增加。例如德國萊茵河每年即夾帶至少 110000 公斤之水銀流入北海。

流入海中之後，透過食物鏈，產生污染物毒素累積效應，因此某些海洋生物體大量累積水銀結果，往往超出其本身抗毒最低含量之數千倍之多。人們食用這些含有高含量水銀毒素之海產魚類，將會發生病變，亦即有名的水俁病，亦稱 Minamata 病。此病源於日本 Minamata 海灣漁村，當地海產魚蝦體大量累積有機汞，而民眾長期食用，日積月累，得了該病。此病症狀爲視覺、聽覺、甚至觸覺皆發生衰退，身體各部分運動不聽使喚，中樞神經受到干擾，嚴重時導致死亡。

科學調查研究發現，在挪威雖然在陸域污染排放量已經減少，在北極許多動物的食物鏈中依然出現高濃度的汞。挪威的湖泊裡也發現比 20 年前高出許多的汞含量。原因在於汞會隨著洋流和氣候被運送到北極，因此北極地區是全球汞擴散的指標。

(2) 鎘

鎘（Cd）位於元素週期表中第五週期，第 II B 族，原子序爲 48，原子質量 112.4，屬於重金屬元素。對人體而言，鎘是一種重毒元素，鎘在人體內若含量偏高時，將會引起強烈的骨痛甚至骨骼嚴重畸形。

含鎘之工業廢水任意排放進入海域，而沉積於底泥。當底泥被揚起時，使得海水混濁，則鎘金屬很容易進入海洋食物鏈當中。透過食物鏈，人們食用海產魚貝類，使得人體內鎘含量偏高，將導致痛痛病。

痛痛病之起源係於 1931 年起，日本富山縣神通川流域出現了一種怪病，令許多人自殺。自殺原因是因爲無法忍受骨痛病，事實上該病痛用痛字實不足以形容其痛。染病後開始是在勞動後腰、手、腳等關節疼痛，但在洗

澡和休息後會稍感輕快。持續一段時間之後，全身各部位都神經痛、骨痛特別強烈，進而骨骼軟化萎縮，致使呼吸、咳嗽都帶來無法忍受之痛，終於自殺。

當鎘中毒時，先是引起腎臟功能障礙，使得人體腎臟機能失調，肺氣腫脹，甚至支氣管癌與攝護腺癌罹患率增加。若是婦女懷孕生產，則因妊娠、分娩、餵乳等大量消耗鈣，故而缺鈣導致出現軟骨症。由於鎘令腎臟中之維生素 D 的活性受到抑制，進而造成十二指腸中鈣結合蛋白的生成障礙，干擾在骨質上鈣的正常沉積。同時，缺鈣提高腸道對於鎘的吸收率，加速骨質疏鬆軟化。另外，鎘也影響骨膠原的正常代謝，因此關節、韌帶等組織受到影響。由於該等組織之組成重要成分為膠原蛋白和彈性蛋白，此等些蛋白的形成須經由許多以鋅和銅為活性中心的促酶反應。若是鎘中毒後，鎘取代了這些酶的中心銅或鋅原子，故而失去了促酶反應的活性中心。如此酶的活性降低，終將影響膠原蛋白質的形成。

鎘中毒引起的骨痛病之治療，一般可服用大量鈣劑、維生素 D 和維生素 C（具有還原作用，以及有利於膠原蛋白的生成）。曬太陽或用石英燈照射效果亦佳。實際上補鈣、補鋅以及其他有益之微量元素以替代鎘，可減緩並消除鎘之的毒害。

一般海洋生物體，依不同種類與敏感與承受度，水體鎘含量若增加至 0.0001～0.1 ppm，即足以造成中毒。海洋動物之幼蟲（魚類之重要食物來源），以及藻類對於鎘金屬特別敏感。若海水含鎘量超過 0.1 ppm，海域水體之自淨能力將受到阻礙。

(3) 鉛

工業廢水中含鉛，排入海中。調查顯示，北半球每年各河流夾帶入海之鉛金屬達 500000 公噸。鉛中毒起初會干擾到腦及中樞神經系統，同時導致發炎與抵抗力衰退，記憶力與注意力變差，嚴重時將致人於死。人體血液容許含鉛量為 0.5～0.8ppm，而現代人們通常血液之鉛含量為 0.25ppm。該含量已經是大自然環境背景鉛含量 0.02ppm 之十倍以上，而與人體容許含量值 0.5～0.8ppm 相當接近。

圖 2-1　法新社 2005-12-6 華盛頓電：一群美國科學家根據從貝多芬的頭髮和頭蓋骨
　　　　碎片採樣，所做出的研究結果顯示，這位十九世紀德國的天才音樂作曲家死
　　　　於鉛中毒。美國能源部所屬的阿爾貢國家實驗室研究人員，用全美最強的 x
　　　　光儀器觀察貝多芬的頭蓋骨，發現有大量的鉛聚集，符合稍早一項研究，在
　　　　他頭髮的樣本中也發現同樣的物質。因此有人懷疑貝多芬可能有酗酒，鉛就
　　　　是來自金屬做的酒杯；另外也有人說，十八、十九世紀的藥大都含有像鉛或
　　　　汞等重金屬的原料。

來源：法新社 2005-12-6

　　世界衛生組織（WHO）把飲用水容許含鉛量標準訂為 0.05mg/l，此係
自然環境狀況下，若水源含鉛量達 0.1mg/l 以上，則生物自淨作用力將失
調。若海域水體含鉛量大於 0.1～0.2mg/l 時，則對某些脆弱魚類，將造成
毒害。

　　人體吸收鉛及其化合物之管道途徑可區分為：(1) 呼吸道，(2) 消化道，
(3) 皮膚。其中呼吸道為最常見也是最主要之途徑，而皮膚則只對少數有機
溶劑的鉛有吸收作用。人體肺部直接吸收的鉛中毒產生之毒性最劇烈，可能
會造成急性或慢性的鉛中毒。汽油製造及使用業常以肺部吸入及皮膚吸收等
方式將鉛帶入人體。經常食入含鉛之海產食物，亦產生慢性的鉛中毒。

2. 有機化合物

不易分解之含氯碳氫化合物對海洋生物與人體之影響，說明如下：

(1) 多氯聯苯（PCB）

許多塑膠製品，例如聚氯乙烯（PVC），都含有這類神經性劇毒之物質。該等物質一旦誤食或滲入食物，將造成嚴重後果甚至致人於死。例如民國 70 年彰化發生一樁多氯聯苯中毒事件，起因於米糠油中滲入了多氯聯苯。目前許多國家已明令禁止生產多氯聯苯。

(2) 滴滴涕

滴滴涕（Dichloro-Diphenyl-Trichloroethane，DDT），學名雙對氯苯基三氯乙烷，化學式：（ClC$_6$H$_4$）$_2$CH（CCl$_3$）。白色晶體，不溶於水，溶於煤油，可製成乳劑，是有效的殺蟲劑。

滴滴涕與其近族化合物，例如 Aldrin、Dieldrin、Lindan，都是劇毒性殺蟲劑。

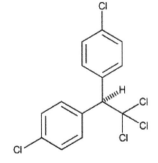

圖 2-2　滴滴涕 DDT 之結構與化學式之示意

來源：www.3dchem.com/molecules.asp?ID=90/

海洋動物之肝臟或卵對於多氯聯苯或滴滴涕均呈現高度累積，魚體中之含氯碳氫化合物通常較海水含量高出 10000 至 100000 倍。此係海洋生物不但能將含毒食物攝入體內，同時還可利用體表來吸附海水中之毒物。透過食物鏈，人類係居食物鏈之頂端，故攝入體內之累積毒素量實令人憂心。

研究顯示滴滴涕在自然環境中非常不易分解（在生物體內的代謝半衰期

爲 8 年），並可在動物脂肪內累積，甚至在南極企鵝的血液中也曾檢測出滴滴涕。

3. 放射性物質

放射性物質。主要來自核武器爆炸、核工業和核動力船艦等的排污。有鈽 -114、鈰 -239、鍶 -90、碘 -131、銫 -137、釕 -106、銠 -106、鐵 -55、錳 -54、鋅 -65 和鈷 -60 等。其中以鍶 -90、銫 -137 和鈽 -239 的排放量較大，半衰期較長，對海洋的污染較爲嚴重。

(七) 二氧化碳酸化海洋水體

氣候暖化的元兇——二氧化碳，已造成海水酸度上升，威脅海洋生物的生存，未來將破壞海洋食物鏈，甚至引起物種滅絕。

海洋就像個大水池，可以吸收釋放到空氣中的二氧化碳。二氧化碳在海水中通過釋放氫離子的化學反應，造成海水酸度上升。因此，大氣中二氧化碳含量增加，使得海水吸收更多的二氧化碳，造成海水酸度持續上升，稱爲海洋酸化。這是一種不可逆轉的化學反應，同時也會影響很多以海爲家的生物。

從工業時代前便開始收集的資料顯示，海水的 pH 值已經從 8.2 下降到 8.1，預計到本世紀末可能還會下降 0.4 個單位。基本上 pH 值每降低一單位，海水酸度增加 10 倍，這將造成很多海洋生物無法製造殼來保護，從而破壞海洋食物鏈。

南大洋是全球二氧化碳的主要吸收槽。那裏有很多獨特的因素會破壞極地海水中礦物質的分解，這些礦物質是海洋無脊椎動物製造貝殼的關鍵。海水酸度上升本身就會破壞蛤螺的外殼和其它鈣化結構，這會引起物種滅絕，或使它們無法抵禦外敵。

酸化會影響世界魚類，軟體動物和甲殼類動物的生長。這類海洋生物的減少會極大地改變海洋長期食物鏈，並會對人類的工業或食品供應產生長遠的負面影響。

　　海水酸化會影響物種的發展，這種影響可能十年或數十年就會發生。可是，海洋生物要經過百年甚至千年才能完成對自然的適應。酸化速度之快，將使很多物種難以生存下來。

2-2 污染來源

　　一般海洋污染物來源，可歸類如下述幾種途徑：

1. 直接排放
　　未經處理，將各式廢棄物或污染物直接排入海中。

2. 海岸邊工業
　　工廠興建於海邊，將污染物直接傾入海中。

3. 海岸邊都市
　　在海岸邊城市，可能將垃圾或污水直接棄置或排入海中。

4. 河川輸入
　　河川承受兩岸工廠或都市排放之污染物，經河水傳輸後，輸入海中。

5. 船舶
　　船舶行駛於海上，因意外造成其渾淕物品，例如化學物品、原油或有毒物質等，進入海中，造成污染。

6. 浚渫及鑽探
　　河川航道、海域鑽探、或港口浚渫之泥沙，例如基隆港、台中港或高雄港等之浚泥。

7. 廢水處理廠之污泥

該等污泥經由船舶運送至海上，進行海拋。

圖 2-3　基隆和平島水資源回收中心污水處理沉澱池（*Photo by Bao-Shi Shiau*）

8. 其他廢棄物

例如飛灰、放射性物質。

9. 海域工業活動

海域上之油氣鑽探，或水底採礦等活動。

10. 二氧化碳溫室氣體排放

工業活動或各式能源消耗產生大量溫室氣體（二氧化碳），進入大氣經由氧氣交換，使得二氧化碳進入海洋水體酸化海水，造成海洋污染。

2-3 污染物特性對海洋環境與生物之效應影響

一種物質入海後是否成為污染物，端視物質的性質、數量（或濃度）、時間和海洋環境特徵而異。某些物質排放入海數量少，對海洋生物的生長有

利；但是量體大，則有害。例如城市生活污水中所含的氮、磷營養鹽。

當污染物排入海域後，經歷物理、化學、生物與地質等過程，將會對污染物之存在形態、濃度、以及時間和空間上的分布，乃至對生物的毒性產生改變。例如無機汞排放進入海域後，若被轉化為有機汞，則其毒性明顯變強。但若有較高濃度硒元素或含硫氨基酸存在時，則其毒性會減低。

還有些化學性質較穩定的污染物，當被排入海域中的數量較少時，則其影響不顯著。但因為這些污染物較穩定且不易分解，因此會造成長時間存留和積累。由於海洋污染物對人體健康的危害，主要是透過食物鏈食用受污染魚蝦貝類海產品的途徑。故較穩定且不易分解之污染物對人體健康的危害衝擊更大。隨著不同海域環境條件的差異，主要的海洋污染物將會隨著時間和海域環境狀況而發生變化。

2-4 污染物在海洋環境中之遷移與轉化過程

在海洋環境中污染物經由物理、化學或生物過程，而產生空間位置的改變，或藉由地球一種化學相（例如：海水、沉積物、大氣、生物體）轉移至另一種地球化學相的現象，稱為污染物的遷移。當污染物由一種存在形態轉變另一種存在形態，稱之為污染物的轉化。

污染物遷移與轉化基本上在海洋環境中是兩個不同的方式，實際上污染物進入海洋水體後，在遷移過程中經常同時伴隨發生形態轉變，反之亦然。例如工業廢水中的六價鉻在遷移入海過程中可以被還原為三價鉻，三價鉻在河口水域由於周遭水體介質酸鹼度的改變形成氫氧化鉻膠體，後者在海水電解質作用下發生絮凝（floc）作用，而沉降在河口沉積物中。上述狀況說明了由於化學反應和水流搬運，鉻在遷移中價態和形態均發生了變化，並由水相轉入沉積相。

遷移與轉化過程簡述如下，由於海洋環境是一個複雜的系統，它包括海洋本身及其鄰近相關的大氣、陸地、河流等區域，並依其地理和生態特徵區分為若干次系統，例如：遷移過程可區分為五個界面次系統，表示如下：

(1) 空氣 - 海洋，(2) 河流 - 海洋，(3) 顆粒物 - 海洋，(4) 沉積物 - 海洋，(5) 生物 - 海洋。污染物進入海洋環境後，在海洋環境中的遷移轉化過程主要有以下三種：

1. 物理過程

　　污染物被河流或大氣輸送排放進入海域，例如在海氣界面間的蒸發、沉降、入海後在海水中的擴散和海流搬運、或顆粒態污染物在海洋水體中的重力沉降等，此皆屬於物理遷移過程。物理過程中污染物形態不轉變。

2. 化學過程

　　由於海域環境因素的變化，污染物與海域環境中的其他物質產生化學作用，例如氧化、還原、水解、結合、分解等，使污染物在單一介質中遷移或由某一相轉入另一相，這些都是屬於化學遷移過程。該化學遷移過程經常伴隨著污染物形態的轉變。

3. 生物過程

　　污染物經由海洋生物的吸收、代謝、排泄和屍體的分解，碎屑沉降作用以及生物在運動過程中對污染物的搬運作用，使得污染物在水體和生物體之間遷移；亦或由一個海域移轉到另一海域，以及在海洋食物鏈中的傳遞，這些都是屬於生物遷移轉化過程。微生物對石油等有機物的分解作用和對金屬的烷基化作用，這都是屬於重要的生物轉化過程。

　　研究探討海洋污染物的遷移轉化過程不僅可以了解污染物從污染源排入海洋環境的輸送途徑、遷移轉化過程和最終去處，更可以了解掌握海洋污染物對海洋水產資源的影響，並為海洋傾廢（海洋棄置）區域的選擇提供依據與參考。另外對於研究評估海底石油等礦產資源開發，其所造成對海洋環境品質的衝擊與影響，以及為海水水質標準的制訂，海洋環境影響評估，與海洋環境與污染管理等提供客觀科學依據。又，遷移轉化規律的探討研究，對於建構海洋地球化學的理論具有重要意義。

參考文獻

1. Clark, R.B., "Marine Pollution", 3rd Edition, Oxford University Press, 1992

2. Preston, M.R., "Marine Pollution", Chemical Oceanography, Vol.9, pp.53-196, 1988

3. Wang, H.B., Shu, W.S., Lan, C.Y., "Ecology for Heavy Metal Pollution: Recent Advances and Future Prospects," *Acta Ecological Sinica*, Vo l. 25, No. 3, pp.596-205, 2005.

4. 游以德，「環境問題探索」，地景企業股份有限公司出版，2001

5. 蕭葆羲，「海洋污染與臺灣」，美國南加州大學臺灣同學會讀書會講稿，1992

問題與分析

1. 污染物其在海洋環境中之遷移與轉化過程與在陸域之過程差異性為何？

2. 污染物其在海洋環境系統中不同介面之遷移轉化現象與其在陸域所發生之現象有何相似之處？

3. 何謂重金屬？

   解答提示：

   以密度大小區分，重金屬係指原子密度大於 $5g/cm^3$，例如：Cd、Cr、Hg、Pb、Cu、Zn、Ag、Sn 等。實際上有些元素密度與該值有些差距，但也被視為重金屬。

   從毒性角度來看一般把 As、Se 和 Al 等也包括在內。重金屬離子（如 Cu^{2+}、Zn^{2+}、Mn^{2+}、Fe^{2+}、Ni^{2+} 和 Co^{2+} 等）是植物代謝必需的微量元素，可是如果它們過量則具有相當毒性。應當注意的是，重金屬污染並不只是近代才發生的現象，對距今 7000 年前格陵蘭冰中銅濃度的檢測表明，大約從 2500 年前開始銅（Cu）含量已超過自然水準，這種北半球早期大範圍的大氣污染，是由於古羅馬和中世紀原始的高污染煉銅技術所致，特別在歐洲和中國。

4. 排入海洋之重金屬砷、鉻、鎳、鋅、銅之陸域來源以及對於人體健康之影響為何？

   解答提示：

   (1) 砷（As）：

   　　天然來源：岩石與礦床。

   　　人為來源：工礦業與農業污染源。

   　　砷化物中毒：神經麻痺、影響腳部伸肌，喪失運動能力、肝硬化。

   　　毒性：無機砷大於有機砷，三價無機砷大於五價的型式。

   　　急性中毒：中樞神經之傷害，劑量 70～80mg 會導致昏迷，甚至死亡。

   　　慢性中毒：肌肉衰弱、喪失食慾、喉鼻眼部黏膜發炎

(2) 鉻（Cr）：

　　來源：鉻電鍍廠之電鍍廢液、廢水處理後之廢污泥。

　　影響：微量三價鉻可維持人體內葡萄糖之新陳代謝。大量攝取將引
　　　　　起嘔吐、下痢、腹痛、閉尿、昏睡、尿毒症而致死。六價鉻
　　　　　劑量在 10mg/kg of body weight 將造成肝壞死、腎臟炎，甚至
　　　　　死亡。

(3) 鎳（Ni）：

　　來源：鎳電鍍廠之廢電鍍液、廢水及廢水處理廠污泥。

　　影響：對人體影響為皮膚炎，高劑量會傷害腎臟，造成頭暈呼吸困
　　　　　難。

(4) 鋅（Zn）：

　　來源：工業廢水。

　　影響：高劑量引發鋅中毒，症狀包括有嘔吐、脫水、電解質不平、
　　　　　腹痛、噁心、昏迷、腎臟衰竭、肌肉協調失常。

(5) 銅（Cu）：

　　來源：銅電鍍廠廢水、廢水處理後之污泥、蝕刻廢液、農藥殺蟲劑、
　　　　　酸洗廢液。

　　影響：慢性銅中毒較少見，銅有催吐作用。

5. 重金屬污染物在海洋生物體中之行為特徵與分析探討為何？

　解答提示：

　重金屬進入海洋生物體內之行為特徵主要包括：(1) 吸收、(2) 遷移、
　(3) 累積、(4) 毒害、(5) 解毒和抗性等。在生物體對重金屬的吸收和遷
　移上，主要係由細胞壁和胞外醣對重金屬離子的鈍化作用（immobiliza-
　tion）以及細胞對重金屬離子的排除作用（exclusion）。在海洋生物體
　對重金屬的累積上，主要是重金屬經由食物鏈各營養級，尤其是位於食
　物鏈高階生物，重金屬透過食物鏈累積放大。排斥（exclusion）和累積
　（accumulation）是高等植物耐受環境中高濃度重金屬的兩種基本策略，
　分析探討可從宏觀大尺度與微觀細胞基因尺度兩方向進行。尺度由小至

大，從基因、細胞、個體、種群、群落、生態系統、景觀、區域、生物圈等生命組織層次，分析與重金屬污染相互關係。重金屬污染對生態系統的影響，與重金屬的類型、作用的強度、持續時間以及系統中最敏感成分的彈性或反應有關。

6. Wang et al. (2005) 提出對於重金屬污染下全球生物的進化趨勢預測研究，示如解答提示。

解答提示：

環境污染所構成的非同「自然」的環境極大地改變了生物多樣性，也改變了生物的進化速率和演化方向，環境污染條件下生物的未來命運是污染生態學和保護生物學研究的焦點，不但學術界而且很多國際環保組織對此都非常重視。包括重金屬在內的環境污染對生物體的作用強度、生物體的耐受範圍以及生物未來發展的趨向等方面的研究。隨著電腦技術和生物資訊學的發展，環境預測模型已在評估全球變化方面有了很多應用，今後可以在建立重金屬污染下全球生物進化趨勢預測模型方面作一些探索。未來全球環境變遷對人類的影響衝擊日益明顯，在全球變化背景下，重金屬污染對於生態學的研究可能會超「重金屬」、「污染」的範疇，而與其他相關學科結合進行研究，形成更多的分支學科和研究方向。

瑞士中部琉森（Lucerne）依傍著琉森湖，城中的「卡貝爾橋（Kapellbrucke）」
聲名遠播。照片為卡貝爾橋，全長 204 公尺，是歐洲最長木橋。橋底下的是
羅伊斯河，穿過橋底下流進琉森湖。（*Photo by Bao-Shi Shiau*）

瑞士中部琉森（Lucerne）依傍著琉森湖，城中的「垂死的獅子雕像」聲名遠播。照片為垂死的獅子雕像。當年馬克吐溫至此見到牠時，不用可憐的獅子來形容牠，而是用世界上最悲傷的獅子，道盡了這獅子雕像的歷史背景。獅子雕像用來紀念 1792 年法國大革命於巴黎協和廣場上戰死的 760 位瑞士傭兵。這一段歷史的悲痛，透過丹麥雕塑家巴特爾・托瓦爾森將它深烙在此花崗岩牆中。（*Photo by Bao-Shi Shiau*）

瑞士法語區雷夢湖（日內瓦湖）旁的西庸古堡（Château de Chillon）。古
堡於 11 世紀建立在日內瓦湖畔的岩石上，四周環繞著美麗的日內瓦湖與雄
偉的阿爾貝斯山脈。古堡因主人及時代背景不同，從軍事要地、要塞、監
獄，到現在成為了博物館及酒窖，有歐洲 10 大古堡之稱。法國大文豪盧梭
（Rousseau）、雨果（Hugo）與英國詩人拜倫（Byron）均曾遊歷此古堡。
1530 年至 1536 年間，日內瓦的獨立主義者弗朗索瓦·博尼瓦（François
Bonivard, 1493-1570）曾被囚禁在此，後來英國詩人拜倫寫了著名長詩《西庸
的囚徒（The Prisoner of Chillon）》，歌頌自由，城堡因此聲名大噪。（*Photo
by Bao-Shi Shiau*）

瑞士法語區雷夢湖（日內瓦湖）旁的西庸古堡（Château de Chillon）。古堡於 11 世紀建立在日內瓦湖畔的岩石上，四周環繞著美麗的日內瓦湖與雄偉的阿爾貝斯山脈。古堡因主人及時代背景不同，從軍事要地、要塞、監獄，到現在成為了博物館及酒窖，有歐洲 10 大古堡之稱。法國大文豪盧梭（Rousseau）、雨果（Hugo）與英國詩人拜倫（Byron）均曾遊歷此古堡。1530 年至 1536 年間，日內瓦的獨立主義者弗朗索瓦·博尼瓦（François Bonivard, 1493-1570）曾被囚禁在此，後來英國詩人拜倫寫了著名長詩《西庸的囚徒（The Prisoner of Chillon）》，歌頌自由，城堡因此聲名大噪。（*Photo by Bao-Shi Shiau*）

第三章

海洋水體污染與海洋生產力

海洋體積約 1.37×10^9 立方公里，約含有 1.413×10^{21} 公斤重之海水。該等海水水體係爲電解溶液，其中所含物質包含：(1) 可溶性物質，例如鹽類、有機化合物、溶解之氣體，(2) 非溶性物質，包括氣體（如氣泡），與固體（有機或無機）。整體而言，海水中所溶之物質之含量，係隨地理位置、深度、時間而變化。其中鹽類最重要成分有 Cl^-，Na^+，Mg^{2+}，SO_4^{2-}，Ca^{2+}，K^+，等。海水中之鹽類總含量，稱爲鹽度（salinity）。另外海水水體略呈鹼性，pH 值範圍約 7.5～8.4 之間，表面海水 pH 值較高，水越深則 pH 值漸減。

　　本章就海洋環境水體中有機物特性，以及進入海域水體之污染物特性與海水基礎生產力以及污染之生物效應，作一基本介紹。另外並述及海洋環境水體污染對海洋基礎生產力之影響。

3-1 海洋水體中有機物種類特性

　　存在於海水中的有機物，廣義地說，包括有大至鯨魚，而小至分子甲烷等有機物。但在海洋化學所研究的有機物，一般主要爲海水中海洋生物的代謝物、分解物、殘骸和碎屑等，它們是海洋中固有的；還有一部分是陸地上的生物和人類在活動中生成的有機物，通過大氣或河流帶入海洋中的。就其在海水中的存在狀態而言，可分爲三類：(1) 溶解有機物（DOM），(2) 顆粒有機物（POM），和 (3) 揮發性有機物（VOM）。

　　通常以孔徑爲 0.45 微米的玻璃纖維濾膜或銀濾膜過濾海水，當濾下的海水中所含的有機物稱爲溶解有機物，留在濾膜上的有機物爲顆粒有機物。分析海水有機物時，大多以溶解有機碳（DOC）、顆粒有機碳（POC）分別代表 DOM 和 POM。有時也會用溶解有機氮（DON）、溶解有機磷（DOP）、顆粒有機氮（PON）和顆粒有機磷（POP）表示。

(一) 溶解性有機物（DOM）

　　關於有溶解性機物含量的分布狀況，在大洋中的溶解有機碳，通常在深

度 100 公尺以內的上層海水中的含量較高，有季節性變化，用濕法測得的含量，高時可達 1.3 毫克碳／升；深度越大，含量越小，在深度超過 300 公尺的海水中，含量幾乎沒有季節性變化。有些海區的溶解有機碳含量，可低至 0.2 毫克碳／升。在上層海水中，顆粒有機碳的含量大約只有溶解有機碳的 1/10，而在深水中，則只有 1/50。近岸海域中顆粒有機碳的含量，可比大洋水中高 1～2 個數量級。

大洋中總有機碳的平均含量約為 1 毫克碳／升，因而整個海洋中的有機碳總量達 1.5×10^{12} 噸，與陸地上的煤、泥炭和表層土壤（0～30 公尺深）中的有機碳總量屬同一個數量級，超過海洋生物總量的 500 倍，而且所含有機物種類之多，遠遠超過海洋中的無機物。

海水中的溶解有機物，其主要成分是浮游植物的分泌物、動物的分泌物和排泄物、死生物自消解和受細菌分解過程中的產物等，包括從低分子到高分子的，種類繁多和結構複雜的有機化合物。此外，進入海洋的有機污染物，有的也溶解於海水中。

有機污染物隨著近代工業和農業的發展，海水中帶入了相當量的有機污染物。據 1972 年資料，多氯聯苯（PCBs）在北大西洋表層水中的平均含量達 3.5×10^{-2} 微克／升，直至 3000 公尺深處還能測出。農藥 DDT 在海水中的分布也很廣泛，經由大氣傳播，在南極海域中都能測到。現今對 DDT 的使用量減少，海水中的含量一般低於 10^{-3} 微克／升。此外，海洋還受到石油烴類的污染。

海水中已測定的溶解有機物，還有尿素、核苷酸、三磷酸腺苷和其他含氮化合物，並且有微量的生物體的次級代謝物，如激素和化學傳訊物質等。其餘的溶解有機物，化學組成仍不確定，但已知其中大約 60～80% 的物質，可以抵制氧化和細菌分解的腐殖質類化合物，它們是碳水化合物，氨基酸、脂肪酸、芳香烴、酚和醌等有機化合物，經過複雜的化學過程和生物化學過程而形成的。海洋沉積物中的腐植質，在一定的條件下，有可能形成石油。

(二) 顆粒有機物（POM）

通常指懸浮在海水中，直徑大於 0.5～1 微米的有機物，但實際上包括從膠粒至細菌聚集體和浮游生物體等物質。

河口海區海水中的顆粒有機物，主要是河流和風從陸地帶來的；大洋中的顆粒有機物，主要來自海洋生物的排泄物和生物體分解而成的碎屑。在大洋的顆粒有機物中，通常結合著 40～70% 的矽、鐵、鉛、鈣等無機物。

顆粒有機物水解之後，可生成各種胺基酸、葉綠素、醣類、類脂化合物和三磷酸腺苷等。從三磷酸腺苷的分析值，可推知顆粒有機碳中，大約有 3% 屬活的生物體者。顆粒有機物為食物鏈的重要的一環，它從淺層逐漸下沉，直至海底，為底棲動物所利用，大部分都進入沉積層。

(三) 揮發性有機物（VOM）

蒸汽壓高、分子量小和溶解度小的有機化合物，包括一些低分子烴、氯代低分子烴、氟代低分子烴、DDT 的殘留物和一氧化碳等。其中以甲烷的含量最高；其次是 C_2～C_4 的烴類，如乙烷、乙烯、丙烯等。它們能在風、波浪等動力條件下蒸發，逸入海洋上空的大氣中。

前述三類海洋有機物，在海洋中經歷著錯綜複雜的相互轉變，大部分有機物最終被氧化成二氧化碳，後者又經浮游植物吸收，通過光合作用而重新變成有機碳，形成了有機碳在海洋中的循環，而且在海水有機物的儲存、輸入和損失之間，有一定的比例關係。在這三類有機物中，溶解有機物對海水的性質和海洋生物的影響最為突出。

3-2 水體中溶解性有機物對海洋環境水體之影響

關於溶解有機物在海水中的影響，溶解有機物在海水中的含量雖低，但它和海水的物理性質和化學性質，卻有很大的關係，且對海洋生物的生長和繁殖有重要的作用。主要表現如下：

1. 對海色的影響：有機物被無機懸浮物吸附後，增加了懸浮物的穩定性，從而影響海水的顏色和透明度。

2. 提高一些成分在海水中的溶解度：海水中碳酸鹽之所以呈過飽和狀態，其原因之一是有機物被吸附在碳酸鈣微晶表面上，阻礙晶體的生長，故懸浮在海水之中而不沉澱，可使碳酸鹽的含量超過通常的溶解度。溶解有機物的存在，也能提高其他一些難溶的金屬鹽類和烴類在海水中的溶解度。

3. 對生物過程和化學過程的影響：無機懸浮物上所吸附的有機物，能進一步吸附和濃縮細菌，在顆粒表面上進行生物化學過程，使被吸附的有機物降解和轉化。另外，有機物的氧化還原作用，影響海洋環境的氧化還原電位，也影響著海水中的生物過程和化學過程。

4. 對海－氣交換的影響：海水的微表層富含有機物，其含量超過海水中含量的 10～1000 倍，有促使微表層起泡沫的性能，且能降低海－氣交換的速度。溶解有機物與氣泡作用，可使表層水中顆粒有機物的含量增加；反過來，顆粒有機物也可分解而生成溶解有機物。兩者之間相互轉化並達到平衡。

5. 對多價金屬離子的結合作用：溶解有機物中的胺基酸和腐植質等物質：(1) 能通過共價鍵或配位鍵與多價金屬離子發生結合作用，形成有機結合物，使銅離子等有毒的重金屬離子的毒性降低，甚至轉化成無毒的物質。(2) 阻礙磷酸鹽和矽酸鹽等物質沉澱，延長它們在水體中的停留時間，更容易被生物利用，對海洋生態系具有重要的意義。另一方面，海水中的許多重金屬，都是由河流帶來的。當河水流入河口海區時，形成的金屬有機結合物，因水體的酸鹼度和鹽度發生急速的變化而逐漸沉澱下來。亦即河川出海口區域對重金屬污染物有自然的淨化能力。

6. 對生理過程的作用：近岸底棲的褐藻，分泌出大量的多酚化合物，根據其在海水中含量的多少，對生物的生長有促進或抑制作用。在溶解有機物中，有微量的化學傳遞物質，它們是一些海洋生物所分泌的，能支配生物的交配、洄游、識別、告警、逃避等種內的和異種之間的各種生物

過程的成分。

3-3 海洋水體污染特性

　　形成海洋環境水體之污染，包括：有機物質、無機物質、營養鹽物質、毒性物質、赤潮、青潮等，以下就該等污染特性分別說明。

(一) 有機物質

　　溶於水中有機物，就其其可否分解而言，分為：(1) 可生化分解（Biodegradable），不可生化分解（Nonbiodegradable）。

　　而可生化分解者，因其分解環境與過程，能否供應充足空氣（氧氣）與需要空氣與否，又可區分為：(1) 好氣或好氧（Aerobic or oxygen-present）分解，(2) 厭氣或厭氧（Anaerobic or oxygen-absent）分解。

　　(1) 好氣或好氧分解：

　　有機物經好氣或好氧為生物分解後，分解物為穩定且可接受。

　　(2) 厭氣或厭氧分解：

　　有機物經厭氣或厭氧為生物分解後，分解物為不穩定且難接受。

　　進行生物有機好氣或好氧分解時，氧氣之消耗量為有機物含量之重要指標，一般係使用生化需氧量（Biochemical Oxygen Demand, BOD），作為水體中有機污染物含量之指示。所謂生化需氧量，係指水中有機物質在某一特定時間及溫度下，由於好氧性微生物的生物化學作用所耗用之氧氣。

　　關於生化需氧量 BOD 標準測試程序過程，簡述如下：

　　使用 300ml BOD 試瓶裝樣品水，在 20℃ 條件下培養 5 天。

$$BOD = \frac{DO_I - DO_F}{P} \qquad (3\text{-}1)$$

此式中，

DO_I：初始溶氧濃度（initial Dissolved-Oxygen concentration, mg/L）

DO_F：最終溶氧濃度（final Dissolved-Oxygen concentration, mg/L）

P：樣品佔 300ml 試瓶之比例

例題　BOD_5 之檢測

樣品水置於標準 BOD 試瓶中，並使用無菌溶氧飽和之水將之稀釋至 300ml。測定初始溶氧濃度，將瓶口封住之後並開始在 20℃培養。5 天後打開瓶口封栓，進行溶氧濃度測定。實驗檢測結果如下表：

樣品	廢水（mL）	初始溶氧濃度 DO_I（mL）	5 天後溶氧濃度 DO_5（mL）
1	5	9.2	6.9
2	10	9.1	4.4
3	20	8.9	1.5

解答：

樣品	氧氣消耗量 DO_I-DO_5（mg/L）	樣品所佔比例 P	BDO_5（mg/L）
1	9.2 – 6.9 = 2.3	5/300 = 0.0167	2.3/0.0167 = 138
2	9.1 – 4.4 = 4.7	10/300 = 0.033	4.7/0.033 = 142
3	8.9 – 1.5 = 7.4	20/300 = 0.067	7.4/0.067 = 110

生化需氧量動力分析

　　有機物被為生物進行分解代謝，其反應速率一般以一階微分反應（first-order reaction）模擬。

$$\frac{dL_t}{dt} = -KL_t \qquad (3\text{-}2)$$

L_t：有機物質在時 t 時所有之總氧氣量（mg/L）

K：反應常數（reaction constant, 1/day），該係數決定 BOD 反應速率之快慢。

$$\therefore \frac{dL_t}{L_t} = -Kdt \qquad\qquad (3\text{-}3)$$

$$\Rightarrow \int_{L_0}^{L} \frac{1}{L_t} dL_t = -K \int_o^t dt \quad \ln\frac{L_t}{L_o} e^{-Kt} \qquad (3\text{-}4)$$

$$L_t = L_0 e^{-Kt}$$

L_0：在時間為 t_0 時，有機物質所含總氧氣量。

L_t：在時間 t 時，有機物質所有或剩下之總氧氣量。

　　故在分解代謝過程中，消耗之氧氣量，亦即 BOD_t 可由 L_t 決定。

　　所以 $y_t = L_o - L_t$

　　= 消耗氧氣相當量或耗用之 BOD

$$\therefore y_t = L_o - L_t$$
$$= L_o - L_o e^{-Kt}$$

$$\therefore y_t = L_o(1 - e^{-Kt}) \qquad\qquad (3\text{-}5)$$

此式結果繪如圖 3-1。

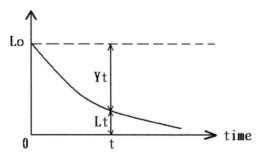

圖 3-1　有機物質有氧分解過程中氧氣含量與時間之關係

　　總 BOD 或終極 BOD，以 y_u 表示。其值相當於起始水體所含之氧氣相當量 L_0。進行分解動力分析中之反應速率 K 值決定 BOD 反應速率，而不影響終極 BOD 之大小。對於任何有機混合物，K 值均與溫度有關。亦即 K

增加，當溫度升高。

K 值與溫度之關係式，一般常使用 Van't Hoff-Arrhenius 模式，

$$K_T = K_{20}\theta^{T-20℃} \tag{3-6}$$

式中 $\theta = 1.047$

總氧需求分析（Total Oxygen Demand, TOD）

無法生化分解之無機物質（Nonbiodegradable inorganics）

化學需氧量（Chemical Oxygen Demand, COD）

於水樣中加入已知量之化學氧化劑（$K_2Cr_2O_7$ 重鉻酸鉀，或 $KMnO_7$ 過錳酸鉀），在某一特定溫度下（140℃～145℃加熱回餾）進行氧化作用，而後滴定剩餘之氧化劑，以測出水中有機物之相當量。

※ 檢測時間三小時

※ 適用於含酸、鹼、毒性工業廢水

※ 單位：mg/L

適用於無法生化分解之有機物質（Non-biodegradable organics）。由於幾乎所有之有機物均能於 COD 試驗中被氧化，反之在 BOD 試驗中僅某些有機物可被分解，因此 COD 值通常較 BOD 值高。例如紙漿廢水，其所含纖維素容易被化學氧化（因此 COD 高），但生化分解卻非常緩慢（低 BOD）。

總有機碳（Total Organic Carbon, TOC）

適用於無法生化分解之無機物質（Non-biodegradable inorganics）。因為有機碳之最終氧化產物為 CO_2，將廢水樣本完全燃燒，存在於廢水中之有機碳則產生相當量之 CO_2。因此實驗進行時，將少樣水量樣本置於燃燒管中燃燒，在量測所釋放出之 CO_2，即可獲得總有機碳 TOC。

(二) 營養物

污染物排入海洋環境水體中之，其所含之營養物，亦即營養鹽，一般包含有：(1) 磷酸鹽 PO_4^{3-}，(2) 硝酸鹽 NO_2^-，NO_3^-。

　　該等營養鹽排入海洋水體後，將很容易造成海洋環境水體之優養化（Eutrophication）。所謂水體優養化過程係一種自發性過程，該過程分爲三階段，如下述：

(1) 貧營養期（Oligotrophic）：物種種類及數目快速成長。

(2) 中營養期（Mesotrophic stage）：海域水中物種動態平衡。

(3) 優養期（Eutrophic stage）：單一生物取得優勢，而布滿整個海域。

　　當營養分（磷）注入時，加速水體優養化之整個過程，因此該等營養分又稱爲藻類之生長限制因子（limiting factor）。

　　當海水受到陽光日照，因水體熱傳導之故，造成水溫隨深度而有所變化，意即愈接近水表面處，海水水溫愈高，越近底層，水溫愈低。此種溫度隨深度而變化之現象，稱爲熱成層（Thermal Stratification）。該熱成層現象會造成所謂春秋翻騰（Turnover）。由於春秋翻騰現象，很容易造成海岸環境水體濁度之增加，影響環境水體之水質，造成水污染。

　　春秋翻騰，可區分爲春翻騰（spring turnover）以及秋翻騰（fall turnover），參閱圖 3-2，秋翻騰與春翻騰現象之形成原因分述如下：

(1) 秋翻騰

　　當冷天氣來臨時（夏→秋），表層水團開始變冷，亦即溫度降低，水團密度變大，因而下沈，迫使上下水團翻轉循環。

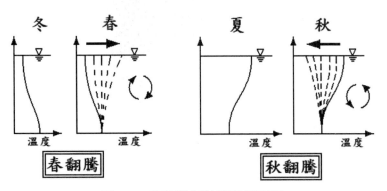

圖 3-2　春翻騰與秋翻騰示意圖

(2) 春翻騰

當天氣漸熱（冬→春），表層水團開始溫熱，亦即溫度升高，水團密度變小，產生浮力，因而上升，迫使上下水團翻轉循環。

(3) 春秋翻騰作用對海域水質之影響

在春秋翻騰作用過程中，因上下層水體對流效應，往往會將沈積在海與底部沉積之污泥或沈砂翻擾而上，使得海域水體之濁度急遽增加，令水質變得惡化混濁，影響水域植物光合作用，以及水中生物生存。

(三) 有機營養污染物（可分解性物質污染）

營養：可共生物利用，在環境負荷範圍內，一般海中微生物會自行分解有機物質，而達到海水水質自淨作用。

(四) 無機營養污染物（優養化）

例如：氮、磷等元素之鹽類。

海產水域之優養化標準：

美國環保署：磷 0.02ppm ↑

日本環保署：磷 0.015ppm ↑

氮 0.1ppm ↑

(五) 毒性污染物（累積性物質污染）

不受生物分解：例如：汞、鎘。

難分解：有機氯，例如多氯聯苯 PCB，滴滴涕 DDT。

透過食物鏈：毒性物質被濃縮累積。

毒性物質累積於底泥：某些條件下，慢慢釋出於海水。

例如：若海水含汞 0.0001ppm，經浮游生物可濃縮至 0.0010～0.002ppm；

小魚捕食浮游生物，濃縮至 0.2～0.5ppm；

其他魚類吞食小魚，濃縮至 0.8～1.5ppm；

大魚吞小魚，濃縮至 1～5ppm。

(六) 赤潮

海水中以植物性浮游生物爲主之微小生物，突然間大量繁殖，導致海水變色；因爲經常爲赤褐色，且像海潮般湧向岸邊，故稱爲赤潮（Red tides）。如圖 3-3 所示。

圖 3-3　赤潮（Red Tide, Tokyo Bay; July 15, 2001）
來源：Prof. Masahiko Isobe

發生條件：(1)海象：溫度、鹽度、穩定度；(2)氣象：風、雨、陽光；(3)營養鹽：氮、磷。當上述條件適宜時，海洋水體優養化嚴重，就發生赤潮。

1. 赤潮中之微小生物

例如：藍藻類（cyanobacteria）、渦鞭毛藻類（dinoflagellates）、矽藻類（diatoms）、甲藻。

2. 浮游生物

有毒浮游生物則毒死魚、貝類，無毒浮游生物，如同優養化的結果，使大量繁殖之此類浮游生物面臨死滅而分解。於是水中溶氧耗盡，魚、貝類等

海產生物因缺氧而全軍覆沒。

臺灣的馬祖列島在每年的四到九月會大量出現渦鞭毛藻（俗稱夜光藻），因為在夜間時生物體會發出螢光，將沿岸海水染成藍色，在地人俗稱「藍眼淚」。水溫落在攝氏 16～28 度，風速 5～6 級，加上 4～5 月魚蝦繁殖季，海水擾動更明顯，加上若光害低，就有機會看見爆量藍眼淚。藍眼淚是甲藻的生物發光現象，當甲藻繁殖數量過多形成赤潮時，容易附著在魚隻的魚鰓上，造成魚類窒息死亡。甲藻在死亡之後，會自然分解產生出屍鹼與硫化氫，並會滲出高濃度的氨與磷，污染海域水體水質，影響生態環境。

赤潮控制方式為氮、磷營養鹽類之消減，以控制浮游生物所轉變之有機物質濃度。

(七) 青潮 (Aoshio)

陽光照射海水中所含硫化物等污染物所形成粒子，形成散射而顯現青白乃至青綠之顏色於海面，稱為青潮。參閱圖 3-4。

圖 3-4　青潮（Tokyo Bay; Aug. 20, 2002）
來源：Prof. Masahiko Isobe

　　青潮係源於可分解有機物質之累積，結果將海水中溶氧過渡消耗，而產生之缺氧水塊，由於風吹及海水流動，移至沿海並湧升至海水表層。於是底層所含之硫化物、微量金屬、厭氧菌以及豐富之營養鹽類也出現於表層海水中，同時產生硫化氫之惡臭。參閱圖 3-5 青潮的生成示意圖。預防對策為：(1) 氮、磷營養鹽類之去除。(2) 沿海底質之改善。

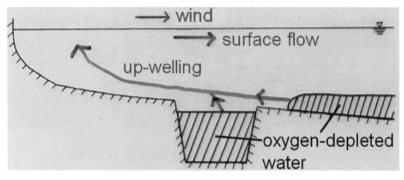

圖 3-5　青潮的生成示意圖

3-4 海洋水質標準

　　為保護人體健康以及海洋自然資源及其利用的安全考量，在指定保護的海域範圍，按照海水用途所規定的水質污染最高容許限度。海水水質標準是海洋環境保護法規的執法尺度之一，是判斷海水是否受到污染的準則，也是海洋環境品質評估、規劃管理以及制訂海洋污染物排放標準的依據。

　　有關海水的水質標準訂定原則，可分為三種面向：(1) 衛生，(2) 水生生物保護，(3) 一般景觀。

　　臺灣對於海域環境分為甲、乙、丙三類，其適用性質如下：(一)、甲類：適用於一級水產用水、二級水產用水、工業用水、游泳及環境保育。(二)、乙類：適用於二級水產用水、工業用水及環境保育。(三)、丙類：適用於環境保育。此處一級水產用水係指可供嘉鱲魚及紫菜類培養用水之水源。二級水產用水係指虱目魚、烏魚及龍鬚菜培養用水之水源。工業用水係

指可供冷卻用水之水源。

3-5 海洋水體營養鹽

　　一般在海洋化學中係指氮、磷、矽元素的鹽類皆視為海水營養鹽，是海洋浮游植物生長繁殖所必需的成分，也是海洋初級生產力和食物鏈的基礎。因此營養鹽在海水中的含量分布，明顯影響決定海洋生物活動與生長。海洋中磷和氮的循環和營養鹽的季節變化，都與細菌和浮游植物的活動有關。

　　海水營養鹽的來源，主要為由陸域逕流入海。營養鹽包括岩石風化物質、有機物腐解的產物及排入河川中的廢棄物。另外，海洋生物的腐解、海中風化、極區冰川作用、火山及海底熱泉，甚至於大氣中的灰塵，也是海洋水體營養鹽來源之貢獻者。

　　依營養鹽的垂直分布特點，大洋水體分成四層：(1) 表層：營養鹽含量低，分布較均勻；(2) 次層：營養鹽含量隨深度而迅速增加；(3) 次深層：深500～1500 公尺，營養鹽含量出現最大值；(4) 深層：厚度雖然很大，但是磷酸鹽和硝酸鹽的含量變化很小，矽酸鹽含量隨深度而略為增加。

　　就區域分布而言，由於海流的傳輸運移和海洋生物的活動，以及各海域的特點，海水營養鹽在不同海域中有不同的分布。例如，在大西洋和太平洋間的深水環流，使營養鹽由大西洋深處向太平洋深處富集；南極海域的浮游植物在生長繁殖過程中，大量消耗營養鹽，但因來源充足，海水中仍然有相當豐富的營養鹽。近海區由於夏季時浮游植物的繁殖和生長旺盛，使表層水中的營養鹽消耗殆盡；冬季浮游植物生長繁殖衰退，而且海水的垂直混合加劇，使沉積於海底的有機物分解而生成的營養鹽得以隨湧升流向表層補充，使表層的營養鹽含量增高。

　　近岸的淺海和河口區與大洋不同，海水營養鹽的含量分布，不但受浮游植物的生長消亡和季節變化的影響，而且和大陸逕流的變化、溫躍層的消長等水文狀況，有很大的關係。

在營養鹽的再生和循環過程中，伴隨著氧氣的消耗和產生。研究探討海水中溶氧和營養鹽的含量及其分布變化的關係，據此可估算上層水域的初級生產力，或推測深水層水團混合運動的狀況。

3-6 海洋水體之溶氧

溶解在海水中的氧氣是海洋生命活動不可缺少的物質。它的含量在海洋中的分布，既受化學過程和生物過程的影響，還受物理過程的影響。從 19 世紀就已經開始這方面的研究，在 20 世紀初期，建立了適合現場分析的溫克勒方法以後，進展較快，至 1940 年代前後，已取得了關於大洋中氧含量分布的比較完整的資料。

(一) 水體之溶氧來源

海水中的溶解氧有兩個主要來源：(1) 大氣；(2) 植物的光合作用。大氣中的游離氧能夠溶入海水；海水中的溶解氧能夠逸入大氣。在海－氣界面上的這種交換，通常處於平衡狀態。因此，海水中氧的消耗，可以從大氣得到補充。

浮游植物在有光的環境裡，通過光合作用，吸收二氧化碳和海水營養鹽，而製造有機體和釋放氧；在無光環境裡，通過呼吸作用使一些有機體被氧化，消耗氧而釋放二氧化碳。這兩個過程可概括表達為：

$$106CO_2 + 16HNO_3 + H_3PO_4 + 122H_2O \Leftrightarrow (CH_2O)_{106}(NH_3)_{16}H_3PO_4 + 138O_2$$

$$（3\text{-}7）$$

故透光帶海水中氧的消耗，也可從浮游植物的光合作用得到補充。

(二) 海洋環境水體溶氧分布

氧在海水中的溶解度，隨溫度的升高而降低，隨海水鹽度的增加而減少，在浮游生物生長繁殖的海域，表層海水的溶解氧含量不但白天和黑夜不

同,而且隨季節而異,加上海流等因素的影響,使溶解氧在海洋中形成了垂直分布和區域分布。

1.垂直分布

按照溶解氧垂直分布的特徵,通常把海洋分成三層:

(1) 表層。風浪的攪拌作用和垂直對流作用,使氧在表層水和大氣之間的分配,較快趨於平衡。個別海區在 50 公尺深的水層之上,由於生物的光合作用,出現了氧含量的極大值。

(2) 中層。表層之下,由於下沉的生物殘骸和有機體在分解過程中消耗了氧,使氧含量急劇降低,通常在 700~1000 公尺深處出現氧含量的極小值(此深度因區域不同而異)。

(3) 深層。在氧含量為極小的水層之下,氧含量隨深度而增加。

統觀氧在垂直方向的分布,知海洋中的氧都來自表層,所以表層水是富氧的。海洋深處的氧,主要靠高緯度下沉的表層水來補充。如果沒有這種表層水的補充,僅靠氧分子從表層向深處擴散,其速度很緩慢,難以滿足有機物分解的需要,勢必造成深層水缺氧,甚至於無氧。

由於近海岸處海域水深較淺,一般溶氧垂直分布變化較小,無法如深海大洋般之分布,可明顯區分為三層。Shiau & Yang(2004)在臺灣西岸北部海域進行實場量測海域水質物理參數,圖 3-6 所示為國立臺灣海洋大學海研二號,於 2002 年 5 月 1 日在臺灣西岸北部海域東經 121 度 34.722 分,北緯25 度 18.109 分,與東經 121 度 34.986 分,北緯 25 度 18.166 分,二處之實測之溶氧垂直分布實測結果。該二處之水深分別為 31m 與 36m,結果顯示基本上溶氧垂直分布變化很小,隨著水深改變差異性不大。

2.區域分布

氧氣在海洋中的區域分布,和海洋環流有密切的關係,加上海洋生物的分布和大陸逕流的影響,變得非常複雜。但就三大洋的平均氧含量來說,大西洋最大,印度洋其次,太平洋最小。差異性主要是三大洋的環流情況不同所造成的。

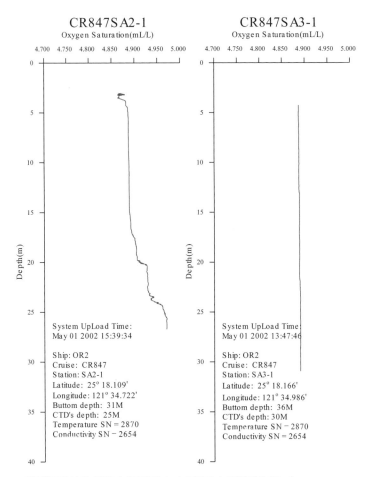

圖 3-6　臺灣西岸北部海域實測水中溶氧之垂直分布（Shiau & Yang (2004)）

　　海水中溶氧的存在，為海洋生物提供了生存的環境。不只如此，在富氧的海水中，形成一個氧化環境，使水體中一些變價元素處於氧化態。但是在缺氧的海水中，海水的氧化還原電位降低，形成了還原環境，使一些變價元素處於還原態。例如：鈾在富氧海水中以易溶的 $UO_2(OH)_3^-$ 形態存在，但在缺氧水中，則易生成二氧化鈾而沉澱。

　　在缺氧的水體中，硫酸鹽還原菌能將硫酸鹽和一些含硫化合物還原為硫化氫。例如黑海在深約 100 公尺處有一個較強的溫鹽躍層，阻礙氧向深處

補充，致使深度超過 200 公尺的海水中無氧，適宜於硫酸鹽還原菌滋生，因此逐漸產生硫化氫。

　　有機物在深水中分解時，消耗的氧量與水團的年齡和運動過程有關，故可根據氧在海洋中的分布和變化劃分水團，並估算水團的年齡和運動速度，包括它由表層下沉的時間等等。

3-7 海洋生產力

　　本節就海洋生產力之主要貢獻者，亦即初級生產或稱基礎生產者，作一說明，並分析影響生產力之因素，以及介紹如何測定生產力。

(一) 初級生產

　　海洋除了含有豐富礦產之資源外，最重要是它提供了人類重要蛋白質的來源－海鮮魚蝦貝類。而這些海產豐富與否，繫於海洋之初級生產（primary production）或稱基礎生產力（primary productivity）。所謂初級生產指的是生物利用太陽能將無機物，例如二氧化碳、水等合成爲含高能量之有機物之程序，經常和「光合作用」互通使用。光合作用之速率，一般稱爲基礎生產力。光合作用產生之有機物質總量，即是爲初級生產毛量（gross primary production）。初級生產的產品，有一部分被細胞使用於代謝之消耗，另外一部分則經過生物轉換形成初級生產者（primary producer）的細胞組成或生物體，而這一部分就是初級生產淨量（net primary production）。生物體之質量累積愈多，代表基礎生產力愈高。在一定時間內，初級生產者之生物量愈多，稱爲其現存量（standing crop）愈高。

　　在海洋生態體系中，一部分初級生產者會被消費者，如浮游動物、魚、蝦、貝類等所攝食，另一部分則死亡而被分解。因此初級生產淨量除初級生產者之現存量外，也包括提供海洋生態體系中之消費與分解者生存所需之有機物。海洋基礎生產力，通常以每天或每年在單位面積內所產生之碳量表示，意即 $gC/m^2/day$，$gC/m^2/year$。

(二) 初級生產者

　　所謂初級生產者，就是具有光合作用能力之植物或藻類。近海水域有時會有水草高等植物，但海洋中最主要之初級生產者，乃是藻類，包含有體型細小之浮游藻類與體性較大之附著性海藻。

　　臺灣沿海最常見之浮游藻類有 (1) 矽藻類，例如海鏈藻類（Thalassi-sira），圓篩藻類（Coscinodiscus）。(2) 渦鞭毛藻類，例如多甲藻屬（peri-dinium），原甲藻屬（Prorocentrum）。體型較大的附著性海藻，則主要分布在近海沿岸，臺灣沿海常見的有石簨、馬尾藻等。

(三) 初級生產者之貢獻

　　初級生產者係海洋生態中，消費者（例如浮游動物、魚、蝦、貝類等）和分解者（例如細菌、真菌等）所賴以維生的主要能量來源。初級生產者將光能轉化為有機物的化學鍵能，消費者或分解者攝食或吸收這些有機物或取能量。因此初級生產者係居食物鏈之最基層。海洋生產力高低，端視該等基礎生產力之高低而定。而基礎生產力高低，則由初級生產者之活性（光合作用速率）和數量決定。

　　海洋生態體系之初級生產者除供應有機物（能量）外，在行光合作用的同時，也會產生氧氣。反應式表示如下：

$$nCO_2 + nH_2O \rightarrow (CH_2O)_n + nO_2 \qquad (3\text{-}8)$$

　　其中所產生之氧氣，不但是水生動物生存所必需，也是為分解者分解有機物質所必需。故而，初級生產者數量也關係著水生動物之氧氣供給。適量之初級生產者方可維持適合水中動物生存之溶氧量。當初級生產者太少，水中溶氧量不足。但初級生產者過多，例如水質優氧化，白天光合作用進行時，水中溶氧量常會過飽和，但到了夜間，由於大量之藻類與水中其他水生動物耗氧甚大，反而造成水中溶氧不足。由此觀之，海洋水域生態體系中之初級生產者數量，不僅關係海洋生態系之生產力，同時也關係水中溶氧而影響海洋生物之生存。

　　由實驗觀察可知控制光合作用之因素有：(1) 葉綠素（chlorophyll）之含量，(2) 二氧化碳之含量，(3) 光照射之強度，及 (4) 溫度。一般陽光能穿透海水之表層至深度約八十公尺，該深度範圍稱為透光層（euphotic zone），浮游生物（亦即初級生產者）多在此層進行光合作用。一般，初級生產力高的海域，顆粒有機碳含量也高，如在秘魯流和北大西洋海水中，其含量在夏季可大於 100 微克碳／升。海水中揮發性有機碳的含量，大約為總有機碳的 2～6%。河口海域的生物生產力高，海水中有機物的含量普遍高於大洋，尤以顆粒態者為甚。

(四) 海洋基礎生產力之測定方式

　　關於海洋基礎生產力之測定方式，可採用直接測定方式，亦或使用間接方式，亦即所謂衛星遙測方式。

1. 直接測量

(1) 海岸大型海藻之基礎生產力，可直接測量現存量之變化而推估。

(2) 海域之基礎生產力則需在海洋直接測定。傳統方式系利用亮暗瓶，測量在不同深度下之亮瓶與暗瓶內之溶氧或所固定之碳量之差異，來決定基礎生產力之高低。量測固定碳量之方法，系在 1950 年代由 Steemann Nielsen 發明，利用同位素碳十四，^{14}C（一般使用 $NaH^{14}CO_3$）於測量期間，將在亮瓶中被固定之總量，扣除暗瓶之背景值得之。該法測得之結果較使用溶氧法為準確。

2. 衛星遙測

　　由於藻類具有葉綠素與其他色素，因此，可利用先進之衛星遙測方式，觀測海洋水面顏色之變化，首先進行推估藻類數量，再由藻類數量推估海洋基礎生產力。

　　雖然衛星遙測方式無法直接測定海洋之基礎生產力，但再以輔以海洋實測值校正後，即可獲得準確之海洋基礎生產力推估值。

(五) 影響基礎生產力之因素

一般而言，影響基礎生產力之主要因素，可分為：

1.水溫

海水溫度隨季節有起伏變動，而溫度將影響細胞內酵素之活性。在低溫下，酵素活性低，光合作用之效率變低。因此冬季之基礎生產力將較夏季為低。

但由於海域水體量極大，因水分子之熱含量也很大，因此海水在冬季與夏季之溫差，則遠比淡水水域之溫差小，故而海域之夏季與冬季之基礎生產力差異也就不若淡水水域大。

Shiau & Yang（2004）在臺灣西岸北部海域進行實場量測海域水質物理參數，圖 3-7 所示為國立臺灣海洋大學海研二號，於 2002 年 5 月 1 日在

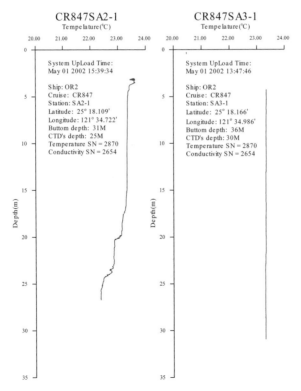

圖 3-7　國立臺灣海洋大學海研二號在臺灣西海岸北部海域實測水中溫度之垂直分布（Shiau & Yang, 2004）

臺灣西岸海域東經 121 度 34.722 分，北緯 25 度 18.109 分，與東經 121 度 34.986 分，北緯 25 度 18.166 分，二處之實測之溫度之垂直分布變化。該二處之水深分別爲 31m 與 36m。

2. 光度

　　光度在一年四季之差異性，遠大於水溫。海域水體所承受之光度，將隨緯度變化而不同。臺灣地處北半球亞熱帶，所承受陽光夏季最強，冬季最弱。季節光度之差異，加上溫度效應，使得臺灣附近海域之基礎生產力在夏季（約七八月）最高，冬季（約一二月）最低，差異性可達四倍以上。

　　海水之透光度一般都比淡水高，其透光度從數公尺至數十公尺不等。有透光之深度才會有光合作用進行。由於臺灣西海岸近岸處水域遭受到污染之緣故，近海透光度僅有數公尺，因此具有基礎生產力之水層也就較淺。離海岸較遠之外海，則透光度較深，有的超過十公尺，因此該等水域之藻類分布較深，具有基礎生產力之水層自然較厚。

　　Shiau & Yang（2004）在臺灣西岸北部海域進行實場量測海域水質物理參數，圖 3-8 所示爲國立臺灣海洋大學海研二號，於 2002 年 5 月 1 日在臺灣西岸海域東經 121 度 34.722 分，北緯 25 度 18.109 分，與東經 121 度 34.986 分，北緯 25 度 18.166 分，二處之實測之透光度之垂直分布變化。該二處之水深分別爲 31m 與 36m。

3. 營養鹽

　　藻類生長時，需要營養鹽，但對於各種營養鹽之需求量則有不同。當某一種營養鹽濃度低於藻類生長所需時，它就成爲藻類生長的限制因子。

　　海洋生態系中最常成爲藻類之限制因子爲氮鹽。雖然海水中經常可以測到硝酸鹽、亞硝酸鹽、氨鹽等，但其濃度常遠低於藻類生長所必需。故而海水中氮鹽分布情形，經常左右該海域基礎生產力之高低。例如河川出海口處海域，由於河川帶來氮鹽和其他營養鹽濃度較高，因此藻類生長旺盛，故而使得河口海域之基礎生產力較其他海域爲高。例如長江出海口之東海，其旺盛之基礎生產力，有一部分貢獻係來自於河川所帶來之氮鹽和其他營養鹽。

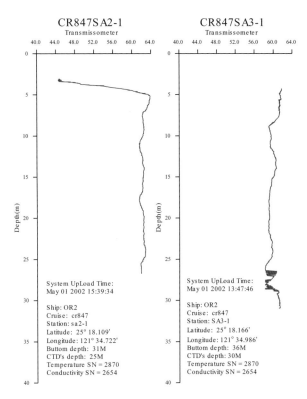

圖 3-8　國立臺灣海洋大學海研二號在臺灣西岸海域實測水中透光度之垂直分布
　　　　（Shiau & Yang, 2004）

　　海域中之營養鹽來源為底層海水。由於底層海水為生物死亡分解之主
要地方，因此經分解後所產生之各種有機無機鹽類，均可提供藻類生長所
需。底層含豐富營養鹽之海水，可藉由湧升流將其帶到表水層。故而有湧升
流處，其基礎生產力也較高。例如臺灣北部東海海域，旺盛之基礎生產力貢
獻者之一，即是黑潮湧升流所造成。

3-8 浮游生物在海洋環境生態系統之角色與作用

　　所謂海洋浮游生物（Plankton），係指懸浮在水層中常隨水流移動的海
洋生物。這類生物缺乏發達的運動器官，沒有或僅有微弱的游動能力；絕大

多數個體很小，須在顯微鏡下才能看清其構造，只有個別種的個體甚大，如北極霞水母（Cyanea arctica ）最大直徑可達 2 公尺。浮游生物最重要的特點是能在水中保持懸浮狀態，具有多種多樣適應浮游生活的結構和能力。

　　浮游生物類型分布依照緯度的不同，區分為：(1) 寒帶類型（分布於北冰洋和南大洋）、(2) 溫帶類型（分布於北、南溫帶海域）、(3) 熱帶類型（分布於熱帶海域）。寒帶浮游生物的種類少，但每類物種的數量大。熱帶浮游生物的種類多，每類物種的數量少。溫帶浮游生物的種類和每類種的數量，則介於前兩類型之間。主要是海域水體溫度與鹽度影響海洋浮游生物的地區分布差異性。

　　浮游生物數量之空間分布並非均勻，經常有出現密集成斑塊狀的分布現象。其成因為海域風力、紊流（turbulent flow）、水體營養鹽、或浮游生物之生殖、攝食活動。

　　浮游生物組成種類包括：(1) 浮游植物（Phytoplankton），(2) 浮游動物（Zooplankton）兩大類。浮游植物種類較為簡單，大多是單細胞植物，其中矽藻最多，還有甲藻、綠藻、藍藻、金藻等。浮游動物種類繁多，結構複雜，包括無脊椎動物的大部分門類，如原生動物、腔腸動物（各類水母）、輪蟲動物、甲殼動物、腹足類軟體動物（翼足類和異足類）、毛顎動物、低等脊索動物（浮游有尾類和海樽類），以及各類動物的浮性卵和浮游幼體等。其中以甲殼動物，尤其是橈足類最為重要。

(一) 浮游生物在海洋環境生態系統扮演角色

　　在海洋食物鏈中，浮游植物是初級生產者，通過光合作用，製造有機物，成為海洋食物鏈最底層的第一環節（也稱第一營養階層）。浮游植物的產量（初級生產）影響著植食性浮游動物的產量（次級生產），而後者又影響著肉食性小型動物的產量（三級生產）和肉食性大型動物的產量（終級生產）。這四級生產的數量逐級減少，形成金字塔型的構成數量或生物量。因此，浮游生物的產量（包括初級和次級生產）是海洋生物生產力的基礎，基礎量豐富與否決定了魚類和其他經濟水產動物的產量。

(二) 浮游生物在海洋環境生態系統之作用

在能量流動過程中，浮游植物能把吸收的日光轉變爲化學能或物質能，植食性浮游動物攝取浮游植物後獲得能量，肉食性魚類再攝食浮游性動物，並通過食物鏈的各個環節將能量傳遞下去，種類之數量逐級減少，構成能量金字塔。因此，浮游生物在海洋生態系統的能量流動中扮演著基礎作用。

(三) 海洋浮游生物之研究意義和未來展望

浮游生物種類繁多、數量龐大，也是海洋生物的最基本與最重要之生物物種，因此研究對漁業生產和海洋科學基礎理論都有重要意義。它們是經濟魚類的餌料基礎，某些種（如橈足類的哲水蚤）的數量分布可提供魚類（如鯡形魚類）索餌洄游的路線之資訊，有助於在廣大海洋水域尋找漁場、確定漁期。有些浮游生物種類是漁業資源，例如海蜇、毛蝦和磷蝦，以及橈足類和糠蝦等（可加工製作蝦醬），均可供食用。許多浮游植物（如骨條藻、褐指藻、扁藻、金藻和螺旋藻等）和浮游動物（如輪蟲、橈足類、鹵蟲等）可以人工大量培養，作爲水產動物育苗的餌料。有些浮游生物對海洋環境的污染物具有淨化和富集的能力。

一些狹溫、狹鹽性浮游生物，可作爲不同海流的指示種。磷蝦類、管水母類等浮游動物在較深水層大量密集，會形成深海散射層，阻礙或干擾聲波在水中的傳播，使聲納失效。發光浮游生物（如夜光蟲等）的大面積密集，可引起海水發光，俗稱「海火」，可嚴重干擾與影響海軍作戰。浮游矽藻、鈣板金藻、放射蟲、有孔蟲和翼足類等遺骸的沉積物可作爲地層劃分和海底石油資源勘探的輔助標誌，有助於了解海洋地質史和古海洋環境等。

一些浮游植物，特別是甲藻和藍藻，當海域富營養化時會發生過度繁殖，使局部水域變色，形成赤潮。因此赤潮也可做爲海域水質污染指標。

據上所述，海洋浮游生物功用非常多，展望未來對浮游生物的近一步深入研究探討，有其重要性與必要性。以下列舉值得研究探討之方向：

1. 浮游植物光合作用的生理生化機制。
2. 浮游生物生態系統的現場觀察實驗,包括提高生產力方法,浮游生物在氮、磷、碳循環中的作用及能量的流動。
3. 赤潮浮游生物分泌毒素的生理機制和生化組成,以及預測和防治赤潮的方法。
4. 浮游生物對污染物質的吸收、富集、解毒、淨化的生理生化過程。
5. 浮游生物的大量培養(工廠化)。
6. 利用浮游生物作為捕撈經濟魚類及勘探海底石油資源的標誌。

3-9 海洋污染對海洋初級生產未來之影響

　　雖然海洋之初級生產,無法為人類直接利用,但透過海洋食物鏈能量傳遞,豐富健全之海洋初級生產,必然產生豐富之能量金字塔尖端之魚類等,有助於解決部分人類蛋白質需求問題。

　　臺灣地處亞熱帶,四面環海,又位於黑潮洋流流經之處,因此海洋基礎生產力高。但由於過去臺灣西部沿海海岸長期不當開發,造成嚴重海洋污染,使海域環境品質低落,進而影響海洋初級生產,並降低海洋基礎生產力。如此豐富海洋資源被破壞,殊屬可惜。

　　因此未來應致力於海洋環境品質之改善與提昇,降低與杜絕海岸及海洋污染,保護海域,方才可提升高海洋之基礎生產力,增加漁業生產量,提供人類充足蛋白質之供應。

　　海洋生物資源為可再生資源,改善海洋環境解決海域污染,配合適當的營造利用、管理可達到永續的經營發展。短期積極以種苗放流、保護區之劃設,藉以改善恢復海洋生態環境資源。長期可發展箱網等海水養殖科技,以創造海洋生物資源。以及發展海洋深層海水之應用科技,製造人工湧昇流,將深層海水之營養鹽送到陽光較充裕之表水層,增加浮游生物數量,提升海洋初級生產力,從而增加魚類數量。亦或利用光纖將太陽能導入營養豐富的中深水層,也可增加浮游生物數量,進而提升海洋初級生產力,豐富海

洋魚類資源。

3-10 海洋污染生物效應

　　海洋環境污染對生物的個體、種群、群落乃至生態系統造成的有害影響，也稱海洋污染生態效應。海洋生物通過新陳代謝同周圍環境不斷進行物質和能量的交換，使其物質組成與環境保持動態平衡，以維持正常的生命活動。然而，海洋污染會在較短時間內改變環境理化條件，干擾或破壞生物與環境的平衡關係，引起生物發生一系列的變化和負反應，甚至構成對人類安全的嚴重威脅。

　　海洋污染對海洋生物的效應，有的是直接的，有的是間接的；有的是急性損害，有的是亞急性或慢性損害。污染物濃度與效應之間的關係，有的是線性，有的呈非線性。對生物的損害程度主要取決於污染物的理化特性、環境狀況和生物富集能力等。海洋污染與生物的關係是很複雜的，生物對污染有不同的適應範圍和反應特點，表現的形式也不盡相同。

(一) 個體生物的生物學效應

　　高濃度或劇毒性污染物可以引起海洋生物個體直接中毒致死或機械致死，而低濃度污染物對個體生物的效應主要是通過其內部的生理、生化、形態、行為的變化和遺傳的變異而實現的。

　　污染物質對生物生理、生化的影響，主要是改變細胞的化學組成，抑制酶的活性，影響滲透壓的調節和正常代謝機制，並進而影響生物的行為、生長和生殖。有些污染物還能使生物發生變異、致癌和引發畸形。例如：DDT 能抑制 ATP 酶的活性；石油及分散劑能影響雙殼軟體動物的呼吸速率及龍蝦的攝食習性；低濃度的甲基汞能抑制浮游植物的光合作用等。有些污染物質能影響魚類游泳能力，改變其活動方式和迴避反應，從而影響魚類探尋食物、配偶和產卵以及逃避敵害的能力。例如：低濃度甲基汞能使魚體神經系統受阻引起平衡失調。

(二) 生物種群―群落的生態效應

海洋受污染通常能改變生物群落的組成和結構，導致某些對污染敏感的生物種類個體數量減少、甚至消失，造成耐污生物種類的個體數量增多。如有機污染較嚴重的海域，小頭蟲（*Capitella capitata*）數量明顯增多，可達群落總生物量的 80～90%，從而降低了群落生物種類的多樣性，使生態平衡失調。例如：美國加利福尼亞近海，因一艘油輪失事溢漏流入海域水體的柴油殺死大量植食性動物海膽和鮑魚，導致海藻得以大量增殖，改變了生物群落原有的結構。

低濃度的銅、汞、鎘和多氯聯苯能改變初級生產者的種類組成，進而改變食物鏈的類型。許多海洋生物對重金屬、有機氯農藥和放射性物質具有很強的聚集能力，它們可以透過直接吸收和食物鏈（網）的累積、轉移，透過生態系統物質循環，干擾或破壞生態系統的結構和功能，甚至危及人體健康。

(三) 海洋污染生物效應研究意義和未來方向

海洋污染生物效應的研究，是了解與評估海洋環境品質狀況及其污染變化趨勢的重要依據，也是海洋環境品質中生物監測和生物學評估的理論基礎，對於防治海洋污染、了解污染物在海洋生態系統中的遷移、轉化規律，以及保護海洋環境均具有理論意義和實際意義。

20 世紀 60 年代以來，人類對海洋污染生物效應進行了大量的調查研究和毒性毒理實驗，累積了很多資料。但是對於低濃度下的亞致死效應和慢性效應及其致毒機制的研究還比較少，特別是低濃度或混合污染物對生態系統的長期影響還難以作出正確的估計。為保護海洋生物和水產資源，保護海洋生態系免受污染損害，未來研究方向必須繼續針對低濃度的多種污染物對海洋環境生態系的結構與功能影響探討研究。

參考文獻

1. Cole, H.A., *The Assessment of Sublethal Effects of Pollutants in the Sea*, The Royal Society, London, 1979.

2. Duursma, E.K., Dawson, R., *Marine Organic Chemistry*, Elsevier Scientific Publ., New York, 1981.

3. Harvey, H.W., *The Chemistry and Fertility of Sea Water*, Cambridge University Press, London, 1957.

4. Patin, S. A., *Pollution and the Biological Resources of the Oceans*, Butterworths Scientific, London, 1982.

5. Rayment, J.E.G., *Plankton and Productivity in the Oceans*, 2nd ed., Pergamon Press, Oxford, 1980.

6. Riley, J.P., Skirrow, G., *Chemical Oceanography*, 2nd ed., Vol.2, Academic Press, London, 1975.

7. Shiau, B.S., and Yang, C.L., (2004), "Field Monitoring on the Physical and Optical Characteristics of the Pa-Li Sewage Ocean Outfall at the Northwest of Taiwan," Proceedings of the 3rd International Conference on Marine Waste Water Discharges and Marine Environment, Catania, Italy

8. 蕭葆義，環境工程，國立臺灣海洋大學河海工程系環境風洞實驗室出版，2012 版。

9. 吳俊宗，海洋初級生產力，國際海洋年系列報導，1998。

10. 鄭重，《浮游生物學概論》，科學出版社，北京，1964。

11. 鄭重，李少菁，許振祖，《海洋浮游生物學》，海洋出版社，北京，1984。

問題與分析

1. 海洋環境水體營養與陸域水體營養差異？對生物之影響？

2. 地球暖化對海洋環境之浮游生物影響？

3. 海洋環境污染與否將關係人類未來糧食之供應，請申論。

4. 樣品水置於標準 BOD 試瓶中，並使用無菌溶氧飽和之水將之稀釋至 300ml。測定初始溶氧濃度，將瓶口封住之後並開始在 20℃培養。5 天後打開瓶口封栓，進行溶氧濃度測定。實驗檢測結果如下：

樣品	廢水（mL）	初始溶氧濃度 DO_1（mL）	5 天後溶氧濃度 DO_5（mL）
S	50	9.2	6.9

試問檢測後之 BDO_5 為何？

5. 某一廢水之 BOD_5 在 20℃為 150mg/L。K 值為 0.23 1/day。試問若在 15℃時，進行培養 8 天，則 BOD_8 為何？

解答提示：

(1) 決定終極生化需氧量（ultimate BOD）：

$$y_u = L_0 = \frac{y_t}{1-e^{-kt}} = \frac{150mg/L}{1-e^{-0.23\frac{1}{day}\times 5day}} = 220mg/L$$

(2) 修正 k：

因為 $k_T = k_{20}\theta^{T-20}$

所以 $k_{15} = 0.23\frac{1}{day} \times 1.047^{15-20} = 0.18\frac{1}{day}$

(3) 計算 BOD_8：

因為 $y_t = y_u(1-e^{-kt})$

所以 $y_8 = 220mg/L \times (1-e^{-0.18\frac{1}{day}\times 8day}) = 168mg/L$

6. 取 30 mL 零溶氧之廢水與 270 mL 含溶氧 10 mg/L 之水混合。該混合後樣本放入培養皿在星期一開始進行 BOD 分析。由於 5 天後，剛好是星期六，而星期六星期日實驗室休息，因此星期一開始上班時，已經是第七天，此時最終溶氧量經量測為 4.0 mg/L，且培養皿之溫度為 30℃。假

定在 20℃時 $k_1 = 0.2$ 1/day，而 $k_T = k_{20} \cdot 1.05^{T-20}$。試決定此樣本在 20℃ 時之 5 天 BOD 為何？

解答提示：

$$DO_1 = \frac{(10 \times 270 + 0 \times 30)}{(270 + 30)} = 9mg/l$$

$$DO_7 = 4.0mg/l \qquad at \quad 30℃$$

$$K_{20} = 0.2 \qquad at \quad 20℃$$

$$K_T = K_{20}1.05^{T-20}$$

$$K_{30} = 0.2 \times 1.05^{30-20} = 0.2 \times 1.629 = 0.326(1/day)$$

$$y_t = L_0(1 - e^{-kt})$$

$$L_0 = \frac{y_7}{1 - e^{-0.326 \times 7}} = \frac{(9-4)}{0.92} \Big/ (30/300) = 55.6mg/l$$

$$y_5 = L_0(1 - e^{-k5}) = 55.6 \times (1 - e^{-0.2 \times 5}) = 35.1mg/l \quad at \quad 20℃$$

7. 廢水之 5-日 BOD 為 190mg/L，試決定氧氣量需求極值。假定 $k_1 = 0.25$ 1/day。

解答提示：

$$L_t = L_0(1 - e^{-kt})$$

$$190 = L_0(1 - e^{-0.25 \times 5})$$

$$L_0 = \frac{190}{1 - e^{-0.25 \times 5}} = \frac{190}{1 - e^{-1.25}} = 266.3mg/l$$

8. 在一 BOD 之檢測中，無溶氧之廢水 6ml 與含 8.6mg/L 之稀釋水 294mL 混合。經過 5 天在 20℃之培養，混合水之溶氧量為 5.4mg/L。據上數據，計算該廢水之 BOD。

解答提示：

$$(8.6 \times 294 + 0 \times 6)/(294 + 6) = 8.428mg/l$$

$$BOD_5 = \frac{8.428mg/l - 5.4mg/l}{6ml \Big/ 6 + 294ml} = 151.4mg/l$$

9. 海洋初級生產者包括單細胞藻類（如矽藻、甲藻）、大型藻類（如綠藻、

褐藻、紅藻）以及較高等的海洋植物。就整個海洋來說，主要的生產者是單細胞浮游植物，約略估計，其產量占海洋初級產量的 90% 以上。大型多細胞藻類以及維管束植物只在淺水近岸區有重要作用。另外一些營光合作用的細菌也是初級生產者。光合作用（或初級生產）的速率主要受到非生物的自然環境之溫度、光、與水體之營養鹽等控制。此外還有其他非生物與生物環境因數，請敘明之。

解答提示：

(1) 紊流和臨界深度（turbulent flow and critical depth）：

複雜的和不規則的海水運動，呈現紊流現象，紊流運動使得在垂直方向不同層次的海水得到充分混合。垂直混合對生產力的影響，一方面可補充上層的營養鹽類而提高海洋水體生產力。但在混合的過程中，也可能把浮游植物帶到無光區而不能進行光合作用，因而把浮游植物在垂直混合過程中交替地處在不同深度的水層。

臨界深度係是指在該深度上方整個水柱浮游植物的光合作用總量等於其呼吸消耗的總量。因此植物細胞只有分布在臨界深度以上，才能充分地進行光合作用，並超過呼吸消耗，從而出現有機物的積累才有生產淨量。

(2) 浮游動物之攝食狀況：

食植物性浮游動物的種群大小，取決於該海域的初級生產力的高低，但該食植物性浮游動物種群也影響浮游植物的數量。當浮游植物密度高的時候，大量的植物細胞被迅速吞食，常常超過動物本身的需要。在自然海域，通常是比較高的攝食率，可提高生產速度和產卵量，但動物的吞食也會影響浮游植物生長。

照片為德國新天鵝堡（Schloss Neuschwanstein），新天鵝堡是巴伐利亞國王路德維希二世以華格納創作的音樂劇《天鵝騎士》為靈感，1869 年開始花費了 17 年時間建造而成，位於德國的富森市。在新天鵝城堡的對面就是國王童年成長居住的舊天鵝堡，在這座淺黃色的舊天鵝堡內孕育國王創作「夢幻城堡」。迪斯尼樂園的睡美人城堡以及許多現代童話城堡的靈感也大都來自新天鵝堡。新天鵝城堡是國王一個未完成的夢，國王逝世，城堡尚未完工。新天鵝堡的外觀和內部門窗、迴廊設計融合了哥德式與巴洛克風格，廳堂中則以拜占庭風的濕壁畫作為裝飾。新天鵝堡與舊天鵝堡隔山對望，與阿爾卑斯湖（Alpsee）為鄰。（*Photo by Bao-Shi Shiau*）

照片為德國高天鵝堡（Schloss Hohenschwangau）（舊天鵝堡），位置在新天
鵝城堡的對面，舊天鵝堡是國王童年成長居住的地方。在這座淺黃色的舊天鵝
堡內孕育國王創作「夢幻城堡」。新天鵝堡與舊天鵝堡隔山對望，與阿爾卑斯
湖（Alpsee）為鄰。（*Photo by Bao-Shi Shiau*）

德國海德堡（Heidelberg）。1386 年德國最古老的海德堡大學成立於此城鎮。
城鎮有內卡河（Neckar）流過。（*Photo by Bao-Shi Shiau*）

德國海德堡古橋又名卡爾 - 特奧多橋（Karl-Theodor-Brücke），是海德堡最著名的一個景點，連接著海德堡舊城區，以及對岸的諾伊恩海姆（Neuenheim），平常是行人與單車騎士的專用道。（*Photo by Bao-Shi Shiau*）

第四章

溢油污染與防治

　　截至目前為止，俗稱為「黑金」的石油仍為人類主要能源來源之一。由於產油地集中在某些區域，故需以各種方式（例如油輪、油管等）將油送至需油的世界各地。運送方式以海上航運為主，油輪之往來與海上鑽油開採，若是發生意外，將對海洋環境造成極致命的影響。近來臺灣提昇國際競爭力，航運發展迅速，往來頻繁的船隻，更加大海上意外之風險。

　　原油溢出經過蒸發現象後，將變得更黏稠，且會形成光滑的油塊而進行擴展與水平飄移。當油塊侵襲海岸的最初，會再海灘上形成一片光滑的黏液，雖然在飄移過程中，大部分毒性物質已蒸發，但在十餘天後，殘餘在水中的石油會溶解而釋出有毒物質。石油所含的苯（C_6H_6）和甲苯（$C_6H_5 \cdot CH_3$）等有毒化合物進入了食物鏈，從低等的藻類、到高等哺乳動物，無一能倖免。

　　原油覆蓋於海水表面，會使透入水中的陽光減少，亦會減少水中氧氣的溶解量，影響整個水域生態，故吾人必須對此類課題加以探索了解。

　　油污染會造成海洋生態破壞，且將難以回覆，由近年主要溢油事件來看，船舶海上之意外為污染問題之主要來源，如 1990 年間巴拿馬籍油輪「東方佳人」在臺灣北部金山野柳一帶觸礁，大量原油溢出，造成附近漁民的九孔養殖業嚴重損失，而 1997 年南韓油輪在南韓南部島嶼珍島附近觸礁翻覆，船身破裂，漏出有毒化學物與原油，造成污染，在海面造成長達一公里的大片污染。2001 年在屏東海域發生之阿瑪斯貨輪油品溢漏事件，造成海域以及海岸天然保育資源污染。2016 年 3 月 10 日在臺灣東北角石門海域發生德翔台北貨櫃輪擱淺，船舶燃油溢漏污染鄰近海岸，為求有效避免以及處理海洋油污染危機，因此海域溢油污染之了解乃為必要且不容忽視。

圖 4-1　2016 年 3 月 10 日在臺灣東北角石門海域德翔台北貨櫃輪擱淺，船舶燃油溢漏污染鄰近海岸（*Photo by Bao-Shi Shiau*）

4-1 海洋油污染物之區分與來源

(一) 海洋石油污染物之區分

海洋石油污染物區分為：

1. 非持續性物質（石油，煤油，及其他輕燃油等），

2. 持續性物質（原油，重油，潤滑油）。

一般認為前一類物質經由蒸發及溶於水中擴散之後會很快的變為無害物質。相反的，後一類物質可以浮在水面，漂行很長的距離，因此對生物造成威脅，對許多人類活動也有影響，而且會在岸邊或沉入海底後堆積。

(二) 海洋油污染物來源

海洋水域之油污染來源，可分為下述途徑：

1. 運輸

由於世界之石油生產地，集中在少數地方，因此大約有半數以上開採之原油係利用油輪輸送，其他原油經提煉後之油品，亦有多數船運至世界各地，以供所需。既是船舶運輸，即有可能因種種原因而發生意外事件，造成溢油，形成海洋油污染。

另外船舶艙底含油污水或部分燃料油，在港區或港外海岸水域有意無意地排放或洩漏，也造成海洋油污染。船廠之修船、清理船殼等產生含油污水，不慎排入港區水域，也造成油污染。

世界上主要的石油輸出地在中東地區，從中東外運的原油主要有三條路徑。

(1) 波斯灣－荷姆茲海峽－阿拉伯海－印度洋－非洲南端好望角－大西洋－美國、西歐各國。

(2) 波斯灣－荷姆茲海峽－亞丁灣－曼德海峽－紅海－蘇伊士運河－地中海－直布羅陀海峽－大西洋－美國、西歐各國。

(3) 波斯灣－荷姆茲海峽－阿拉伯海－印度洋－格雷特海峽－安達曼海－麻

六甲海峽－中國南海－最終到達目的地中國、日本。

2. 固定設施（油井、煉油廠、油輪裝卸）

　　由於石油煉解工廠，一般均需要大量水體。而海岸邊老舊煉油工廠，因使用蒸氣裂解過程煉製油品，因此水與油接觸，故排放之放流水含有油污（有時含量高達 100ppm）。新式煉解方法，由於水不與油接觸，因此煉油廠污水排放水油污含量常可低於 25ppm。

　　外海海域平臺之海底油井開採，或油氣鑽探，其所排放之生產水（produced water）一般含油濃度在 40ppm 以下，但是由於水量大，整體油污染量亦不可忽視。

　　海域平臺生產水一般係以射流方式排放進入海域水體，其濃度稀釋擴散變化受到海域環境條件例如：水體密度層變（density stratification）強弱、海流大小，以及排放條件（例如：排放管口徑、排放速度、排放管角度）等等因素影響，蕭與洪（1996）利用拖曳水槽實驗探討分析，各因素之影響效應結果請參閱蕭與洪（1996）論文。

　　海域油井因意外發生爆噴（blow out），將油噴入海域水體，形成海洋油污染。例如 1977 年 4 月，挪威 Ekofish 發生暴噴，噴出 20000 噸至 30000 噸原油。1979 年 6 月墨西哥 Ixtoc 海域油井發生暴噴，前後花了九個月的時間，才獲得控制。噴漏出 350000 噸原油，嚴重污染海洋。

　　另外油氣爆噴，相較原油污染爲輕，但造成之海域污染，也不可忽視。發生較嚴重例子有 1988 年在歐洲北海油氣管破裂爆噴。2010 年 4 月 20 日，英國石油公司在墨西哥灣美國路易斯安那州外海之深水地平線鑽井平台油井失控發生井噴，引發爆炸，4 月 22 日平台沉沒，油井在海底噴湧而出，造成美國海域最大的漏油事故。參閱圖 4-2，事故也在 2016 年被改編成電影《怒火地平線》。

　　海底石油（天然氣井）鑽探開採意外發生之爆噴，油氣中所含之碳氫化合物等對於海洋生物有害，因此將造成海域污染。爆噴在海域水體之流動行爲基本上可視爲一種氣泡羽昇流（bubble plume）。蕭與邱（1997）應用數

圖 4-2　美國路易斯安那州外海的一座名為「深海地平線」的海上鑽油平台，2010 年
　　　　4 月 20 日爆炸起火，4 月 22 日沉沒。
來源：路透社，Photograph by US Coast Guard

位影像處理技術，觀察研究氣泡羽昇流擴展寬度變化及其歷程，藉此模擬油
氣由海底上噴後在海水中的之浮昇擴散變化。並分析探討在不同爆噴油氣流
量及海域水體不同密度層變，對於爆噴行程之氣泡羽昇流之流動特性（擴展
寬度）之效應，提供相關工程單位作為海洋環境污染防治與處理的參考。詳
細結果可參閱蕭與邱（1997）論文。

　　至於海岸或海域中之油品或油氣接受站，也可能因人為操作疏失不
當，或管線破裂，因而造成油品或油氣外洩溢漏，形成海洋油污染災害。油
氣管線輸送溢漏在海下形成之氣泡羽昇流之擴散特性以及相關影響因素（例
如：海域環境水體之密度層變、海流、波浪）等對於溢漏油氣形成之氣泡羽
昇流流軸、擴展寬度等影響變化之實驗分析探討。詳細分析結果參見蕭、李
與李，（2001）論文。

3. 自然來源

　　例如地表面積存油污，將可藉由滲透進入海岸水體，造成海洋油污
染。世界上於陸地或海底有許多地方，由於海床下之油田岩石產生裂縫，致

使原油滲出。該等因滲漏自然冒出之原油，依 1973 年美國國家科學院的報告，估計每年全球海域內自然漏出的石油約在二十萬至六百萬噸之間。

4. 生化合成

藉由生化合成（biosynthesis）作用，形成油類物質，造成污染。例如一些包括陸上植物與海中植物性浮游生物（phytoplankton）進行生化作用產生之碳氫化合物（hydrocarbon）類之油物質，也是海洋污染來源途徑之一。

5. 其他來源

包括工業與都市生活廢水，其中可能含有浮油或油脂，經排放入海，形成海域油污染。

都市路面油污或汽機車維修廠傾倒廢機油，經雨水沖洗進入河流，再流入海，也形成海洋油污染。

移動性污染源之汽機車之不完全燃燒，其所含之碳氫化合污染物，排入大氣，藉由大氣循環，以降雨型式，降落於大海上，形成海洋油污染。

此外海拋之各式廢棄物，包括污泥當中可能含有油污，因此也形成海洋油污染。

4-2 油之種類與特性

海洋油污染泰半以原油（crude oil）污染為大宗。原油係一種複雜之各種碳氫化合物類之混合物，該混合物分子包含了 4 到 26 個碳原子，甚至更多。

參閱圖 4-3，該圖所列為一些碳氫類物質之分子結構。各碳原子與氫原子之排列連接方式，有直式鏈（straight chains）、分支鏈（branched chains）、環式鏈（cyclic chains）。

氣態石油（亦即天然氣），主要成分就是含三個碳以下之碳氫化合物

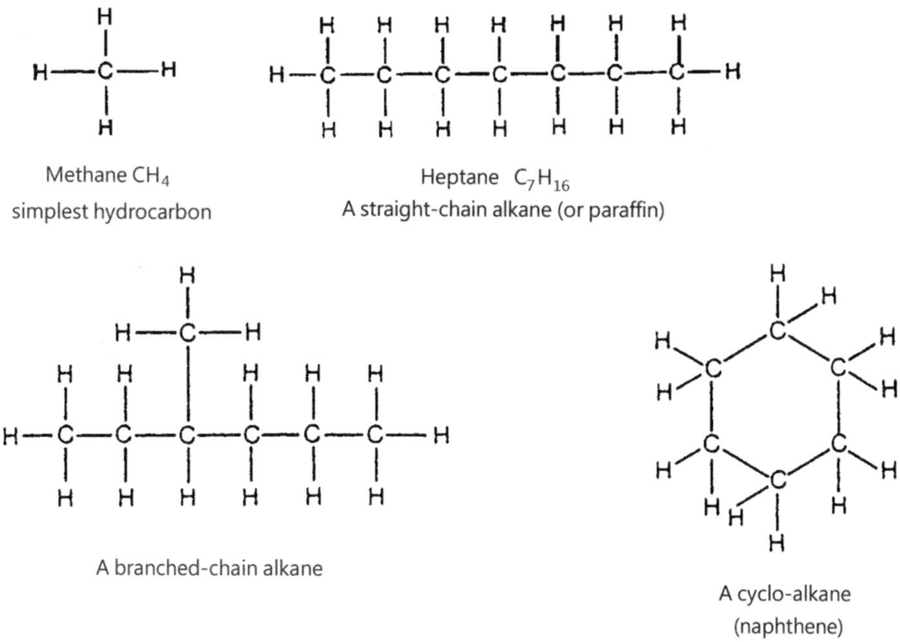

Methane CH$_4$
simplest hydrocarbon

Heptane   C$_7$H$_{16}$
A straight-chain alkane (or paraffin)

A branched-chain alkane

A cyclo-alkane
(naphthene)

圖 4-3　油品構成之碳氫類物質之分子結構（直式鍵、分支鍵、環式鍵）示意

（例如甲烷 CH$_4$、乙烷 C$_2$H$_6$、丙烷 C$_3$H$_8$）。液態石油主要成分為含碳量介於 C$_4$～C$_{30}$ 之間的碳氫化合物。固態石油則以含高碳的石臘及瀝青為主。事實上石油係由古代生物遺體，埋藏於地底下，歷經複雜之物理條件下，由生物與化學作用轉化而成。經估計，大約只有千分之一或者更少之生物體，經由快速掩埋得以與氧氣隔絕，避免腐爛，如此才有可能化為石油之前身「油母質」。在湖泊裏大多堆積藻類、孢、花粉、細菌、或樹脂等，經轉化生成液態石臘系類之碳氫化合物石油。海中之浮游生物、細菌、藻類、或少量陸上植物等生物遺體，經轉化生成液態類石油系。在陸地上高等植物之木質素經堆積轉化生成天然氣。

　　原油純化煉製，基本上是一種蒸餾過程，藉由不同溫度以萃取出不同油品物質。表 4-1 即是一例。

　　表 4-1 所列之輕油為一般車輛常用之各種汽油之基本，以此再進行各種方式提煉獲得不同汽油品。石油精（揮發油）則為提供石油化工廠之供給原

料。瀝青重油則可供電廠或船舶燃料油。含更多碳原子之殘渣，則為焦油或瀝青類物質。

表 4-1　不同油品之沸點與構造組成

油品類別	沸點範圍（boiling range）℃	分子中含碳原子之數目（Molecular size, No. of carbon atoms）
石油氣（petroleum gas）	30	3-4
輕油（light gasoline）石油迷（benzine）	30-140	4-6
石油精或揮發油（naphtha）	120-175	7-10
煤油（kerosene）	165-200	10-14
汽油，柴油（gas oil, diesel）	175-365	15-20
燃料油與瀝青重油（fuel oil and residues）	350	20 以上

國際油輪船東聯合會（ITOPF）依照原油物理特性，將原油分類為四個群組，各群組原油之物理特性，如表 4-2 所示。

表 4-2　四類原油群組之物理特性（ITOPF 技術報告，2016/6/23）

項目	Group 1	Group 2	Group 3	Group 4
原油	Arabian super light	Brent	Cabinda	Merey
產地	Saudi Arabia	UK	Angola	Venezuela
API 值	50.7	37.9	32.5	17.3
比重（15℃）	0.79	0.83	0.86	0.96
蠟含量	12%	---	10.4%	10%
瀝青	0.07	0.5	0.16	0.09
流動點溫度	–39℃	–3℃	12℃	–21℃

美國汽車工程師學會（SAE）依照油品之 API 黏度級數，將油品分為四類，如表 4-3。

表 4-3　四類原油群組之物理特性（SAE）

項目	Group 1	Group 2	Group 2	Group 3	Group 3	Group 4
API 級數	> 45	35～45	35～45	17.5～35	17.5～35	< 35
比重	0.8	0.8～0.85	0.8～0.85	0.85～0.95	0.85～0.95	> 0.95
流動點溫度℃	---	< 6℃	> 5℃	< 6℃	> 5℃	---
黏滯度（10℃～20℃）	< 3 CSt	介於 4 CSt 與半固體	介於 4 CSt 與半固體	介於 8 CSt 與半固體	介於 8 CSt 與半固體	介於 1500 CSt 與半固體
蒸餾體積百分比 > 200℃	50%	20%～50%	20%～50%	10%～35%	10%～35%	< 25%
蒸餾體積百分比 < 200℃	0～20%	15%～50%	15%～50%	30%～65%	30%～65%	> 30%
相對應油品	Gasoline Kerosene Naphtha	Marine Gas oil	---	IFO 180	---	IFO 180
備註	---	在流動點以上環境溫度 Behaves as group 2 oils	在流動點以上環境溫度 Behaves as group 4 oils	在流動點以上環境溫度 Behaves as group 3 oils	在流動點以上環境溫度 Behaves as group 4 oils	---

　　基本上，原油之各種成分均可被細菌以不同速率進行分解。例如碳原子數目較少者之油品物質，若其原子結構為直式鍵或分支鍵，則被細菌分解較迅速；而原子結構為環式鍵，則分解非常緩慢。至於分子量大者之油品物質，如焦油，其分解異常緩慢。

4-3 溢油污染對海洋生態之影響

　　溢油污染是海洋油污染中最爲引人注目的一種油污染，溢有時多達幾十萬噸，危害非常嚴重。大量的石油瞬間溢出進入海洋水域，可迅即擴散成很大面積，造成眾多海域水體中的浮游生物、水中植物及海鳥、魚類等水中動物的死亡，且污染波及海灘和港口設施。

(一) 對海洋基礎生產者─浮游生物之影響

　　浮游生物是海洋食物鏈的基礎，浮游植物藉由光合作用轉化能量供多數浮游動物使用，浮游動物再成爲其他海洋生物食物。油污直接覆蓋海域水面及其所含物質破壞浮游生物的生理機能甚或使其死亡。而油污所含物質也會透過食物鏈的傳遞與累積，經由海產食品進入人類的身體，影響健康。另外油污也含豐富的營養鹽，一段時日後，往往造成海域優氧化，污染水質，破壞生態平衡。

　　海洋中的大型藻類除了能供給能量和氧氣外，亦是其它海洋生物的棲地及蔽護所，這對漁業資源的保育很重要。但是當海域受到油污的污染時，其所含的營養鹽往往造成牡丹菜、石蓴、腸滸苔和粗硬毛藻等優養化指標種的大量繁生。雖然使得原本的藻類數量增多，但相對也破壞了原本的生態平衡，不利於其它生物。且當海水優養化時，水中溶氧降低甚至缺氧，亦即海水水質惡化。

(二) 對底棲生物之影響

　　油類比重小於水，故初期油污擴散污染時，覆蓋水面的油膜層會阻礙海水與空氣間之氣體交換，易導致水中缺氧。而一段時日後，因自然作用，沈入海與底床的油塊會直接覆蓋海底，破壞底棲生物的棲所，而不利於底棲動植物的附著與運動，甚或直接造成底棲生物的死亡。

　　另外已經沈積於海底的油塊也可能會隨著上升流或潮流移動，成爲海底一顆顆不定時的炸彈。

(三) 對魚類之影響

　　油污在海水中乳化、稀釋分解使海水中之油脂量增高，使得魚類之生存受到威脅，受污染的幼魚及卵往往會不正常發育而成為畸形。只有當揮發性碳氫化合物慢慢蒸發時，生物才可能有恢復生機的可能。

　　此外，也有許多近岸之魚類包括經濟性魚類之稚魚或幼魚因走避不及或無處逃避而遭到油污之覆蓋窒息而亡。

(四) 對潮間帶生物之影響

　　油污對潮間帶（intertidal zone）造成之破壞是全面性且直接的。潮間帶是海洋生態區中生物最豐饒的區域，藻類、魚類、無脊椎動物，甚至海鳥和一些兩棲爬蟲類都生長在這個區位中，在提供人類海洋蛋白質中佔有相當重要的地位。

　　溢漏在海域水面的浮油隨著海浪潮流，一波一波地湧進海岸邊，湧進潮溝，流入潮池，甚至到達海岸線以上十幾二十公尺的高潮帶。油污所到區域，海洋生物棲所破壞，大小生物無一倖免。

(五) 對海鳥之影響

　　海鳥是仰賴羽毛中的蠟質成分保暖，羽毛不吸水但會吸油。如果是黏性低的油，則可以很快的侵入羽毛中，連帶地將水吸入，使海鳥羽毛失去保溫的功能；而較重的油滓則會粘在羽毛上讓海鳥飛不起來。油污使得海鳥無法覓食而餓死，甚至因無法浮於水面上而窒息死亡。

(六) 對海濱植物之影響

　　黑色浮油不但阻止植物的活動，也阻隔了氣體的交換，同時切斷了光合作用所需的光線。當陽光充足而又無潮汐時，潮池沙灘及岩面的溫度即時升高，常導致海濱植物脫水而死。

　　多年生的植物只能靠該季儲存的能量存活。一年生的植物則靠污染區外

的植物重新散布撥種。紅樹林方面，理論上其氣根會被阻塞而受到傷害，不過在往昔一些重大油污染事件中，發現它們卻依然能有存活機會。

(七) 對海洋動物之影響

除了透過食物鏈累積作用之外，油污中所含的芳香族如苯的穿透力極強，會侵入細胞擾亂神經的正常運作，特別是高等動物以及腦部的工作。

4-4 油污染對海洋環境生態區之衝擊效應

對生態區之影響油污所造成的污染問題常常不僅是單一生物「點」的問題，或是環境「線」的問題，它往往是整個生態系「面」的問題。

「油污」對於海洋生態系的衝擊依據不同的生態區而有不同的影響，而不同的生態區的恢復速度亦有所差異。分述如下：

(一) 遠洋區

一般由於遠洋區水體面積大，又屬貧營養鹽區域，生物種類及數量相對稀少。生物所受的影響情況取決於接觸到油污的機會率，其它除生活於表層的物種及海鳥外，許多皆能夠有幸避開覆蓋到油污。但下沉的油污，由於是相當穩定的物質，可能沉澱在海底很久。

在此類海域之油污乳化、揮發及散開的速度快，所以生態系的回復速度相對較快速。

(二) 近海區

油污在近海生態區的影響，對於浮游生物影響較輕，然對藻類及魚苗則影響甚劇，若油污不幸下沉，被接觸到底棲生態則亦造成中度傷害。近海常是生物的孵育場所，一旦遭到污染破壞，將影響該類物種的繁衍，如此一來，也將衝擊遠洋生態，環環相扣的食物鏈就會產生變化。

近海區的浮游生物由於繁衍速度快，因此復原速度較快，但底棲生物則

相對慢一些。

(三) 河口、港灣、峽灣

河口是淡水和海水交會的過渡地帶，在此環境中發生的油污染常造成魚類及底棲生物的消滅，並因此改變此區物種的數量及分布。且污染的影響度與發生的時間有很大的關係，若油污事件發生在魚類的產卵期時段，將嚴重影響並降低魚類族群數量。

河口生態的復原速度及生態系穩定度與水體交換之「沖刷時間」有關，主要受到潮汐作用、海流速度及河水流動所影響，生態系將藉由新輸入未受污染的水沖洗，逐漸地 回復原來的生態狀態。

(四) 濕地、濱海濕地

一般指以蘆葦等草本植物爲主的鹽澤和紅樹林地區。濕地除本身的有機質外，還匯集來自河川中上游、沿岸及外海的外來有機質，因此爲許多生物，特別是經濟性魚類聚集、覓食、繁殖和棲息的場所。加上一般來說這種地方水流速度不大，因此若發生油污染時，油污將沿著水流污染整個區域，且其所造成的傷害將影響到各個層面。

由過去的實際油污染案例，不論溢漏油污的種類，油量和其他的因子，只要溢油爲單一次型，濕地受油害後之回復比較快。若爲多次連續污染之情形，則回復將很困難。因植物之生長，抵抗力在復原前，一再地被污染，將造成植物廣範圍之死亡，需要經一段較長時間才能再生，恢復時間常常是數年。

(五) 岩岸地形

岩礁岸表面崎嶇，特徵複雜，潮間帶岩石上常群集許多固著性生物。也由於如此，當油污染發生時，藻類及生物常直接被油污所覆蓋，無法閃躲，直接受到影響。生物的棲所及孔隙也會遭油污佔擄而無法棲息利用。影響速度相當快。

砂礫會因波浪沖擊而將著油面翻轉，但表面則清理不易，但藉由波浪的自淨作用，潮間帶能較快速恢復原來的生態。

(六) 珊瑚礁

珊瑚礁中首當其衝的是退潮時會裸露出水面的珊瑚，直接遭油污覆蓋。潮線下之珊瑚也會因海浪的作用沾上油污，甚至是混著泥沙的油塊。珊瑚表面因分泌黏液而加速了油污的附著，但這些混著油污的黏液會自行剝離。影響珊瑚最劇的是原油中含毒的成分，將導致珊瑚出現白化、分泌黏液、組織緊縮或潰爛等症狀，珊瑚的生殖能力也會減弱，導致活珊瑚的覆蓋面積和生物多樣性減少。

當油污染的程度未達珊瑚礁生態環境容忍的臨界值時，也就是說油污染侷限於潮間帶區域，由於處於熱帶海域，微生物等作用快速，整個環境應回復的很快。但若超出其臨界值，就是絕大多數海域的珊瑚都受油污影響，由於珊瑚成長緩慢，整個海域將可能由藻類所取代，回復將需要相當時日。

(七) 近極地地區

近極地地區，是海洋哺乳類及鳥類的集中地。當遭受到油污染時，這批生物首當其衝，它們的皮毛將沾滿油污，使得這批生物無法於水中活動而至餓死或窒息而死。其他的海洋哺乳類，如鯨魚、海豚等，其換氣會受到影響。另由於基礎生產力受到衝擊，破壞了生態平衡，導致漁業資源損失慘重。

由於海水溫度較低，油污之影響將持續很長的一段時間，加重了對生態環境的衝擊。由於海域細菌分解的速度較高溫水域來的慢，所以油會長時間原樣的殘留下來，低溫下油之糊度增高或成塊狀。據加拿大和瑞典的實例，冬天海面為水和雪，油以原狀保留下來，氣溫昇高粘度變小，方才會污染海岸，且有一再流出反復污染之危險。1989 年發生阿拉斯加溢油污染事件，迄今還無法完全復原。

4-5 溢油在水面之演變

　　當油品類物質在海上溢漏時，由於油之密度比水小，因此溢漏後，油首先在漂浮在水面，並開始擴散，稱為油塊（oil slick）。油塊厚度以及擴展變化速率，取決於油品種類（亦即油品本身物理特性，例如黏滯性），以及海域環境（例如水溫、風速等）。接著油塊擴展成薄膜狀，隨著時間在海面上演變過程，分述如下：

(一) 擴展（spreading）

　　溢油在水面，在最初數小時至數天，油塊在水面，藉由力學特性進行擴展。油塊在水上之力學運動，會經過三個擴展（spreading）階段：(1) 初期，油塊之擴展速率為慣性力（inertia force）與重力（gravity force）所控制，(2) 接著取決作用於水與油交界面之重力與黏滯力（viscous force）的平衡，(3) 在最後的階段，已經極薄的油塊則受黏滯力及表面張力（surface force）作用。

　　油塊在這三個擴展階段中，隨著溢油體積與油塊擴展時間之不同，而使油塊有不同之擴展率，油塊之力學擴展結束後，期狀態為油膜型式，其位置變化則受水流與風力作用所帶動控制。

(二) 水平移流（advection）

　　水面上浮油的水平移流是結合風、流、波浪等外力的作用所引起。所以浮油的飄移速度要考慮風誘導飄移（wind induced drift）和水流誘導飄移（water current induced drift）的向量總和。

(三) 蒸發（evaporation）

　　石油在擴散和漂移過程中，一部分通過蒸發逸入大氣，其速率隨分子量、沸點、油膜表面積、厚度和海況而不同。含碳原子數小於 12 的烴在入海幾小時內便大部分蒸發逸走，碳原子數在 12～20 的烴的蒸發要經過若干

星期，碳原子數大於 20 的烴不易蒸發。蒸發作用是海洋油污染自然消失的一個重要因素。通過蒸發作用大約消除泄入海中石油總量的 1/4～1/3。油膜受到海面日照，部分產生蒸發，尤其是輕油類油品。蒸發可以利用油塊早期變形時的最大損失量來計算。由 Mackay[1],et al 之研究，油的蒸發率 F 為：

$$F = (\frac{1}{C})[\ln P_0 + \ln(CK_e t + \frac{1}{P_0})] \tag{4-1}$$

$$\ln P_0 = 10.6(1 - \frac{T_0}{T_e}) \tag{4-2}$$

$E = K_e t$ 是「蒸汽暴露」（evaporative exposure）項，隨時間及環境條件改變。$K_e = K_m A \cdot v/RTV$，K_m 是質量轉換係數（m/sec），$K_m = 0.0025V_w^{0.78}$，V_w 是風速，A 是擴展面積，v 是油的克分子量，通常介於 150×10^{-6}～600×10^{-6}m³/mole 之間，燃油約為 200×10^{-6}m³/mole。R 是氣體常數，$R = 8.20 \times 10^{-5}$atm-m³/mole，T 是油的表面溫度（°K），P_0 是初始蒸汽壓（atm），T_e 是周圍空氣的溫度，T_0 是起始沸點，依據表 4-4 及表 4-5（Moore et al. 1983）在 $T_e = 283$°K 時，可求出 C 值。一般係採用：

$$C = 11589API^{-1.1435} \tag{4-3}$$

$$T_0 = 542.6 - 30.275API + 1.565API^2 - 3439E - 6.2API^3$$
$$+ 2.604 - 0.4API^4 \tag{4-4}$$

再依據 Shen and Yapa（1988）將（4-4）式簡化：

$$T_0 = 542.6 - 30.275API + 1.565API^2 - 0.03439API^3 + 0.0002604API^4 \tag{4-5}$$

其中 API 為油品的一種指標：

$$API = \frac{141.5}{\rho_{oil}} - 131.5 \tag{4-6}$$

　　上述為少量溢油之蒸發公式，ρ_{oil} 為油之密度。若發生大量原油溢出，則：

$$V_1 - V_2 = S_c \cdot V_1 \qquad (4\text{-}7)$$

V_1：溢漏油量

V_2：蒸發後油量

S_c：經驗係數

表 4-4　石油的蒸發參數（$T_e = 283K$）

油品種類	T_0 (K)	C	P_0 (atm)
Moter Gasoline			
(Summer)	314	5.99	0.313
(Winter)	308	6.23	0.39
Aviation Gasoline	341	2.81	0.12
Diesel Fuel	496	5.57	3.4×10^{-4}
Jet Fuel	418	5.06	6.0×10^{-3}
No.2 Furnace Oil	465	7.88	1.1×10^{-3}
Lube (heavy & light)	583	8.61	1.32×10^{-3}
Heavy Gas Oil	633	8.99	2.00×10^{-6}
Residuals	783	3.37	7.35×10^{-9}
Light Gas Oil	473	6.37	8.1×10^{-4}

表 4-5　原油之蒸發參數（$T_e = 283K$）

API	g/cm^2	T_0 (K)	C	P_0 (atm)
10	1.0	89.2	366	0.044
12	0.986	69.4	348	0.088
15	0.966	52.1	339	0.13
20	0.934	34.7	329	0.13
25	0.904	27.2	330	0.17

API	g/cm^2	T$_0$ (K)	C	P$_0$ (atm)
30	0.876	22.3	325	0.21
35	0.850	19.5	314	0.31
40	0.825	17.9	304	0.45
45	0.802	16.4	283	1.004

(四) 溶解（dissolution）

　　低分子烴和有些極性化合物還會溶入海水中。正鏈烷在水中的溶解度與其分子量成反比，芳烴的溶解度大於鏈烷。溶解作用和蒸發作用儘管都是低分子烴的效應，但它們對水環境的影響卻不同。石油烴溶於海水中，易被海洋生物吸收而產生有害的影響。

　　部分油品會溶解於海水。從生物學上的觀點來看，溶解是個很重要的過程，因為溶解後的油會釋出有毒的物質，進而對附近生態環境造成影響。溶解率公式：

$$N = K \cdot A_s \cdot S \tag{4-8}$$

N：油塊總擴散率（g/h）

A_s：油塊面積（m^2）

K：擴散質量轉換係數 = 0.01m/h

S：油在水中溶解度

Huang & Montastero（1982）建議油的溶解度：

$$S = S_0 e^{-0.1t} \tag{4-9}$$

S_0 是新鮮油的溶解度，t 是時間（hours），Huang & Montastero（1982）建議 S_0 的標準值用 30g/m^3。

Lou & Polak（1973）提出了更具資訊性的式子：

$$r_d = c \cdot d \cdot e^{-dt} \qquad\qquad (4\text{-}10)$$

r_d 是溶解率（g/m^2-day），c 及 d 值可在表 4-6 得知。

表 4-6　油在 25℃的溶解係數

油品種類	API	c (mg/m^2)	d (1/day)	KS_0 ($g/m^2 \cdot h$)
No.2 Fuel Oil	35.5	1043	0.423	0.0184
Crude Oil	38.6	8915	2.380	0.8840
Bunker C Oil	14.8	459	0.503	0.0104

(五) 乳化（emulsification）

石油溢漏進入海後，由於海流、渦流、潮汐和風浪的攪動，容易發生乳化作用。乳化有兩種形式：(1) 油包水乳化，(2) 水包油乳化。前者較穩定，常聚成外觀像冰淇淋狀的塊或球，較長期在水面上漂浮；後者較不穩定且易消失。油溢後如使用分散劑（或稱乳化劑）有助於水包油乳化的形成，加速海面油污的去除，也加速生物對石油的吸收。

薄膜狀油污也亦受到波浪作用，碎成小油塊，部分油塊薄膜也會乳化成油滴，或被施放乳化劑變成爲油滴，而進入海水。乳化油滴沉入水中，有兩種形式，其一爲油包水型式，稱爲巧克力慕斯（chocolate mousse），大約含有 70～80% 水分。另一爲水包油之型式。

圖 4-4 爲新北市深澳港因施工意外（1991 年 5 月 11 日），導致臺灣中油輸油管線破裂。照片爲溢漏地點，以及溢漏後之施作噴灑乳化劑處理。

(六) 擴散（diffusion）

部分乳化油滴進入水體，其濃度擴散變化可使用擴散方程式進行計算預測。

圖 4-4　新北市深澳港輸油管線破裂溢漏後之施作噴灑乳化劑處理（1991 年 5 月 11 日）
　　　（*Photo by Bao-Shi Shiau*）

(七) 岸邊附著（shoreline attachment）

　　在海岸附近發生溢油後，油塊通常會受潮流作用而漂流到岸邊，當油塊被沖至岸邊時，有可能再漂流回水中，或是附著於岸上。圖 4-5 為新北市深澳港因施工意外導致臺灣中油輸油管線破裂溢漏（1991 年 5 月 11 日），沙灘岸邊與卵礫石岸邊之油污附著。

圖 4-5　新北市深澳港輸油管線破裂溢漏後沙灘岸邊與卵礫石岸邊之油污附著（1991年 5 月 11 日）（*Photo by Bao-Shi Shiau*）

(八) 沉澱（sedimentation）

　　乳化後油滴粒子，有些會沉澱進入水底。海面的石油經過蒸發和溶解後，形成致密的分散離子，聚合成瀝青塊，或吸附於其他顆粒物上，最後沉降於海底，或漂浮至海灘。在海流和海浪的作用下，沉入海底的石油或石油氧化產物，還可再上浮到海面，造成二次污染。

(九) 生物分解（biodegradable）

(十) 光氧化（photooxidation）

　　海面油膜在光和微量元素的催化下發生自氧化和光化學氧化反應，氧化是石油化學降解的主要途徑，其速率取決於石油烴的化學特性。擴散、蒸發和氧化過程在石油入海後的若干天內對水體石油的消失起重要作用，其中擴散速率高於自然分解速率。

(十一) 油膜擴散經驗公式

　　在無風無流靜止水面上，假設油膜以圓形之形式擴散，其擴散範圍依據Blocker（1964）提出之下列經驗公式，可估算在不同時間之油膜擴散直徑。

$$D_t^3 - D_0^3 = \frac{24}{\pi} k (d_w - d_o) \left(\frac{d_0}{d_w} \right) V_0 t \qquad (4\text{-}11)$$

上式中 D_t 為時間 t（單位：min）之油膜直徑（單位：m），D_0 為溢漏初始 t = 0 時之油膜直徑（單位：m），k 為 Blocker 經驗係數（例如重質燃料油（船用燃料油或低硫油 $k = 14500/min$，輕質油 $k = 15000/min$），d_w 為海水之比重（一般選用 1.025），d_o 為溢漏油品之比重（例如：柴油煤油輕質燃油為 0.84，重質燃料油為 0.991，汽油輕油航空燃油為 0.75），V_0 為溢漏至水面之油品體積（單位：m³），t 為時間（單位：min）。

例題　今有 $10m^3$ 之重質燃料油溢漏在無風無流靜止水面上,假設油膜以圓形之型式擴散,在溢漏初始時,油膜直徑為 10m,試依 Blocker 經驗公式估算溢漏後一小時,油膜擴散範圍為何?

解答: $D_0 = 10m$,$d_w = 1.025$,$d_o = 0.991$,$V_0 = 10m^3$

$k = 14500/min$,$t = 1h = 60min$

代入 $D_t^3 - D_0^3 = \dfrac{24}{\pi} k(d_w - d_o)\left(\dfrac{d_0}{d_w}\right)V_0 t$

$D_{60}^3 - (10m)^3 = \dfrac{24}{\pi}(14500/min)(1.025 - 0.991)\left(\dfrac{0.991}{1.025}\right)(10m^3)(60min)$

所以溢漏後一小時,油膜擴散範圍 $D_{60} \approx 130$ m。

4-6 河口海岸溢油擴散模式

　　本節介紹溢油模式,參考蕭(1991)與 Shiau & Tsai(1994),該模式採用拉氏獨立小塊之處理過程技巧,將油塊分割成若干獨立小塊,這些獨立小塊在海面上受到風、流、蒸發、溶解及邊界條件影響,各自進行擴展,然後再將這些獨立小塊組成一大塊浮油。藉由這個數值方法發展建立溢油擴散模式,應用於預測河口海岸處之意外溢油事件中,溢漏出來的油在水面上之逐時擴展變化,以便提供河口海岸環境影響評估及污染防治的參考。

　　臺灣四面環海,海岸線長達 1140 公里。爾來由於油輪在海岸附近觸礁溢油,亦或油港輸油管線破裂漏油等等意外事件,均造成海域水中生態及環境景觀之破壞。由於環保意識之覺醒與抬頭,使得該等溢油海洋污染問題開始被人重視。故海岸水域之溢油擴散研究乃有其必要性。

　　基本上,在海岸水域之溢油擴散,除其本身之擴散延展之外,尚會受到水面上之風、流及海域之紊流擴散係數,及海岸邊界與日照油蒸發及水中油溶解等因素控制其逐時擴展變化。關於溢油在水面上之擴展研究,最早肇始於 Fay(1969)。Fay 係探討在靜止水面上之油塊擴展。隨後 Waldman et al.(1973)之研究則考慮在開闊水域上,存在風、波、流之狀況下,推導

油塊之擴展。Shen & Yapa（1988）發展出一個關於在河川湖泊上之溢油擴散模式（Oil Spill Model），該模式考慮到水平移流、油蒸發、油溶解及河岸等條件。其對於油塊之處理係採用拉氏獨立小塊之處理過程（Lagrangian discrete parcel algorithm）。

　本模式採用拉氏獨立小塊之處理過程技巧，並考慮浮油之力學擴展、水平移流、蒸發、溶解及海岸邊界條件等因素，發展建立一個可應用於模擬河口海岸或港灣附近水域溢油污染擴散傳輸之數值模式。該模式計算快速準確，其預測結果可有效提供河口海岸環境影響評估及海洋污染防治之參考。

(一) 理論分析

　海上浮油擴展時會受到水平移流、自身力學擴展、蒸發、溶解及岸邊條件的影響，以下是這些條件的理論分析：

1. 水平移流

　水面上浮油的水平移流是結合風、流、波浪等外力的作用所引起 Schwartzberg（1971），Tsahalis（1979），根據 Stolzenback（1977）的理論，每個獨立小塊油的飄移速度為：

$$\overline{U_t} = \overline{U} + \overline{U}' \qquad\qquad (4\text{-}12)$$

$\overline{U_t}$ 為小塊油的飄移速度，$\overline{U}$ 為平均飄移速度，$\overline{U}'$ 為紊流擾動飄移速度。又根據 Madsen（1977）的理論，受風速影響產生漂移之海流速度大約為風速的百分 3，亦即

$$\overline{U} = 0.03\overline{U_w} + 1.1\overline{U_c} \qquad\qquad (4\text{-}13)$$

$\overline{U_w}$ 為水面上 10 公尺處的風速，$\overline{U_c}$ 為水流流速。在等方向性的紊流擴散中，隨機取樣 $\overline{U}'$ 和擴散係數 E_t 有關（Fischer et al. (1979)）。

$$U = (4E_t/\delta_t)^{1/2} \qquad\qquad (4\text{-}14)$$

δ_t 爲極小時間間隔。$\overline{U'} = U'R_n e^{ia}$，$R_n$ 爲隨機標準分布值。

2. 擴展計算

　　油塊在力學擴展階段時會經過三個擴展階段：重力－慣性力、重力－黏滯力、黏滯力－表面張力等擴展階段，每個階段皆有不同的擴展率，所以在計算擴展率之前，必須先判斷油塊的形率。

$$\theta = \frac{1}{2}\tan^{-1}(\frac{-2P_{xy}}{I_x - I_y}) \tag{4-15}$$

式中 $I_x = \Sigma y^2$，$I_y = \Sigma x^2$，$P_{xy} = \Sigma xy$，θ 爲油塊的方向角。方向角知道後可將油塊的座標系統轉換成以油塊主軸爲主的 X'，Y' 座標系統。

$$形率 = \frac{\Sigma X}{\Sigma Y} \tag{4-16}$$

當形率小於 1 時，則方向角 $\theta = \theta + \pi/2$；此時形率則變爲：

$$形率 = \frac{\Sigma Y}{\Sigma X} \tag{4-17}$$

　　由 Fay（1969）的經驗獲知，當形率小於等於 3 時，油塊就可視爲圓形，油塊向四面八方擴展，也就是輻射擴展，可依 Fannelop & Waldman（1972）所推得的公式求得 dx/dt 在重力－慣性力階段時

$$dx/dt = 0.285(\overline{\Delta}g)^{1/4}(t^{1/2}V^{-3/4})(dV/dt + 2V/t) \tag{4-18}$$

　　在重力－黏滯力階段時

$$dx/dt = 0.98(\overline{\Delta}gv^{-1/2})^{1/6}(0.333V^{-2/3}t^{1/4}dV/dt + 0.25V^{1/3}/t^{-3/4}) \tag{4-19}$$

　　在黏滯力－表面張力階段時

$$dx/dt = 1.20(\sigma^2\rho_w^{-2}v^{-1}t^{-1})^{1/4} \tag{4-20}$$

當形率大於 3 時，油塊視爲條狀，此即爲單向擴展。

在重力－慣性力階段時：

$$dx/dt = 0.93(\overline{\Delta}g)^{1/3}(L^{-1/3}t^{2/3}dL/dt + L^{2/3}t^{-1/3}) \qquad （4-21）$$

在重力－黏滯力階段時：

$$dx/dt = 1.39(\overline{\Delta}gv^{-1/2})^{1/4}(3Lt^{5/8}/8 + t^{3/8}/dL/dt) \qquad （4-22）$$

在黏滯力－表面張力階段時：

$$\frac{dx}{dt} = 1.0725\left(\sigma\rho_w^{-1}\right)^{1/2}\left(t \cdot v\right)^{-1/4} \qquad （4-23）$$

$\overline{\Delta}$ 是油和水的比重差，V 爲油的體積，v 爲油的運動黏滯係數，L 爲油的特徵長度，σ 爲油的表面張力，ρ_w 爲水的密度。

3. 蒸發

蒸發是油塊擴展一個很重要的現象，本文採用 Mackay.et.al（1980）的蒸發率（f）公式：

$$F = \left(\frac{1}{C}\right)\left[\ln P_0 + \ln\left(CK_e t + \frac{1}{P_0}\right)\right] \qquad （4-24）$$

$$C = 1158.9API^{-1.1435} \qquad （4-25）$$

$$API = (141.5/\rho_{011}) - 131.5 \qquad （4-26）$$

$$\ln P_0 = 10.6(1 - T_0/T_e) \qquad （4-27）$$

$$T_0 = 542.6 - 30.275API + 1.565API^2 - 0.03439API^3 + 0.0002604API^4$$
$$（4-28）$$

P_0 是起始蒸氣壓，T_0 是油的起始沸點，T_e 是油周圍的溫度。又 $K_e = K_m \cdot A \cdot n/RTV$，$K_m = 0.025V_w^{0.78}$，$K_w$ 是風速，A 是擴展面積，T 為油表面的溫度，n 是油的克分子量，通常介於 $150 \times 10^{-6} \sim 600 \times 10^{-6}$m³/mole 之間，R 是氣體常數，$R = 8.2 \times 10^{-5}$atm-m³/mole，V 是油的體積。

4. 溶解

從生物學上的觀點來說，溶解是很重要的過程，因為溶解後的油會釋出毒性物質而對附近生態造成影響。溶解率 N = 0.01A×S，A 是油塊面積，S 是油在水中的溶解度。Huang 和 Montastero（1982）建議油的溶解度：

$$S = S_0e^{-0.1t}，S_0 \text{ 是新鮮油的溶解度} \qquad （4\text{-}29）$$

5. 海岸線邊界條件

油塊遇到陸地時，有可能會附留在陸地上，也有可能會退回水中，因此 Torgrimson（1984）提出半生值（half-life）的理論來描述海岸吸附油的能力。表 1 是各種海岸地形的半生值。

$$\frac{V_1 - V_2}{V_1} = 1 - 0.5^{\Delta t/\lambda} \qquad （4\text{-}30）$$

V_1，V_2 為時間 t_1，t_2 時，在海邊的油量。$\Delta t = t_1 - t_2$，λ 為海岸線的半生值。

6. 最終面積

油塊擴展並不會一直擴展下去，而是有一定的極限。本文採用 Fay（1969）的經驗式

$$A_f = 10^5V^{3/4} \qquad （4\text{-}31）$$

A_f 是油塊擴展的最終面積，V 是起始溢漏面積（m³），也就是說，當油塊厚度變為 $10^{-5}V^{1/4}$ 時，表示油塊不再擴展了。

(二) 模式之建立

　　本模式使用拉氏獨立小塊法來模擬由快在海中經由水平移流、力學擴展、蒸發、溶解及遇到海岸線時的各種狀況對擴展面積、厚度的影響。

1. 為了讓模式更合理，本模式做了以下的假設：

(1) 本模式只研究溢油的前期階段，後期的乳化、光氧化及沈澱則不列入考慮。

(2) 將亦露出來的全部油量假設成是由一群由粒子組成，所有的物理化學現象皆由這些由粒子來執行。

(3) 油完全浮在水面，不與水混合。

(4) 浮在水面之油重等於所排開的水重。

(5) 油的厚度極薄，因此不考慮靜水壓對油的影響。

(6) 在每個模擬的時間間隔內，油的質量保持常數。

(7) 油塊分割時，每個分割出來的小油塊皆是獨立個體，其與周圍其它獨立小油塊間的壓力梯度可忽略。

2. 本模式是依照前述的基本理論來建立的。

　　其中要注意的地方是在力學擴展時，當油塊形率小於等於 3 時，油塊視為圓形，可將油塊分割為 8 塊，每個小油塊間的壓力梯度忽略，所以每個小油塊皆是獨立個體，因此每個小塊油的擴展率為 $(dx/dt) \times (\Delta t/\bar{r})$。$\Delta t$ 為模擬時間間隔，$\bar{r}$ 為小油塊的平均半徑。

$$t_{vsic} = 0.55(Vv^{-1}\overline{\Delta}^{-1}g^{-1})^{1/3} \qquad (4\text{-}32)$$

$$t_{surft} = 0.38(\rho_w/\sigma)(\Delta g\bar{v}V^2)^{1/3} \qquad (4\text{-}33)$$

　　當油塊的擴展時間小於 t_{visc} 時，油塊即處在重力－慣性力階段，dx/dt 則使用（4-18）當油塊的擴展時間介於 t_{visc}，t_{surft} 時，此時油塊即處在重力－黏滯力階段，dx/dt 則使用（4-19）式，當油塊的擴展時間大於 t_{surft} 時，油

塊即處在重力－表面張力階段，dx/dt 則使用（4-20）式。

　　當油塊形率大於 3 時，油塊視爲長條狀，油塊分割成許多獨立小塊。每個小塊的擴展率爲 $(dx/dt) \cdot (\Delta t/L)$，$L$ 爲每個小塊油的特徵長度。

$$t_{vsic} = (L^8 v^{-3} \overline{\Delta}^{-2} g^{-2})^{1/7} \tag{4-34}$$

$$t_{surft} = 0.927(\Delta g L^4 \sigma^{-2} \rho_w^2 v^{1/2})^{2/3} \tag{4-35}$$

　　當油塊的擴展時間小於 t_{visc} 時，油塊即處在重力－慣性力階段，dx/dt 則使用（4-21）式，當油塊的擴展時間介於 t_{visc}，t_{surft} 時，此時油塊即處在重力－黏滯力階段，dx/dt 則使用（4-22）式，當油塊的擴展時間大於 t_{surft} 時，油塊即處在重力－表面張力階段，dx/dt 則使用（4-23）式。

(三) 應用與討論

　　Shiau（1997，2006）應用前述之理論分析而建立之數值模式，進行溢油在河口海岸水域之擴展傳輸模擬。模擬結果除了驗證模式之準確可行性及探討溢漏油體積與擴展面積之關係外，另應用本文模式於臺灣西部後龍溪河口附近海岸水域溢油擴散之模擬（圖 4-6）。

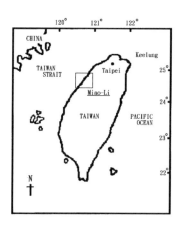

圖 4-6　模擬溢漏地點位置標示圖

1. 應用

　　使用本模式預測溢油最終擴散面積，並與現場觀測資料比較，結果良好。今應用本文發展建立之模擬在臺灣西岸後龍溪口附近（參閱圖 4-6）海岸水域在某種個案下溢油擴散變化。

　　在河川出海口處，溢漏油體積為 150 公秉（m^3），而總水平移流速度為 1m/s，流向為西南向，大致平行於海岸線。海域之紊流擴散係數採用 $1.31 \times 10^{-6} m^2/s$，油之表面張力為 $3 \times 10^{-2} N/m$。

2. 模擬計算結果以及最終擴展面積之比較與驗證。

　　經模式數值模擬計算結果，溢漏後之浮油逐時（1，3，5，10 小時）擴散分布變化示如圖 4-7。溢油擴散後，因溢油蒸發及溶解以及部分附著於海岸沙灘岩石上，其殘餘量之逐時（0～55 小時）變化關係則如圖 4-8 所示。

　　為了比較溢油擴展最終面積與體積的關係，本文模擬結果與現場資料比較示於圖 4-9，符號「o」者代表的為本模式所模擬的結果，符號「□」則是現場資料（Hoult, 1972）。由該圖顯示，本文所模擬出來的最終面積與現場資料接近，故使用本文模式進行溢油水面擴展傳輸的模擬，將可獲得良好的預測效果。

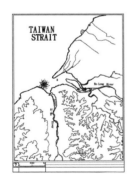

圖 4-7　溢漏後 1 小時、3 小時、5 小時、10 小時（由左至右）浮油在河流出海口水面分布

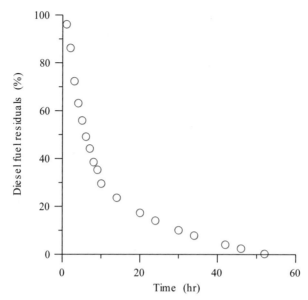

圖 4-8　溢油擴散後殘餘量之逐時變化關係

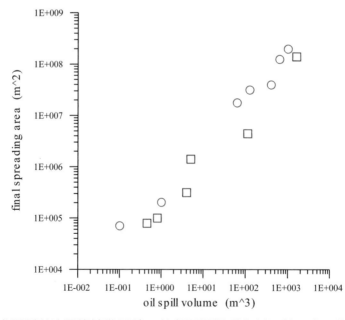

圖 4-9　模式預測溢油最終擴散面積，並與現場觀測資料比較；○：模式，□：現場
觀測

4-7 海域水面溢油擴散模式及應用

　　上一節介紹在河口海岸水域之溢油擴散模式，基本上適用於整體水域流場為均勻且流向單一。若考慮潮汐水域流場變化較複雜，則溢油模式中需另外加上水動力學模式，藉以獲得準確之流場變化。本節參考蕭（1997），蕭、陳、蔡（1998），以及 Shiau et al.（2002）等報告及論文，介紹考慮水動力學模式並結合上一節所述之溢油模式，可適合於較複雜流場之海域之溢油擴散模擬。

(一) 水理模式

　　水理模式系應用流體質量守恆與動量守恆定律，推導出控制方程式。今考慮海岸附近之淺水區域時，假設水體充分混和，忽略垂直方向的作用，則垂直方向的速度和加速度均遠小於水平方向，可忽略不計。海岸地區因潮汐的水位升降，產生流經整個水深的水流變化，在垂直方向上的影響較為不重要，是故針對垂直方向作積分。如此，可將複雜的三維問題簡化為二維。其控制方程式如下：

連續方程式：

$$\frac{\partial \eta}{\partial t} + \frac{\partial}{\partial x}[U(h+\eta)] + \frac{\partial}{\partial y}[V(h+\eta)] = 0 \qquad （4\text{-}36）$$

動量方程式：

$$\frac{\partial U}{\partial t} + U\frac{\partial U}{\partial x} + V\frac{\partial U}{\partial y} = -g\frac{\partial \eta}{\partial x} + fV - \frac{\tau_{bx}}{\rho(h+\eta)} + \frac{\tau_{sx}}{\rho(h+\eta)} \qquad （4\text{-}37）$$

$$\frac{\partial V}{\partial t} + U\frac{\partial V}{\partial x} + V\frac{\partial V}{\partial y} = -g\frac{\partial \eta}{\partial y} + fU - \frac{\tau_{by}}{\rho(h+\eta)} + \frac{\tau_{sy}}{\rho(h+\eta)} \qquad （4\text{-}38）$$

　　式中，x, y, z：卡式座標軸（Cartesian coordinates），U, V, W：流體質點在 x, y, z 方向的速度分量，h：平均水位至海底底床之距離，η：自由表面至海底底床之距離，f：科氏力參數（$f = 2w \sin \varphi$），w：地球自轉角度（w

= 7.292×10^{-5}radians / sec^{-1}），φ：流體質點緯度，ρ：流體密度，g：重力加速度，τ_{sx}, τ_{sy}：水表面之風剪應力 τ_{bx}, τ_{by}：底床之摩擦剪應力。

$$\tau_{bx} = \frac{\rho g |U|U}{C^2}, \tau_{by} = \frac{\rho g |V|V}{C^2} \tag{4-39}$$

$$C = \frac{1.486(h+\eta)^{1/6}}{n_m} \tag{4-40}$$

此處 $|U|, |V|$：速度向量大小，ρ：水體密度，C：Chezy 係數；n_m：Manning 係數。

風剪應力的計算，是以經驗公式求得。公式以量測離海平面 10 公尺高，連續 10 分鐘風速的平均值為基準：

$$\tau_{sx} = 2.849\rho K V_w^2 \cos\beta \tag{4-41}$$

$$\tau_{sy} = 2.849\rho K V_w^2 \sin\beta \tag{4-42}$$

V_w：海平面高 10 公尺處，連續量測十分鐘所得到的平均風速。β：風向與水平面之夾角。K：無因次風應力係數，與風速大小有關。

參閱圖 4-10，遠處開闊海域之水位邊界條件可由接近岸邊水域之水位測站之觀測資料，依據下式推導或得（Shiau and Chen (1998)）：

$$\frac{\eta_1}{\eta_2} = (\frac{h_2}{h_1})^{1/4} \tag{4-43}$$

式中下標 1、2 分別代表近岸邊水域測站與遠處開闊海域邊界點。

水理模式方面，所使用的數值方法為顯性（explicit）、二維交錯網格的有限差分法（參閱圖 4-11）。先將各控制方程式差分化，再將所得的系統方程組進行求解。

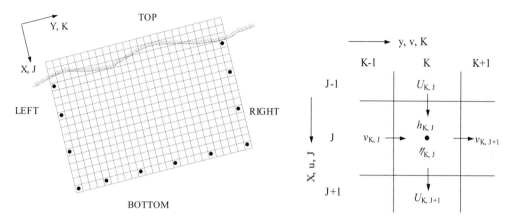

圖 4-10　網格與邊界條件　　圖 4-11　交錯網格差分示意圖

在對空間部分的微分項採中央差分，時間部分的微分項採前項差分：

$$\eta_{k,j}^{n+1/2} = \eta_{k,j}^{n-1/2} - \frac{\Delta t}{2\Delta x}\{[h_{k,j+1} + \eta_{k,j+1}^{n-1/2} + h_{k,j} + \eta_{k,j}^{n-1/2}] \cdot u_{k,j+1}^{n} \tag{4-44}$$

$$- [h_{k,j} + \eta_{k,j}^{n-1/2} + h_{k,j-1} + \eta_{k,j-1}^{n-1/2}] \cdot u_{k,j}^{n}\}$$

$$- \frac{\Delta t}{2\Delta y}\{[h_{k+1,j} + \eta_{k+1,j}^{n-1/2} + h_{k-1,j} + \eta_{k,j}^{n-1/2}] \cdot v_{k+1,j}^{n}$$

$$- [h_{k,j} + \eta_{k,j}^{n-1/2} + h_{k-1,j} + \eta_{k-1,j}^{n-1/2}] \cdot v_{k,j}^{n}\}$$

式中 Δx, Δy 分別為 x 與 y 方向之網格大小。Δt 為計算時間增量。

$$u_{k,j}^{n+1} = u_{k,j}^{n} - \frac{g\Delta t}{\Delta x}\{\eta_{k,j}^{n+1/2} - \eta_{k,j-1}^{n+1/2}\} + \Delta t\{f\overline{v}_{k,j}^{n} \tag{4-45}$$

$$+ \frac{(\tau_{wx})_{k,j}^{n+1}}{\rho(\overline{h}_{k,j} + \overline{\eta}_{k,j}^{n+1/2})} - \frac{\overline{F}}{(\overline{h}_{k,j} + \overline{\eta}_{k,j}^{n+1/2})}[Ku_{k,j}^{n+1} + (1-K)u_{k,j}^{n}]$$

$$- u_{k,j}^{n} \cdot \frac{1}{2\Delta x} \cdot (u_{k,j+1}^{n} - u_{k,j-1}^{n}) - \overline{v}_{k,j}^{n}\frac{1}{2\Delta y}(u_{k+1,j}^{n} - u_{k-1,j}^{n})\}$$

$$v_{k,j}^{n+1} = v_{k,j}^{n} - \frac{g\Delta t}{\Delta y}\{\eta_{k,j}^{n+1/2} - \eta_{k,j-1}^{n+1/2}\} + \Delta t\{f\overline{u}_{k,j}^{n} \tag{4-46}$$

$$+ \frac{(\tau_{wx})_{k,j}^{n+1}}{\rho(\overline{h}_{k,j} + \overline{\eta}_{k,j}^{n+1/2})} - \frac{\overline{F}}{(\overline{h}_{k,j} + \overline{\eta}_{k,j}^{n+1/2})}[Kv_{k,j}^{n+1} + (1-K)v_{k,j}^{n}]$$

$$-u_{k,j}^n \cdot \frac{1}{2\Delta x} \cdot (v_{k,j+1}^n - v_{k,j-1}^n) - v_{k,j}^n \frac{1}{2\Delta y}(v_{k+1,j}^n - v_{k-1,j}^n)\}$$

一般在使用顯性差分法時，其所使用之網格大小和時間間距，依據穩定分析，須滿足 Courant-Friederichs-Lewy 條件：

$$\Delta t \le \frac{\Delta x \cdot \Delta y}{[\sqrt{u_{max}^2 + v_{max}^2} + \sqrt{g \cdot h_{max}}] \cdot \sqrt{\Delta x^2 + \Delta y^2}} \qquad (4\text{-}47)$$

Δt：時間間距，$\Delta x, \Delta y$：網格大小

h_{max}：最大靜水深度

u_{max}, v_{max}：最大水粒子速度

h_{max}：最大靜水深度

u_{max}, v_{max}：最大水粒速

$$u_{max}, v_{max} = \eta \sqrt{\frac{g}{h + \eta}} \qquad (4\text{-}48)$$

運算是否穩定取決於 $\Delta x, \Delta y, \Delta t$ 之選擇。

水理模式計算所得之流場速度數據，將做為以下溢油模式中之流場之輸入資料。

(二) 溢油模式

溢油模式與上一節相同，模式中有關海域中各網格點位置之流速，將依據水理模式之計算結果輸入。

(三) 水理與溢油水模式結合之模擬溢油在水面擴散之算則（algorithm）

本研究首先應用水理模式建立海域之數值二維流場，再應用拉式獨立小塊法（Lagrangian Discrete-Parcel）來模擬浮油擴展。此方法基本上先選定一個空間座標，然後將起始溢漏出來的油假設成是由許多小油粒（Particle）組成，每個小油粒皆有特定質量，並以座標決定其位置。接著再將浮油分割

成許多獨立小塊，每個獨立小塊即由數目不定的小油粒組成。所有的小油粒皆因拉式運動法經前述三個油塊擴展階段進行擴散。小油粒的運動依賴整體油粒子的分布，故其在進行下次擴展之前，會沿自己的路徑運動而不受其他油粒子的影響。假設每個小油粒距對稱中心的距離即為其特徵距離，則每個獨立小塊油的特徵長度即為每個獨立小塊油內油粒子的特徵距離總和之平均值。當所有的獨立小塊油完成擴展之後，即可將這些獨立小塊油組合成一大塊的浮油。

　　另外，模式亦考慮影響溢油擴展的蒸發、溶解、水流流速、風速及岸邊條件等其他外在因素，以模擬油塊之運動與油粒子之分布狀況，與溢油之擴展情形。以下為蕭等人（1997）應用前述水理模式結合溢油模式，以高雄港溢漏案例應用進行模擬模式驗證。並以台南將軍港外海為例，分析潮位、風速、風向等因素對溢油擴散之影響。

(四) 模式驗證與影響油塊擴散傳輸之應用分析

1. 水理模式之驗證

　　今以台南將軍港外圍海域，選擇作為水理模式計算驗證之範圍，並以民國 85 年 5 月 2 日作為計算模擬之日期。邊界條件輸入之潮位資料，以當日安平港與將軍港潮位站之潮汐資料（25）求得。所得出之流場結果，與同年同日工業技術研究院能源與資源研究所，在附近海域所作之海況調查（26）結果比較，採用報告中實測站 85C3 作為模式驗證點，結果顯示速度趨勢大致相符，如此方能確實模擬出漲潮及退潮時段的流場形式與時間間隔。模擬流速與實測流速之比較如圖 4-12。

2. 溢油油塊質心軌跡逐時變化之驗證比較

　　此處選用高雄港口港外 8 公里處海域，該處於 1996 年 8 月 10 日上午約 7 時 45 分發生輸油管溢漏事件，溢漏體積約為 $600m^3$，當時距水面高10m 處之平均風速為2m/s，而在溢油發生後72小時內之風向皆保持約西風。

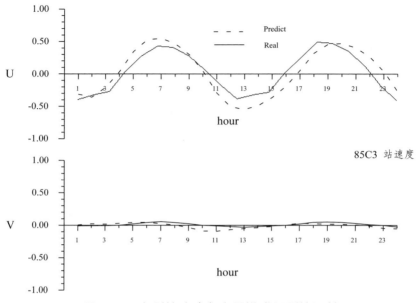

圖4-12　實測站流速與水理模式預測值比較

　　利用前述模式進行模擬，網格大小為 $\Delta x = \Delta y = 500\text{m}$，網格數目為 56×40。水理模式之時間間隔 $\Delta t = 5s$，而溢油模式之時間間格選定為 $\Delta t = 15\text{min}$。模擬計算溢溢油發生後 48 小時內之油塊質心軌跡逐時變化如圖 4-13。溢油發生後 8 小時，該海域恰巧有衛星空照圖，經分析該圖顯示油塊質心約在距離海岸 8 公里處，而經比對模擬計算後之油塊質心軌跡逐時變化圖之結果，其顯示在溢漏發生後 8 小時，計算之質心軌跡在距離海岸約 8 公里，與衛星空照圖結果符合。

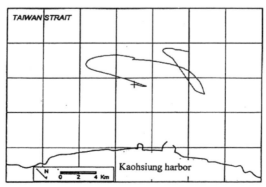

圖4-13　模擬之溢油油塊質心軌跡逐時（0～48 小時）變化；＋：溢油點

3. 潮位起始條件、風場作用方向及風速對溢油擴散之影響

海上之溢油擴散，會因為起始條件的不同而相異，在不同的流場、風場作用下，以相同之油品在同一位置擴散，會產生不同之結果。今仍以台南將軍港外海為假設模擬之流場，建立方式如前所述。選定之區域為台南近海，故流場情況與臺灣海峽特性相符，退潮時段流速為向網格左側移動，而漲潮時段流速則向右行進。為了看出油粒子在二維流場中之擴散飄移情形，以及風場對油粒子之影響特性，以下將分成三部分來探討分析，分別為：(1) 潮位起始條件、(2) 風場作用方向、(3) 風速影響。

(1) 潮位起始條件

不同的起始潮位，將影響起始流場的流速方向與大小，油塊之擴散行為亦隨之而變化。為了凸顯潮位變化之作用，三個潮位的風速皆給予 2m/sec 的南風（風場向北），以座標軸上（10000, 12000）為同一排放點，排放方式為瞬時排放，模擬時為 48 小時，$\Delta t = 15$。

初始流場為退潮時，速度方向應以向網格區域左方前進。在排放之初 15 分鐘時，流速與風速相抗衡，油團本身無明顯偏移。但在流速不斷作用下，油團質心軌跡逐漸向左偏移。至 4 小時起，屬漲潮時段，此時流場與風場作用相疊加，油粒子開始明顯向右移動，同時油團在受到強烈的向右速度作用下，形狀被拉長，使得圖 4-14 的軌跡線亦被拉長。

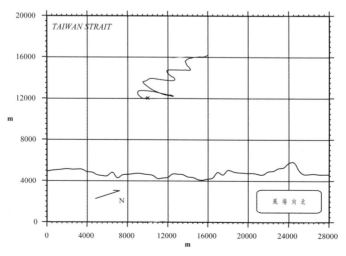

圖 4-14　初始條件為退潮時油團質心軌跡線；南風，風速 2m/s

　　若初始流場條件為漲潮，則初期油團即明顯向右飄移，因一開始即受同方向之力學效應，油塊拉長之現象較初始條件為退潮時排放者更為顯著。油粒子之移動依然因風之作用，呈左上之勢，如圖 4-15。至 12～15 小時，再度回到漲潮期，油粒子為數群分布，各自向北飄移，飄至外海區域。

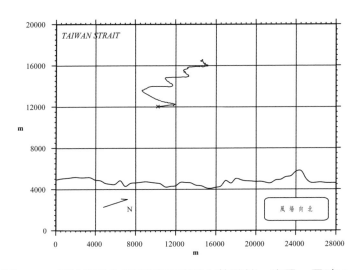

圖 4-15　初始條件為漲潮時油團質心軌跡線；南風，風速 2m/s

(2) 風場作用方向

　　風場作用方向，可能決定了油團平衡之力學機制。風場方向對擴散油粒子的作用影響，可以由圖 4-14、圖 4-15 討論。在圖中之假設流場內，依然選擇距原點 X 方向 1000 m；Y 方向 12000 m 處為初始排放位置。作用風速皆以 2m/s 為代表。

　　當風場作用向北（南風時），油團運動情況，由油團軌跡線可看出，若在退潮時發生溢漏，如圖 4-14，油團質點中心大致向北方行進。若在漲潮時發生溢漏，風場作用影響之結果如圖 4-15。

(3) 風速影響

　　由上節顯示了油團行徑的軌跡趨勢，確實會因風場方向而改變。為了了解風速與其移動之關係，現針不同之風速進行比較之，如圖 4-14、圖 4-15、圖 4-16 與圖 4-17，其風速分別為 2m/s、2m/s、20m/s、20m/s 向北

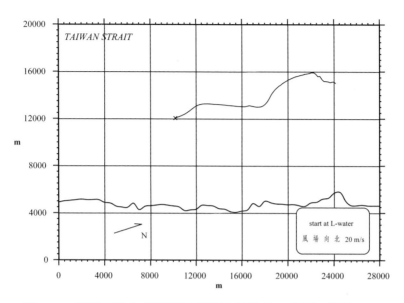

圖 4-16　初始條件為退潮時油團質心軌跡線；南風，風速 20m/s

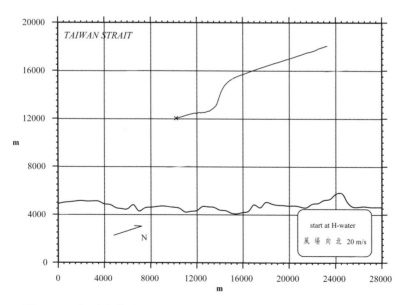

圖 4-17　初始條件為漲潮時油團質心軌跡線；南風，風速 20m/s

作用（南風）。由這些圖來分析，發現風速越大，則與風場方向相同之漲潮速度與軌跡線，愈是有加大、延長的情況。而退潮速度與風向平衡之結果，會以合向量之方向移動，在風速愈大的情況下，速度愈是以順時針方向像北偏移。而整體來看，風速愈大，軌跡線也愈向北修正，也就是整個油團愈趨於北方前進，與風場一致。尤其當風速到達 20m/s 以上，根據水平移流速度公式，此時風速之效應與水流之效應同一數量級（order），在某些時段甚至超越水流流速，故影響軌跡線如此劇烈。

4-8 海洋生物對石油烴的沉降分解和吸收

海洋微生物在分解沉降石油烴扮演重要的角色，烴類氧化菌廣泛分布於海水和海底泥中。海洋植物、海洋動物也能處理部分石油烴。浮游性植物如海藻和定生海藻，可直接從海水中吸收或吸附溶解的石油烴類。海洋動物則會攝食吸附有石油的懸浮顆粒物質，溶於水中的石油可通過消化道或鰓進入海洋動物的體內。由於石油烴是脂溶性的，因此海洋生物體內石油烴的含量一般隨著脂肪的含量增大而增高。在潔淨海水中，海洋動物體內積累的石油可以比較快地排出。

石油溢漏海域後，從海中消失的速度及影響的範圍，依海域的地點、油的數量和特性，溢油的回收和清除溢油方法，海洋環境的因素而有很大的差異。例如較高的水溫，將有利於溢油的揮發。油從水中揮發一半所需的時間，在溫度為 10℃時大約為 1 個半月；當水溫昇至 18～20℃時，變為 20 天；而在 25～30℃時，則減少至 7 天。而滲入沉海底積物的石油較難分解清除，其所需時間約需要數個月甚至數年。

4-9 溢油清除之防治處理

當發生海上溢油事件時，必須即刻清除水面溢油，一般常用之清除處理方式包括有：自然方式處理、物理方式處理、化學方式處理、焚燒處理、機

械方式處理等。分別說明如下：

(一) 自然方式處理

　　所謂自然處理方式，亦即利用大自然海洋環境之自淨作用，以清除溢油油污。此等海洋自淨作用係海洋本身具有之清除污染之能力。該自淨作用過程與之機制包括有：

(1) 溢油之延展（spreading）作用；

(2) 蒸發（evaporation）作用；

(3) 乳化（emulsification）作用；

(4) 延散（dispersion）作用；

(5) 吸附（absorption）作用；

(6) 沉降（sedimentation）作用；

(7) 光氧化（photooxidation）作用；

(8) 生物分解（biodegradation）作用。

(二) 物理方式處理

　　使用一些物質，並利用物理原理，進行溢油油污處理。一般處理方式包括有：

1. 噴灑油滴沉澱劑

　　該方法係利用噴灑之沉澱劑，以增加油污之密度，應用密度變大、重量增加之物理特性，使得油污與沉澱劑結合物往水下沉澱，而達到清除水面溢油油污之目的。油滴沉澱劑之材料包括有：沙子、黏土、石膏粉、飛灰、水泥等。

　　不過該方法雖可將水面油污清除，但油污混合物沉入海底後，可能會對海底之底棲生物造成長期嚴重影響。甚至海底之該油污混合物，也可能因水溫變化形成對流效應、或海流等擾動，將其帶至水中，形成二次污染。

　　若溢油污染區域規模小，亦或該區域海床並非生態敏感或重要區，一般

不建議使用該方式處理溢油污染。

2. 布放油污吸取物

　　油污吸取物種類繁多，包括天然有機物、人工合成有機物、礦物性物質等。吸取物例如吸油棉，係利用棉質物質吸收流體之特性，製成吸油棉，投入溢油水面，將油吸收後，整個吸油棉取上來，達到除油目的。Doeeffer（1992 a）提出各類吸取物對不同油品種類之最大吸取油量，示如表 4-7 所列。

表 4-7　油污吸取物對不同油品種類之最大吸取油量（g 油 /g 吸取物）（Doerffer, 1992 a）

油品特性	油品種類			
油品名稱 黏滯度（cS） 比重（25℃）	Bunker C 2800 0.942	Heavy Crude 2600 0.977	Light Crude 7.8 0.854	No.2 Fuel 3.1 0.856
天然有機物				
絞碎之玉米心粉屑	5.7	5.6	4.7	3.8
絞碎之花生殼粉屑	5.8	4.3	2.2	2.2
鋸木屑	3.0	3.7	3.6	2.8
稻桿或麥桿	5.8	6.4	2.4	1.8
木材纖維	18.6	17.3	11.4	9.0
礦物性物質				
珍珠岩	4.6	4.0	3.3	3.0
蛭石	4.3	3.8	3.3	3.6
火山灰	21.2	18.1	7.2	5.0
人工合成有機物				
Polyurethane foams				
Polyether type (shredded)	72.7	74.8	70.0	48.7
Polyester type (reticulated)	30.3	24.5	30.6	27.5

油品特性	油品種類			
Polyether type (1/2" cubes)	72.7	71.7	66.1	64.9
Urea formalsehyde foam	72.7	52.4	50.3	47.6
Polyethylene fibers				
Wood type	37.0	27.8	19.7	
Matted sheet	18.6	17.6	11.9	10.6
Nonwoven continuous element	46.0	36.7	45.4	36.2
Nonwoven polypropylene fiber	21.7	18.1	6.9	4.8
Polystye ne powder	23.4	21.7	20.4	5.8
Polyester shavings	8.8	7.4	6.6	4.7

圖 4-18　吸油棉（*Photo by Bao-Shi Shiau*）

(三) 化學方式處理

在溢油海面上以化學方式處理之機制，主要有：化學阻劑或表面收集劑（chemical barriers or surface collecting agents or collectants），以及化學分散劑（chemical dispersant）兩類。

1. 化學阻劑或表面收集劑

該種化學藥劑之原理，係藉由所添加之化學藥劑之表面張力較油污更

低，因此化學藥劑灑於油污海面，使得該藥劑之延展力大於油污延展力，故得以阻卻油污向外擴展，令油污面積縮小，使油污集中，便於處置。

2. 化學分散劑

亦稱乳化劑，係將油污乳化成小油滴，讓小油滴自然地沉澱於水中。一般來說，噴灑化學分散劑對於重油之油污染或日曬老化之油污，效果不佳，且化學分散劑具有毒性，噴灑後將影響水中生物，造成二次污染。一般僅使用於小量且係初期之溢油污染之狀況。

(四) 機械方式處理

1. 攔油索（floating boom）

(1) 攔油索之用途與使用時機

利用浮於水面之攔油索，將水面之浮油圈住在攔油索所圍住之範圍內，使浮油無法擴散，方便於將浮油集中處理，包括抽取或吸取。攔油索之示意圖，可參閱圖 4-19，基本構成包括：浮體、水下裙擺、張力繩索、重錘等。在平穩海象狀況下，適合於使用攔油索處理溢油事故。但若在過大風浪之海象條件下，可能因過大之海流與波浪，由水力作用，造成油從攔油索下方裙擺處漏出，而脫離攔油索所攔阻之區域。

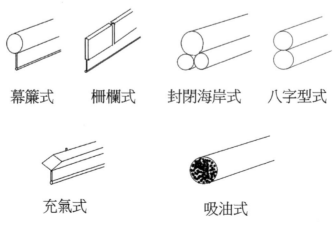

幕簾式　　柵欄式　　封閉海岸式　　八字型式

充氣式　　　　　吸油式

圖 4-19　同種類型式之攔油索

(2) 攔油索之種類與使用選擇

攔油索種類型式可分為：(a) 柵欄式：常用於港口碼頭，(b) 幕簾式：常用於港口碼頭，(c) 封閉海岸式，(d) 八字型式，(e) 充氣式：常用於離岸，(f) 吸油式。

不同種類型式之攔油索選用，可從耐用性、體積及載運效率性、布放操作便利性、順浪性、保養、布放水面後之有效封閉性、抗磨損性、抗刺穿性等等，依上述各因素考慮選擇。例如：在港口碼頭使用之攔油索選擇標準，主要考慮為抗磨損能力，因此柵欄式或幕簾式均為最佳選擇。又在潮間帶海灘，則主要為考慮攔油索之有效封閉性。在多礫石或岩石海岸區，抗刺穿之能力，則是重要考量因素。在離岸海域則需考慮強度、抗浪、體積及載運效率性、以及布放操作便利性等，因此充氣式攔油索為適當之選擇。

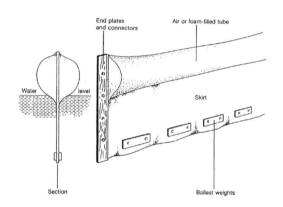

圖 4-20　幕簾式攔油索示意圖與攔油索照片（*Photo by Bao-Shi Shiau*）

(3) 海上漏油回收之攔油索布署操作方式種類

以拖船（tow boat）布放攔油索，依現場需要，選擇適當作業形式（例如 U 型、V 型、J 型等），參見圖 4-21。

常見布放操作型式如下：

(a) 頂端開放 U 型布放（open apex U-boom）。

(b) U 型布放（U-booming）。

(c) J 型布放（J-booming）。

(d) V 型布放（V-booming）。

正常情況下之操作，拖船行駛速度控制在2.5節以下。若水流速度在0.5 m/s 或 1 節以下，可採用 J 型或 U 型圍堵。若水流速度大於 1 節，則可改採 V 型方式圍堵。

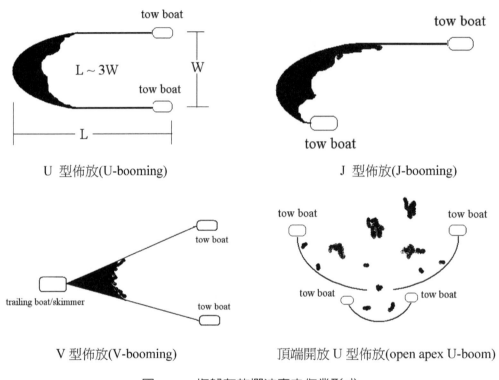

U 型佈放(U-booming)　　　　　　　　　　J 型佈放(J-booming)

V 型佈放(V-booming)　　　　　　頂端開放 U 型佈放(open apex U-boom)

圖 4-21　拖船布放攔油索之作業形式

攔油索布放起始位置，可選擇在溢油發生地點之海流下游約 500m 處，以拖船布放攔油索，並朝海流方向逆流前進。實務上拖船前進速度介於 1～2 節。攔油索布放原則，單一條之長度以不超過 250m 為宜。若狀況嚴重，可布放第二條攔油索，第二條布放於第一條之側後方，並與第一條保持大約 100m 之距離。第三條布放於第一條之相反之側後方，依此類推。

U 型布放其攔油索長度 L 與兩船之寬度距離 W，一般保持比例關係：L/W～3。

(4) 攔油索攔油厚度之水力特性分析

參閱圖 4-22，關於使用攔油索攔油，其所攔油之厚度之水力特性分析如下：

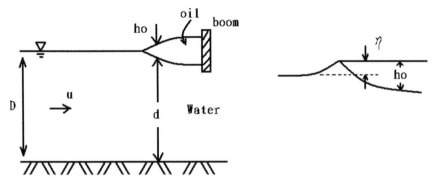

圖 4-22　攔油索水力分析示意圖

假定水深 D，平均流速 u，水之密度 ρ，油之密度 ρ_0。今取水面線為流線，因被攔油索所攔住，故積油前緣水面擁高，則

$$\eta = \frac{u^2}{2g} \tag{4-49}$$

或

$$\frac{\eta}{\Delta D} = \frac{1}{2}\frac{u^2}{\Delta gD} = \frac{1}{2}F_\Delta^2 \tag{4-50}$$

此處

$$F_\Delta^2 = \frac{u^2}{\Delta gD} \tag{4-51}$$

$$\Delta = \frac{\rho - \rho_0}{\rho} \tag{4-52}$$

而 F_Δ 稱為密度福祿數（densimetric Froude number）。

若是選取被攔油索所攔住之積油之下緣面，當作流線，則應用柏努力定律，可得下式：

$$D + \frac{u^2}{2g} = d + h' + \frac{u'^2}{2g} \tag{4-53}$$

又由連續方程式，可得下列二式：

$$\rho_0 h_0 = \rho h' \tag{4-54}$$

$$uD = u'd \tag{4-55}$$

所以

$$h' = \frac{\rho_0}{\rho} h_0 \tag{4-56}$$

$$u' = \frac{D}{d} u \tag{4-57}$$

代回上式，得

$$D + \frac{u^2}{2g} = d + \frac{\rho_0}{\rho} h_0 + \frac{u^2}{2g} \left(\frac{D}{d}\right)^2 \tag{4-58}$$

又因為

$$D + \frac{u^2}{2g} = D + \eta = d + h_0 \tag{4-59}$$

所以

$$d + \frac{\rho_0}{\rho} h_0 + \frac{u^2}{2g} \left(\frac{D}{d}\right)^2 = d + h_0 \tag{4-60}$$

意即

$$d + \frac{\rho(1-\Delta)}{\rho} h_0 + \frac{u^2}{2g} \left(\frac{D}{d}\right)^2 = d + h_0 \tag{4-61}$$

化簡上式，得

$$\Delta h_0 = \frac{u^2}{2g} \left(\frac{D}{d}\right)^2 = \frac{u^2}{2g} \left(\frac{D}{D - h_0}\right)^2 \tag{4-62}$$

同除 D，並消去 Δ，得

$$\frac{h_0}{D} = \frac{u^2}{2g\Delta D}\frac{1}{\left(1-\dfrac{h_0}{D}\right)^2} \tag{4-63}$$

令

$$\phi_0 = \frac{h_0}{D} \tag{4-64}$$

$$F_\Delta^2 = \frac{u^2}{\Delta gD} \tag{4-65}$$

則上式寫成：

$$\phi_0 = \frac{1}{2}F_\Delta^2\frac{1}{\left(1-\phi_0^2\right)^2} \tag{4-66}$$

或是

$$F_\Delta^2 = 2\phi_0(1-\phi_0)^2 \tag{4-67}$$

上述關係式並與實驗結果比較，示如圖 4-23。

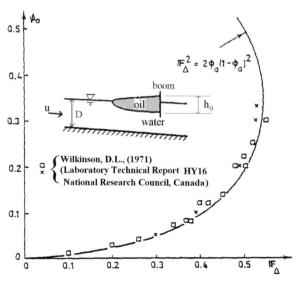

圖 4-23 攔油厚度與密度福祿數之關係

　　此式可描述攔油索所攔住積油之厚度與水流速度、油密度、水密度之關係。意即積油厚度與密度福祿數之關係。若算出密度福祿數，即可推算攔油索所能攔住浮油最大厚度。由圖 4-23 結果顯示，實際上當 $F_\Delta \sim 0.5$，則攔油索所能攔住浮油之最大厚度 $(\phi_0)_{max} \sim 0.2$。

　　圖 4-23 分布曲線顯示有一極端值（最大值）存在，該極端值（最大值）發生在 $\phi_0 \sim 0.2$，此時水域之密度福祿數 $F_\Delta \sim 0.5$，此密度福祿數稱為臨界密度福祿數 $(F_\Delta)_{critical}$（critical densimetric Froude number），$(F_\Delta)_{critical} \sim 0.5$。亦即若水域之流速太快，使得密度福祿數超過臨界值 0.5，則攔油索無法有效攔住水面溢油。

> 例題　下圖為一河流某測站之年度逐日密度福祿數分布圖。說明該圖所呈現之現象意涵為何？

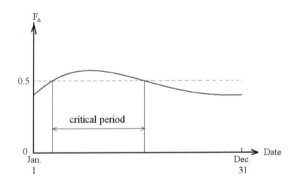

解答：因為臨界密度福祿數為 0.5，因此超過此臨界密度福祿數之日期時間內，在該段時間內於河川該測站處，無法以攔油索攔油污。故該段時間視為此河川測站處之攔油臨界期（critical period）。

　　河川其它不同測站，也可由此類似分布圖，進而獲得測站處之攔油臨界期。綜合河川不同測站之攔油臨界期，可以評估該河川若發生溢油事件，如何在什麼日期時間，那些地點，有效使用攔油索攔住水面溢油。

例題　若溢油水域之深度非常大，亦即 $D \gg h_0$，試問 F_Δ 與 $\phi_0 = \dfrac{h_0}{D}$ 之關係爲
　　　何？

解答：由於 $D \gg h_0$，故 $(1 - \phi_0)^2 \sim 1$

　　　利用（4-65）式，可以獲得 F_Δ 與 ϕ_0 之關係式如下：

$$F_\Delta^2 = 2\phi_0 \qquad\qquad (4\text{-}68)$$

　　　上式亦可應用於港口或海域之溢油擴展之問題分析。

例題　某油品（密度 0.95g/cm^3）溢漏在一河川水面，河川水體密度爲 1g/
　　　cm^3，水流流速爲 0.3m/s，水深 2m。試問在上述條件下，使用攔油
　　　索攔住水面溢油之厚度爲何？

解答：河川條件爲：$u = 0.3\text{m/s}$

$$D = 2\text{m}$$

$$g = 9.8\text{m/s}^2$$

　　　油品條件爲：$\Delta = \dfrac{\rho - \rho_0}{\rho} = (1\text{g/cm}^3 - 0.95\text{g/cm}^3)/1\text{g/cm}^3 = 0.05$

　　　故密度福祿數 $F_\Delta = \dfrac{u}{\sqrt{\Delta g D}} = \dfrac{0.3 m/s}{\sqrt{0.05 \times 9.8 m/s^2 \times 2m}} = 0.303$

　　　代入 $F_\Delta^2 = 2\phi_0(1 - \phi_0)^2$，得 $0.303^2 = 2\phi_0(1 - \phi_0)^2$

　　　求解上式，得 $\phi_0 = \dfrac{h_0}{D} = \dfrac{h_0}{2m} \sim 0.05$

　　　亦即攔住水面溢油之厚度 $h_0 = 0.1\text{m}$。

2. 汲油器（slick licker）

　　其係爲一連續輸送帶，帶上附有吸取物質，轉動輸送帶，利用帶上之吸
取物質將油污吸附，經滾輪後將油污擠出，達到汲油目的。

　　汲油器適用於小量油污處理，特別是適合於使用在港區，或有屏蔽之灣
區水域，其使用操作時之海象條件，亦應爲平穩狀況。

3. 油水分離器

當汲油器所刮取之油分，可暫時存放在除油設備，亦可送往油水分離器處理。該處理器等設施，可將由水分離後，並對油進行純化，回收在利用。一般係將由水分離器等設施至於船艙內，故而有所謂油回收船。

西德魯林造船場根據一種雙體船殼的設計一艘能夠收拾油污的船泊，兩個船體的船身中央部分是分開的，但在船尾部只憑一個鉸鍊將兩個船體聯合起來，這種雙體船殼的設計，可以對付大規模油污，甚至不畏強風激浪在不用來收拾油污時並可做尋常的油輪，稱為油污回收雙體船。

圖 4-24　吸油器照片（*Photo by Bao-Shi Shiau*）

4. 浮上集油方法

利用油的比重和凝集的特性，將傾斜板和輸送帶裝置在船下，漁海水下將由收集導入於船下一開口，且收集在船身裡，使油上浮分離，在用泵浦抽取收集。

要提高油的回收率，可以設計一個調整板使吸油口和油層一樣高，讓油流入吸油口然後用泵浦來抽取吸油口。且可用一浮體來讓吸油口浮在水面

上，如果沒有浮體可用手來維持。此法用在安定且均厚的油層，回收率相當的高。

　　另外有名為固定斜板集油船，是靠船之航行以導入浮油。還有浮上集油皮帶式集油船，利用裝置在船上的皮帶的轉動來將浮油導入船底部。

5. 旋渦集油方法

　　顧名思義，就是利用漩渦的離心力，在用水平的比重差，來分離油和水。當油水流入圓筒容器時，再用旋轉葉旋轉油和水，屆時比重輕的油便會成漏斗狀集中在中心。

6. 網式集油法

　　此法的回收效果是看網目的大小，油的黏性和凝聚力。如果油的粘度達到某種程度的凝固，則會有高的回收效果。但是，回收油集中在回收油槽，再抽取移送。抽取的管路和要如何增加油的回收率，是還有許多的問題善待解決。

(五) 生物方式處理

　　應用生物方法，例如某些綠膿桿菌屬之細菌具有分解碳氫化合物之能力，故利用此特性以細菌進行分解油膜。最近有人利用生物學上之遺傳工程技術，製造出具有高效率之分解石油之細菌。

(六) 燃燒法處理

　　利用燃燒法使得溢油在現場進行燃燒，但隨著溢油風化程度會使燃燒效率減低。一般良好之燃燒油層厚度不得低於 2～3mm。

　　由於溢油燃燒後之殘餘物質，可能具有更大之毒性，因此該方式處理，比較適用於開闊之外海，且風速大而風向由陸地吹向海上。廢物除可加速燃燒外，亦可使燃燒產生之空氣污染物快速稀釋與迅速擴散。

　　在各種油污排除之方法中，只要附近沒有建築物或可燃物或對大氣污

染沒有顧慮的場所，以燃燒法最爲優異。在德國發展成功的自燃點火粉，由於會發出高溫的火焰，故只要條件許可，利用此粉大部分的油污可以完全燃燒，然而價格極高。根據油中水滴乳液及瀝青狀油塊的燃燒試驗，油會變成低粘度，並滲入海灘的砂中。結果，表面雖的確變成無害的狀態，但滲入砂中的油，卻不受任何影響而以原狀留下。

在多岩礁的海岸或混凝土建築物附近使用時，處理費用也是很龐大的。倘若如事先能把油污先聚集在一處，作業就更加容易。可把聚集的油污放進 40 加侖的空油桶中，並由油桶邊加入壓縮空氣使桶內產生漩渦時，油的燃燒不但良好，而且可維持很好的燃燒狀態。

4-10 溢油污染在海岸地區之清除方法與技術

在海岸地區溢油污染進行清除工作時，首先要考慮海岸地形，以及海象條件。海岸地形種類包括：岩石海岸、礫石海岸、沙質海岸、河口泥灘地海岸、鹽沼海岸、紅樹林海岸、濕地海岸、港埠碼頭等。

一般對於海岸溢油污染清除選用之方法包括有：(1) 溝渠法，(2) 沖洗法，(3) 括除法，(4) 高壓水柱清洗法，(5) 低壓水柱清洗法，(6) 蒸氣清洗法，(7) 化學分散劑法，(8) 化學油溶劑法，(9) 刷洗擦拭法，(10) 眞空吸油法，(11) 海浪沖洗法，(12) 現地溝槽清洗法，(13) 石頭清洗法，(14) 生物翻堆法，以及 (15) 生物復育法。

Doerffer（1992 b）建議在不同海岸地形條件下，其所適合採用之溢油污染清除之方法種類，可參閱表 4-8。

表 4-8　不同海岸地形條件下，溢油污染其所適合採用之清除方法（Doerffer, 1992b）

	岩石海岸	大圓石岸	礫石海岸	小碎石岸	沙質海岸	泥灘地
溝渠法			V	V	V	
沖洗法	V	V	V	V		
括除法					V	V

	岩石海岸	大圓石岸	礫石海岸	小碎石岸	沙質海岸	泥灘地
高壓水柱清洗法	V	V				
低壓水柱清洗法	V			V	V	V
石頭清洗法			V	V		
化學分散劑法	V	V	V	V		
化學油溶劑法	V	V	V			
刷洗擦拭法	V	V	V			
真空吸油法	V	V				
海浪沖洗法			V	V		
現地溝槽清洗法			V	V		
生物翻堆法					V	
生物復育法			V	V		

利用述海岸油污清除方法，在實務處理時可分成數種類之清除技術，例如：(1) 人力方式清理技術，(2) 水柱噴洗清理技術，(3) 機械方式清理技術，(4) 回收與生物復育油清理技術。分述如下：

(一) 人力方式清理技術

當海岸地形較特殊複雜或具生態敏感，例如鹽沼泥灘濕地、珊瑚礁岩，不適合使用機具設備進行油污清除時，雙手萬能，因此可採用人力方式清除技術。搭配簡單工具，諸如：杓子、桶子、鏟子、油污儲油桶、簡易式抽油泵浦、吸油棉等等。

該清除技術較為耗時，費用較高，但對海洋環境自然生態衝擊影響較小。

(二) 水柱噴洗清理技術

抽取海水加壓沖洗附著於海岸礫石表面之油污，並將被沖洗後之油污水收集後，再進行油污水回收。由於水柱噴洗容易造成泥沙被沖走流失，破壞生態環境，因此沙質海岸不適合使用水柱噴洗技術清除油污。

圖4-25　人力清除海岸礫石間之油污（*Photo by Bao-Shi Shiau*）

高壓水柱清洗技術適合使用於能承受較大衝擊能量之岩岸或大圓石岸，而低壓水柱清洗技術則較適合使用於承受較低衝擊能量之小碎石海岸。

美國阿拉斯加威廉王子灣之 Exxon 溢油事件，發生在 1989 年 3 月 24 日 12：04，亞克隆‧瓦爾迪茲號（The Exxon Valdez）油輪擱淺並洩出 267000 桶共 1100 萬侖的油進入阿拉斯加威廉王子海峽（Alaska's Prince William Sound, PWS），此次意外是美國有史以來最嚴重的漏油事件。處理案例證實，使用水柱噴清洗技術，岩石經噴洗後，岩石表面之生態復育能力復育不佳。因此一般實務處理時，若海岸岩石表面原本就無附著任何生物，否則不建議使用水柱噴清洗技術清除附著於岩石之油污。

(三) 機械方式清除技術

若大量之油污積存於沙質海岸時，可考慮採用機械方式清除技術清除油污。機械方式清除技術操作方法，係先將含油污之沙層剷除，集中處理，剩餘殘存薄層之油污沙層，則改以人工方式處理，或其他清除技術處理。

(四) 回收與生物復育油清理技術

具有回收價值之乳化或非乳化之油污，則予以回收後另行處理。若屬於風化之油（weathered oil），或沾染油泥碎屑（contamination with debris），一般不具無回收價值，收集當固體廢棄物處理。

另外，油泥或油沙則可亦考慮採用復育清理技術處理，例如：生物翻堆（biopile）方式之清理技術處置，添加適量之無機營養鹽，或加入菌種，加速生物分解油污之速率。翻對堆過程也同時需要注意適當調控供應氧氣。

由於該清理技術過程添加營養鹽，未來會隨雨水海浪進入海域水體，導致該地區海域環境水體之優氧化。添加菌種，若有不慎，也可能導致當地海域環境生態系統平衡之破壞。故使用該等清理油污技術，必須慎重。

4-11 不同海岸地形與生態區之油污清除

不同海岸地形具有不同特性與生態特徵，因此去除油污方式須使用不同方法與清除技術。以下針對一些常見之海岸地形受到溢油污染後，簡述去除油污清理技術。

(一) 潮間帶濕地區域

海岸潮間帶（漲與退潮之間之海岸灘地）濕地，當發生溢油意外，油會隨著潮水漲退時，水流帶著浮油到處擴散。由於海岸濕地上存在著許多的軟泥和潮汐小溝，油污清除較為繁瑣困難，可以使用人工方式清除，必要時配合油污處理劑。但油污處理劑會造成附近海域水體二次污染，除非不得已，原則上不建議使用。

(二) 海岸蘆葦與紅樹林區

海岸地區之蘆葦可以用火燒去除沾附之油污，以避免漲潮時會再次污染到其他的地區域。另外考慮蘆葦的生長，在春天季節（植物生長萌芽期）原則上不建議採用此方法。

　　生長在熱帶和亞熱帶的海岸濕地之紅樹林，當該地區受到溢油污染時，處理不易，可採用圍堵方法，不做特別清理，利用大自然自清作用進行處置。

(三) 寒地或極地凍土區與海域

　　在寒地或極地區域，由於低溫海域的細菌比高溫海域的細菌的分解速度比較慢，所以溢油存留海域水面時間更長。在冬天時海水面結冰，溢油係以原樣保留下來。或可採用燃燒方式處理。

　　極地海岸與海域是一個生態敏感的區域，由於目前全球暖化，極地地區出現新航道，許多油輪航行於此，因此溢油污染發生的風險更高。極地地區污染時，避免使用燃燒方法和施放化學處理劑方式，以免對敏感得生態環境造成重大傷害。特別是凍土區，不建議使用燃燒方法和施放化學處理劑方式。可採用用機械方式法進行清理溢油污染。

(四) 海岸沙灘地與礫石灘

　　海岸沙灘當受到溢油污染時，使用乾草來吸除，亦或使用機械方式進行刮除，再集中收集至掩埋場掩埋。

　　礫石海灘受到溢油污染時，由於油會滲入深度較深，因此機械方式刮除處理不易，不建議採用該方法。可採用水柱噴洗，或利用波浪的自淨作用清理。

4-12 海上溢油污染追蹤與監視

　　當發生海上溢油事件，需針對溢油污染進行追蹤與監視，提供各種海象、氣象與海面溢油相關資訊，以求得溢油污染之有效掌控與及時處理。可依下述步驟進行為之：

1. 以目視或儀器或飛行器（包括無人機）監控油污在海上之延散範圍之變化。

2. 海象與氣象資料監測。

3. 將監控之油污在海上之延散範圍結果紀錄。

4. 應用相關溢油物理公式或溢油擴展模式計算油污在海上之延散範圍，並與監控結果比對，以獲得追蹤未來油污在海上之延散範圍之準確預測。

　　記錄內容應包括：(1) 時間，(2) 污染位置座標，(3) 海氣象（例如溫度、風速、風向、海流、波浪等），(4) 溢油擴展面積，(5) 溢漏油品種類，(6) 溢油體積，(7) 油膜厚度。

4-13　溢油污染之防治管理

　　關於海洋溢油污染防治管理，可分為主動與被動兩個層面來處理。

(一) 主動面管理

1. 積極制定有關法規，以遏阻海洋活動過程中非法排放含油污水，並採取有效措施（依據《海洋污染防治法》以及其他相關污染排放法規）嚴格控制沿岸煉油廠和其他工廠含油污水的排放。

2. 監測與監視海域溢油污染狀況，改進油輪的導航通訊等設備的性能，以及防止海難意外事故，避免造成溢油事件。

(二) 被動面防治

1. 當發生溢油污染後，可使用攔油索等把溢漏浮油阻隔包圍起來，防止其擴散和漂流，並使用相關機械設備將水面溢油回收。無法回收的薄油膜或分散在水中的油滴粒子，可以噴灑各種低毒性的化學分散劑。

2. 由於目前回收和清除海上油污的方法與清理技術尚待改進，港灣和近海地形複雜，因此目前尚難全部清除海上油污。若遭遇惡劣的氣象與海象條件，則大部分溢油無法回收處置。

4-14 溢油風險評估

由於海上水域遼闊，在有限之人力、機具以及處理能量下，為了使緊急應變能量達到最佳調度與配置，使得溢油事件處理之效率提高，以及有效降低海域溢油災害，因此需針對海域溢油進行風險評估。

所謂風險就是指：(1) 工作（作業）事件之暴露率，E、(2) 災害事件發生機率，P、以及 (3) 發生災害後果之嚴重性程度，D，三者之綜合呈現。此處暴露率係指單位時間之工作（作業）事件次數，災害事件發生機率則是介於 0 至 1。實務上分析，若將三者均賦予狀況等級並給予尺規量化數值，則風險值，R 可視為三者之量化數值之相乘積（參見 4-69 式）。依照該風險值，R 大小，訂定風險等級，作為風險評估之比較參考。

R（風險值）＝ E（工作（作業）之暴露率）× P（災害事件發生機率）× D（災害後果之嚴重性程度）

$$\tag{4-69}$$

另外「影響及危險性分析故障模式（Failure Model Effects and Criticality Analysis, FMECA）」目前也常被使用在溢油污染風險評估。該模式原使用於航空汽車煉油及石化工業，主要分析審查系統與設備元件的潛在故障模式，針對被識別之故障模式進行排除，且就 (1) 發生機率、(2) 監測率、(3) 嚴重程度、以及 (4) 控管制度等四項目，分別設定各種狀況，並賦予評分。評估風險案例係針對四個項目，分別給予評分，再加總四項之評分，依評分大小分別對照事先規劃設定作業風險等級之評分，從而獲得作業風險等級。

溢油風險之評估可由兩方面著手，分別是：

(一) 風險衝擊面

所謂風險衝擊，必須由海域（岸）生態環境，甚至經濟與人文社會等面向導入，進行考量與評估，從而訂定出溢油影響敏感區域圖，以利判斷風險

衝擊之大小。其中海域（岸）環境敏感區域可區分為：

1. 自然生態敏感區，
2. 產業與漁業資源生產敏感區，
3. 景觀與歷史文化敏感區。

　　各種敏感區，依據美國海洋及大氣總署（National Oceanic and Atmospheric Adminstration, NOAA）與 RPI 公司合作發展所提出之環境敏感指標（Environmental Sensitivity Index, ESI）則有：

1. 海岸種類（shoreline classification）。係依據海岸遭受油污後，其敏感性而予以訂定分類分級。
2. 生物資源（biological resources）。特別對於稀有生物物種及棲地，其受到油污後，依據生物豐富度與分布，訂定敏感性與分類分級。
3. 人類使用之資源（human-use resources），或稱為人類社經資源（human and social-economic reespurces）。其主要依據海岸土地之使用型態界定當遭受油污之敏感性，而予以分類分級。

(二) 風險頻率面（發生機率）

　　另外風險頻率則是依據以往發生溢油事故案例資料，以及各式油品特性資料，整理分析推導出各不同海域地點在不同時間季節發生溢油風險之頻率（發生機率）大小。

　　有關海域（岸）環境敏感區域之決定，依據我國環境保護署頒定之環境敏感指標（ESI）調查手冊，其中有關執行海岸分類調查之重點，簡述如下：

1. 一般資訊：區位名稱、日期時間、潮位、調查方式、氣候，
2. 區位資訊：總長、調查長度、GPS 座標，
3. 海岸分類：坡度、坡度分類、主要沉積物分類、植物密度、海岸分類，
4. 其他說明：補充說明所觀察到的重要事項、其他方面的觀察發現或表格內容不足以表示的部分、其他輔助紀錄。

4-15 臺灣重大海洋油污染緊急應變計畫

　　民國 90 年 4 月 10 日，行政院以台 90 環字 022329 號函核定行重大海洋油污染緊急應變計畫，民國 106 年 01 月 03 日院臺環字第 1050045424 號函修正核定修正，行政院 109 年 6 月 29 日院臺交字第 1090020938 號函核定修正。該重大海洋油污染緊急應變計畫詳細內容針對上述問題，提出應對處理具體辦法，合計十項，包括有：(1) 依據，(2) 目標，(3) 範圍，(4) 應變類別，(5) 通報系統、(6) 分工（組織）及應變層級、(7) 監測系統、(8) 處理措施、(9) 設施、(10) 訓練演習。詳細內容參考本章附錄一。

　　依據該緊急應變計畫第三項，所謂重大海洋油污染緊急事件，其範圍包括：(一)、船舶發生海難或其他意外事件，造成船舶載運物質、油料外洩或有油料外洩之虞者，致有危害人體健康、嚴重污染環境之虞者。(二)、載運油料船舶執行油輸送期間發生事故，造成油料外洩或有油料外洩之虞者。(三)、因陸源污染、海域工程、海洋棄置、船舶施工或其它意外事件所致油料排洩，嚴重污染海洋環境者。(四)、重大海洋油污染緊急事件以外之重大海洋污染事件，應比照本計畫實施應變措施。

　　第六項分工（組織）及應變層級第一款，因海難事件導致海洋污染發生：所需之應變層級，並依下列方式執行應變：

1. 第一級：油外洩或有外洩之虞未達一百公噸－小型外洩，由海岸管理機關、地方政府或港口管理機關（構）負責應變，及依據其訂定之海洋油污染緊急應變計畫內容，執行各項污染清除措施。

2. 第二級：油外洩或有外洩之虞達一百公噸至七百公噸－中等程度或顯著之外洩，由交通部（商港區域）、農委會（漁港區域）、經濟部（工業港區域）、國防部（軍港區域）、內政部（國家公園區域）、海委會（海上、其他海岸區域）負責應變，及依據其訂定之海洋油污染緊急應變計畫內容，執行各項污染清除措施。

3. 第三級：油外洩或有外洩之虞逾七百公噸－重大外洩，由交通部開設之海難災害應變中心執行應變。

4. 下列情況，應考慮採行重大海洋油污染（即第三級）應變：

(1) 油品事業機構之油品外洩，其污染程度與預估動員之應變能量已超越其因應能力時。

(2) 應地方政府或目的事業主管機關之請求，外洩程度超過其因應能力，雖已取得其他支援，仍無法有效執行應變時。

　　第六項分工（組織）及應變層級第二款，非因海難事件導致海洋污染發生：海委會接獲通報後，決定所需之應變層級，並依下列方式執行應變：

1. 第一級：油外洩或有外洩之虞未達一百公噸－小型外洩，由海岸管理機關、地方政府或港口管理機關（構）負責應變，及依據其訂定之海洋油污染緊急應變計畫內容，執行各項污染清除措施，並視油污染狀況決定是否成立海洋油污染緊急應變中心。

2. 第二級：油外洩或有外洩之虞達一百公噸至七百公噸－中等程度或顯著之外洩，由交通部（商港區域）、農委會（漁港區域）、經濟部（工業港區域）、國防部（軍港區域）、內政部（國家公園區域）、海委會（海上、其他海岸區）負責應變，及依據其訂定之海洋油污染緊急應變計畫內容成立海洋油污染緊急應變中心，據以執行各項污染清除措施。

3. 第三級：油外洩或有外洩之虞逾七百公噸－重大外洩，由「重大海洋油污染緊急應變小組」成立油污染緊急應變中心執行應變。

4. 下列情況，應考慮採行重大海洋油污染（即第三級）應變：

(1) 油品事業機構之油品外洩，其污染程度與預估動員之應變能量已超越其因應能力時。

(2) 應地方政府或目的事業主管機關之請求，外洩程度超過其因應能力，雖已取得其他支援，仍無法有效執行應變時。

　　其他緊急應變處理措施、以及使用相關設施，在不同層級與地點（海岸或港口或海上）均有不同措施，可參閱本章附錄一相關條文。

參考文獻

1. Blokker, P.C. (1964), "Spreading and Evaporation of Petroleum Products on Water," Proceedings of 4-th International Harbor Congress, pp.911-919.

2. Doerffer, J.W. (1992 a), "Chemical Response Technology to an Oil Spill," Oil Spill Response in the Marine Environment, Pergamon Press, Oxford, UK, pp.83-129.

3. Doerffer, J.W. (1992 b), "Oil Spill Combating on Shores," Oil Spill Response in the Marine Environment, Pergamon Press, Oxford, UK, pp.223-283.

4. Fannelop, T.K. and Waldman, G.D (1972), "Dynamics of Oil Slicks," *AIAA Journal*, Vol.10, pp.506-510.

5. Fay, J.A.(1969), "The Spread of Oil Slicks on a Calm Sea," Oil on the Sea(Ed. by.D.Hoult) pp.53-64, Plenum,New York

6. Fischer, H. B., Imberger, J., List, E. J., Koh, R. C. Y.and Brooks, N. H.(1979), Mixing in Inland and Coastal Waters,Academic Press,New York

7. Hoult, D.P, (1972), "Oil Spill Spreading on the Sea," *Annual Review of Fluid Mechanics*,Vol.4,pp.341-367.

8. Huang, J.C., and Monastero, F.C., (1982). Review of the State-of-the Art of Oil Spill Simulation Models," Final Report Submitted to the American Petroleum Institute.

9. Jordan, R.E., Rayne, (1980), Fate and Weathering of Petroleum Spills in the Marine Environment，AnnArbor Science，Ann Arbor

10. Lou, C.Y., and Polak, J., (1973). "A Study of Solubility of Oil in Water," Report EPS-3-EC-76-1, Environmental Protection Service, Canada.

11. Mackay, D., Paterson, S., and Nadeau, S., (1980). "Calculation of the Evaporation Rate of Volatile Liquids," Proceedings National Conference on Control Hazardous Material Spills, Louvisvill KY, pp. 361-368.

12. Madsen, O.S. (1977), "A Realistic Model of the Wind-Induced Ekman Boundary Layer," *Journal of Physical Oceanography*, Vol.7, No.2, pp.248-255

13. Moore, S.F., Dwyer, R.L., and Katz, A.M., (1973). "A Preliminary Assessment of the Marine to Oil Supertankers," Report No.162, R.M. Pursons Lab MIT, pp. 59

14. NOAA (2002), Environmental Sensitivity Index Guidelines, NOAA Technical Memorandum NOSOR&R 11, Seattle, WA, USA.

15. Pedersen, F.B., (1986),"Environmental Hydraulics: Stratified Flows," Lecture Notes on Coastal and Estuarine Studies, 18, Springer-Verlag

16. Schwartzberg, G. (1971), The Movement of Oil Spills, Proceedings of Joint Conference on Prevention and Control of Oil Spills,pp.489-494

17. Shen H.T., and Yapa, P.D., "Oil Slick Transport in River," *Journal of Hydraulic Engineering*. Vol. 114, No.5, 1988.

18. Shiau, Bao-shi, Chen, Ta-Chun, and Ko, Yun-Pei, (2002), "Coastal Hydrodynamic Modeling of Oil Slick Transport in Western Coastal Waters of Taiwan," Fifth World Congress on Computational Mechanics, Vienna, Austria, July 7-12.

19. Shiau, Bao-Shi, and Hsui, Jun-De, (1997), "Modeling of Gas Well Blowout Under Seawater," *Journal of the Chinese Institute of Engineers*, Vol.20, No.5, pp.493-500

20. Shiau, Bao-Shi, and Ron-Shen Tsai, (1994), "A Numerical Simulation of Oil Spill Spreading on the Cosatal Waters," *Journal of the Chinese Institute of Engineers,* Vol.17, No.4, pp.473-484

21. Shiau, Bao-Shi, (2006),"Numerical Simulation of the Spread of Oil Slick and Its Application on theNorthwestern Coastal Water of Taiwan," Proceedings of the 16th International Offshore and Polar Engineering Conference, pp. 508-512, San Francisco, USA,

22. Stolzenbach,K.D.,Madsen,O.S.,Adams,E.E.,Pollack,A.M. and Cooper C.K.(1977), "A Review and Evaluation of Basic Techniques for Prcdicting the Behavior of Surface Oil Silcks", Report No.22, Dept.Civil Engineering, MIT

23. Torgrimson, G. M. (1984), "The On-Scene-Spill Model: A User's Guide," NOAA Hazardous Materials Reponse Branch ,Technical Report

24. Tsahalis, D. T. (1979), "Theoretical and Experimental Study of Wind and Wave-Induced Drift," *Journal of Physical Oceanography*, Vol. 9, pp. 1243-1257

25. Waldmam, G. A., Johnson, R. A. and Smith,P. C. (1973), "The Spreading and Transport of Oil Slicks on the open Ocean in the Presence of Wind,Waves,and Currents," Coast Guard Report No.CG-D-17-73

26. 蕭葆羲，「拉式獨立小塊法模擬廢油排放擴散之研究」，國科會專題研究計畫報告 NSC79-0410-E019-007，民國 80 年。

27. 蕭葆羲，「溢漏油料於苗栗後龍沿海水域擴散數值計算模擬」，財團法人臺灣漁業技術顧問社委託計畫報告，民國 85 年 6 月。

28. 蕭葆羲，「85 年 8 月 10 日中油大林廠溢漏油料於高雄二港口外海水域擴散數值水力計算模擬」，財團法人臺灣漁業技術顧問社委託計畫報告，民國 86 年 7 月。

29. 蕭葆羲，陳大中，柯允沛，蔡榮森，數值模擬海岸溢油之擴散，第二十屆海洋工程研討會論文集，第 393-400 頁，基隆，臺灣，民國 87 年。

30. 蕭葆羲，洪啟洲，（1996），「海域鑽探生產水污染擴散之實驗研究」，第十八屆海洋工程研討會論文集，第 519-529 頁，台北臺灣。

31. 蕭葆羲，李東山，李嘉成，（2001），「海下油氣輸送管線溢漏形成氣泡羽昇流之擴散實驗研究」，第二十三屆海洋工程研討會論文集，第 416-421 頁，台南，臺灣。

32. 蕭葆羲，邱景明，（1997），「海底油井氣爆模擬之實驗研究」，第十九屆海洋工程研討會論文集，第 524-531 頁，台中，臺灣。

33. 修正「重大海洋油污染緊急應變計畫」核定本，海洋委員會，2021 年 1 月。

問題與分析

1. 以臺灣歷來處理有關海洋溢油污染事例，評論成功之處與缺憾失敗之處。

2. 若有 $10m^3$ 之輕油航空燃油溢漏在無風無流靜止水面上，假設油膜以圓形之型式擴散，在溢漏初始時，油膜直徑為 10m，試依 Blocker 經驗公式估算溢漏後 2 小時，油膜擴散範圍為何？

   解答提示：直徑約 302m

3. 某油品（密度 $0.95g/cm^3$）溢漏在一河川水面，河川水體密度為 $1g/cm^3$，水流流速為 0.2m/s，水深 2m。試問在上述條件下，使用攔油索攔住水面溢油之厚度為何？

   解答提示：$\phi_0 = \dfrac{h_0}{D} = \dfrac{h_0}{2m} \sim 0.022$，厚度 $h_0 = 0.044m$

4. 船舶在港口溢漏某油品（密度 $0.95g/cm^3$），溢漏處為該港口之深水航道（水深 20m），該航道水流流速為 0.2m/s。試問在上述條件下，使用攔油索攔住水面溢油之厚度為何？

   解答提示：

   $$F_\Delta = \frac{u}{\sqrt{\Delta g D}} = \frac{0.2m/s}{\sqrt{0.05 \times 9.8m/s^2 \times 2m}} = 0.064$$

   該港口之深水航道，故 $F_\Delta^2 = 2\phi_0$

   因此 $\phi_0 = \dfrac{h_0}{D} = \dfrac{h_0}{20m} \sim 0.00205$，溢油厚度 $h_0 = 0.041m$

5. 海上油污染如何因應？

   解答提示：

   (一) 油污染源評估

   　　詢問外洩油料所屬相關從業人員、或派遣船隻及潛水人員評估油污染種類。

   　　設法從污染源阻斷油污染。

   　　即刻布設攔油索、汲油器等攔阻油污擴散。

   　　調派船隻及抽油設備，抽出殘油。

(二)海面油膜移動監測及油污染範圍界定評估：

    1.在下列情況，可考量使用油分散劑：

    環保團體認為油污染將造成鳥類、海中生物、生態敏感帶、遊憩海灘之損害。岸邊設施所有者，因安全理由，認為應施放油分散劑時。

    2.在下列情況，不建議使用油分散劑：

    (1) 外洩於水面的油料已乳化。

    (2) 使用海域的海水水深低於 10 公尺。

    (3) 使用海岸鄰近位置有河川出海口或生態敏感區。

    (4) 內陸淡水河流。

    (5) 使用位置緊鄰魚蝦水產養殖區或其繁殖季節。

    (6) 平靜之大區域海面。

    (7) 平靜小區域海面且無法以人為方式攪動海水時。

    (8) 依環境用藥貯存置放及使用管理要點第 11 點規定，將使用之油分散劑，必須為經中央主管機關查驗登

    3.油外洩初期立即噴灑油分散劑，其效果最好。因此要在何時、何處噴灑分散劑，應及早決定。其時程受到油的種類與天氣情況 的影響。

    4.油分散劑之使用可以解決岸邊油回收後尚須處理的問題，但也使得分散後的油將留在海中一段相當長的時間。因此分散劑之使 用應同時考量效果、環境衝擊與費用。

(三)油分散劑之應用。

(四)油回收作業。

(五)油回收工具之清洗。

附錄一　重大海洋油污染緊急應變計畫

（來源：海洋委員會，2021 年 1 月）

中華民國 90 年 4 月 10 日行政院台 90 環字 022329 號函核定
中華民國 93 年 10 月 12 日院臺環字第 0930043751 號函修正核定
中華民國 106 年 01 月 03 日院臺環字第 1050045424 號函修正核定修正
中華民國 109 年 6 月 29 日行政院院臺交字第 1090020938 號函核定修正

壹、依據

《海洋污染防治法》第十條第二項：「為處理重大海洋油污染緊急事件，中央主管機關應擬訂海洋油污染緊急應變計畫，報請行政院核定之」。

貳、目標

為防止、排除或減輕重大海洋油污染緊急事件對人體、生態、環境或財產之影響，當有重大海洋油污染緊急事件發生之虞或發生時，依本計畫之通報、應變等系統，及時有效整合各級政府、產業團體及社會團體之各項資源，取得污染處理設備、專業技術人員，以共同達成安全、即時、有效且協調之應變作業。

參、範圍

本計畫所稱重大海洋油污染緊急事件，其範圍包括：

一、船舶發生海難或其他意外事件，造成船舶載運物質、油料外洩或有油料外洩之虞者，致有危害人體健康、嚴重污染環境之虞者。

二、載運油料船舶執行油輪送期間發生事故，造成油料外洩或有油料外洩之虞者。

三、因陸源污染、海域工程、海洋棄置、船舶施工或其它意外事件所致油料排洩，嚴重污染海洋環境者。

四、重大海洋油污染緊急事件以外之重大海洋污染事件，應比照本計畫實施應變措施。

肆、應變類別

針對重大海洋油污染緊急事件範圍，依據災害事件發生類別啟動應變作業：

一、因海難事件導致海洋污染發生，由交通部開設之海難災害應變中心統籌應變處理
　　及執行油污染應變、事故船船貨、殘油與外洩油料、船體移除及相關應變作為，
　　直至環境復原完成。

二、非因海難事件導致海洋污染發生，由海洋委員會（以下簡稱海委會）
　　針對事件規模進行研判，並依本計畫內容執行應變。

伍、通報系統

一、因海難事件導致海洋污染發生：

　　(一) 航政機關、港口管理機關（構）、海岸管理機關、地方政府及相關單位於接
　　　　獲因海難事件導致之海洋污染事件發生者，應立即將相關資料通報交通部及
　　　　海委會。

　　(二) 於交通部開設海難災害應變中心前，相關應變機關（構）單位雖尚未進駐，
　　　　仍應依權責掌握污染狀況及執行應變，並以電話、簡訊、傳真、通報系統或
　　　　其他方式通報交通部及海委會。

　　(三) 於交通部開設海難災害應變中心後，中心成員應隨時掌握污染情形，並依通
　　　　報流程，依式填報處理情形回報表，並傳真至應變中心。

二、非因海難事件導致海洋污染發生：

　　(一) 航政機關、港口管理機關（構）、海岸管理機關、地方政府及相關單位於接
　　　　獲非因海難事件導致之海洋污染事件發生者，應立即將相關資料通報海委會。

　　(二) 於海委會成立重大海洋油污染緊急應變中心（以下簡稱油污染緊急應變中心）
　　　　前，相關應變機關（構）單位雖尚未進駐，仍應依權責掌握污染狀況及執行
　　　　應變，並以電話、簡訊、傳真、通報系統或其他方式通報海委會。

　　(三) 於海委會成立油污染緊急應變中心後，中心成員應隨時掌握污染情形，並依
　　　　通報流程，依式填報處理情形回報表，並傳真至油污染緊急應變中心。

三、通報表如附件一、通報流程如附件二、處理情形回報表如附件三。

　　　附件一 - 海洋油污染事件通報表

　　　附件二 - 重大海洋油污染事件通報流程

　　　附件三 - 重大海洋油污染事件處理情形回報表

陸、分工（組織）及應變層級

一、因海難事件導致海洋污染發生：

（一）交通部接獲通報後，決定所需之應變層級，並依下列方式執行應變

1. 第一級：油外洩或有外洩之虞未達一百公噸－小型外洩，由海岸管理機關、地方政府或港口管理機關（構）負責應變，及依據其訂定之海洋油污染緊急應變計畫內容，執行各項污染清除措施。

2. 第二級：油外洩或有外洩之虞達一百公噸至七百公噸－中等程度或顯著之外洩，由交通部（商港區域）、農委會（漁港區域）、經濟部（工業港區域）、國防部（軍港區域）、內政部（國家公園區域）、海委會（海上、其他海岸區域）負責應變，及依據其訂定之海洋油污染緊急應變計畫內容，執行各項污染清除措施。

3. 第三級：油外洩或有外洩之虞逾七百公噸－重大外洩，由交通部開設之海難災害應變中心執行應變。

4. 下列情況，應考慮採行重大海洋油污染（即第三級）應變：

（1）油品事業機構之油品外洩，其污染程度與預估動員之應變能量已超越其因應能力時。

（2）應地方政府或目的事業主管機關之請求，外洩程度超過其因應能力，雖已取得其他支援，仍無法有效執行應變時。

（二）交通部開設海難災害應變中心

經研判爲因海難事件導致重大海洋油污染應變層級，交通部應即設立「重大海洋油污染緊急應變小組」，並視需求開設「海難災害應變中心」，由交通部部長擔任召集人，通知應變中心各成員機關即刻進駐，並依事件發生地點，由下列權責機關成立現場應變前進指揮所，以及時有效獲得各項人力、設備資源：

1. 海上、海岸：海委會。

2. 商港區域：交通部（商港經營事業機構、航港局或指定機關）。

3. 漁港區域：農委會（漁業署）。

4. 工業港區域：經濟部（工業局）。

5. 軍港區域：國防部。

6. 國家公園區域：內政部（營建署）。

(三) 交通部開設海難災害應變中心成員，包括海委會、環保署、內政部、外交部、法務部、國防部、金融監督管理委員會、經濟部、交通部、海巡署、衛生福利部（以下簡稱衛福部）、行政院農業委員會（以下簡稱農委會）、科技部、事件發生所在地方政府及其他相關機關（構）等。各成員機關應視需求於內部成立應變小組，主動執行有關之應變處理事項。

(四) 交通部開設海難災害應變中心主要油污染應變工作項目

1. 依據不同事件污染規模決定應變層級後，應由各層級主政機關依據其訂定之海洋油污染緊急應變計畫內容，指派應變中心指揮官。指揮官可視應變需求指派現場前進指揮所指揮官，主政督導執行前進指揮所開設與人員進駐、協調各項污染清除作業與其他應變相關工作。

2. 監督污染行為人擬定油污染清除策略：依據污染區域海岸敏感區位分布、海洋水文、船舶交通實況及相關調查評估結果等，監督污染行為人擬定油污染清除策略據以執行，內容應至少包括污染清除範圍、動員能量、清除程度、監測作業、清除期限及交通部開設海難災害應變中心要求事項等。

3. 應變資材調集前運：依據污染區域實際污染狀況與應變需求，統籌調度各項應變資材、設備與器材等，以利執行污染清除與應變作為。

4. 水質採樣及蒐證

(1) 執行污染區域水質、廢油水採樣檢測與比對分析作業，及進行受污染區域蒐證工作，並整理、保全相關資料，提供求償參考。

(2) 污染狀況解除後，持續進行水質採樣作業，據以追蹤掌握環境復原情形。

5. 復原作業

(1) 環境復原會勘與驗收：交通部開設海難災害應變中心於開設初期即應確認污染區域環境復原作業方式與驗收標準，並視污染清除與復原程度，召集應變中心相關成員進行會勘與驗收工作。

(2) 經交通部開設海難災害應變中心各成員確認環境復原結果並完成驗收後，後續有關水質監測、持續追蹤辦理等工作，由各權責機關接續執行。

6. 撤除時機

(1) 交通部開設海難災害應變中心或油污染清除執行機構委由第三方公證單位，確認污染區域環境復原狀況已達成污染清除要求，且經應變中心各成員確認之。

(2) 各權責機關應針對主管業務持續執行後續環境影響監督或評估作業。

(3) 交通部開設海難災害應變中心完成任務並撤除後，應視實際需求將現場移交給相關權責機關，持續執行事件善後與後續相關工作，並依本計畫分工表進行求償工作。

(五) 交通部開設海難災害應變中心指揮官指派發言人，統一對外公布相關訊息。

(六) 交通部開設海難災害應變中心得視需要，聘請專家、學者擔任諮詢顧問。

二、非因海難事件導致海洋污染發生：

(一) 海委會接獲通報後，決定所需之應變層級，並依下列方式執行應變

1. 第一級：油外洩或有外洩之虞未達一百公噸–小型外洩，由海岸管理機關、地方政府或港口管理機關（構）負責應變，及依據其訂定之海洋油污染緊急應變計畫內容，執行各項污染清除措施，並視油污染狀況決定是否成立海洋油污染緊急應變中心。

2. 第二級：油外洩或有外洩之虞達一百公噸至七百公噸–中等程度或顯著之外洩，由交通部（商港區域）、農委會（漁港區域）、經濟部（工業港區域）、國防部（軍港區域）、內政部（國家公園區域）、海委會（海上、其他海岸區）負責應變，及依據其訂定之海洋油污染緊急應變計畫內容成立海洋油污染緊急應變中心，據以執行各項污染清除措施。

3. 第三級：油外洩或有外洩之虞逾七百公噸–重大外洩，由「重大海洋油污染緊急應變小組」成立油污染緊急應變中心執行應變。

4. 下列情況，應考慮採行重大海洋油污染（即第三級）應變：

(1) 油品事業機構之油品外洩，其污染程度與預估動員之應變能量已超越其因應能力時。

(2) 應地方政府或目的事業主管機關之請求，外洩程度超過其因應能力，雖已取得其他支援，仍無法有效執行應變時。

(二) 成立油污染緊急應變中心

經研判為非因海難事件導致重大海洋油污染應變層級，海委會應即依本計畫設立「重大海洋油污染緊急應變小組」，並視需求成立「油污染緊急應變中心」，由海委會主任委員擔任召集人，通知油污染緊急應變中心各成員機關即刻進駐，並依事件發生地點，由下列權責機關成立現場應變前進指揮所，以及時有效獲得各項人力、設備資源：

1. 海上、海岸：海委會。

2. 商港區域：交通部（商港經營事業機構、航港局或指定機關）。

3. 漁港區域：農委會（漁業署）。

4. 工業港區域：經濟部（工業局）。

5. 軍港區域：國防部。

6. 國家公園區域：內政部（營建署）。

(三) 油污染緊急應變中心成員，包括海委會、環保署、內政部、外交部、法務部、國防部、金融監督管理委員會、經濟部、交通部、海巡署、衛福部、農委會、科技部、事件發生所在地方政府及其他相關機關（構）等。各成員機關應視需求於內部成立應變小組，主動執行有關之應變處理事項。

(四) 油污染緊急應變中心主要工作項目

1. 依據不同事件污染規模決定應變層級後，應由各層級主政機關依據其訂定之海洋油污染緊急應變計畫內容，指派油污染緊急應變中心指揮官。指揮官可視應變需求指派現場前進指揮所指揮官，主政督導執行前進指揮所開設與人員進駐、協調各項污染清除作業與其他應變相關工作。

2. 監督污染行為人擬定油污染清除策略：依據污染區域海岸敏感區位分布、海洋水文、船舶交通實況及相關調查評估結果等，監督污染行為人擬定油污染清除策略據以執行，內容應至少包括污染清除範圍、動員能量、清除程度、監測作業、清除期限及油污染緊急應變中心要求事項等。

3. 應變資材調集前運：依據污染區域實際污染狀況與應變需求，統籌調度各項應變資材、設備與器材等，以利執行污染清除與應變作為。

4. 水質採樣及蒐證

(1) 執行污染區域水質、廢油水採樣檢測與比對分析作業，及進行受污染

區域蒐證工作，並整理、保全相關資料，提供求償參考。

　　(2) 污染狀況解除後，持續進行水質採樣作業，據以追蹤掌握環境復原情形。

　5. 復原作業

　　(1) 環境復原會勘與驗收：油污染緊急應變中心於開設初期即應確認污染區域環境復原作業方式與驗收標準，並視污染清除與復原程度，召集油污染緊急應變中心相關成員進行會勘與驗收工作。

　　(2) 經油污染緊急應變中心各成員確認環境復原結果並完成驗收後，後續有關水質監測、持續追蹤辦理等工作，由各權責機關接續執行。

　6. 撤除時機

　　(1) 油污染緊急應變中心或油污染清除執行機構委由第三方公證單位，確認污染區域環境復原狀況已達成污染清除要求，且經油污染緊急應變中心各成員確認之。

　　(2) 各權責機關應針對主管業務持續執行後續環境影響監督或評估作業。

　　(3) 油污染緊急應變中心完成任務並撤除後，應視實際需求將現場移交給相關權責機關，持續執行事件善後與後續相關工作，並依本計畫分工表進行求償工作。

　(五) 油污染緊急應變中心指揮官指派發言人，統一對外公布相關訊息。

　(六) 油污染緊急應變中心得視需要，聘請專家、學者擔任諮詢顧問。

三、依不同災害事件發生類別，交通部開設海難災害應變中心或環保署成立油污染緊急應變中心時，有關油污染應變組織架構圖如附件四、分工表如附件五、聯繫名冊如附件六，並適時更新。

　　附件四－重大海洋油污染應變組織架構圖

　　附件五－重大海洋油污染事件緊急應變分工項目表

　　附件六－重大海洋油污染事件各機關派駐人員聯繫名冊

柒、監測系統

一、海上油污染動態監測及油污範圍界定評估

　(一) 海巡署：執行海上污染動態監測、範圍評估界定及協助清除工作。

　(二) 國防部：協助監視海上油污動態。

　(三) 科技部：協助海洋油污染調查、監測、評估。

　(四) 內政部（空中勤務總隊）：協助油污染地區之空中勘查。

　(五) 交通部（民用航空局）：協助空中勘查申請事宜。

　(六) 農委會：協助海上油污染監測及範圍界定。

　(七) 必要時應洽請臺灣中油股份有限公司、相關機構及民間業者協助。

二、海岸油污染動態監測及油污範圍界定評估

　(一) 海委會：執行海岸污染動態監測、範圍評估界定。

　(二) 農委會：協助海岸油污染監測及範圍界定。

　(三) 國防部：協助海岸油污染範圍評估界定。

　(四) 內政部（空中勤務總隊）：協助油污染地區之空中勘查。

　(五) 交通部（民用航空局）：協助空中勘查申請事宜。

　(六) 海岸管理機關：協助海岸污染動態監測、範圍評估界定。

三、水域水質及污染物監測

　(一) 沿海海域水質監測部分，由地方政府環境保護局（海洋局）、海巡署、農委會、科技部或或目的事業主管機關，依權責就沿海海域水質及污染物質，進行採樣檢驗，及提供必要之協助。

　(二) 其他海域水質監測部分，由海巡署、農委會、科技部或其他事業機構，依權責就其他海域水質及污染物質，進行採樣檢驗，及提供必要之協助。

四、衛星遙測監測及油污染範圍評估，由環保署、科技部負責。

五、衛星影像與數位化地圖圖庫、海洋資源資料庫、油污處理器材、設備、專家相關資料庫及人類活動資料庫，由相關機關建立，並由環保署彙整，建立共同使用機制。

捌、處理措施

一、即時應變

　當發生海洋污染情形，在交通部開設海難災害應變中心或海委會成立油污染緊急應變中心前，各應變機關應依其污染地點，分別由商港管理機關（構）（商港區域）、漁港管理機關（漁港區域）、軍港管理機關（軍港區域）、工業港管理機關（構）（工業港區域）、國家公園管理機關（國家公園區域）、地方政府（其

他海岸區域）、海巡署（海上）等，就近爭取時效，先採取抽除殘油、布置防止油污擴散器材（攔油索、汲油器、吸油棉等器材）、堵漏等緊急應變措施，並備妥可動用之相關人力、機具，運至污染現場，執行污染清除或防止污染範圍擴大等工作。

二、海岸應變

(一) 海岸油污染現場應變前進指揮所

由污染地點權責機關於油污染現場附近成立現場應變前進指揮所，由下列人員進駐：

1. 污染地點權責機關指派一名指揮官。

2. 船東或油品事業機構代表。

3. 海岸管理機關代表。

4. 環保署代表。

5. 海巡署代表。

6. 農委會代表。

7. 交通部代表。

8. 內政部（國家公園管理機關）代表。

9. 國防部代表。

10. 地方政府代表。

11. 其它指定機構之代表。

12. 交通部開設海難災害應變中心或環保署成立油污染緊急應變中心聘請之諮詢顧問。

(二) 海岸油污染作業內容請參考附件七－海岸油污染應變要領

1. 確定油污染程度及範圍，並保全相關資料。

2. 擬訂清除策略。

3. 評估是否須使用油分散劑，以及運用時機與場域。

4. 動員所需人力，集結所需設備、器材。

5. 設置媒體對話窗口統一對外發言，及發布新聞稿。

6. 建立與當地民眾溝通機制。

7. 執行海岸清除作業。

8. 油污清除廢棄物妥為處置（最終處理與流向監控）。

9. 監督或執行環境監測及復育工作。

10. 進行求償相關作業。

三、海上應變

(一) 海上油污染現場應變前進指揮所

由海委會於油污染海域鄰近之海巡單位成立事故現場前進指揮所，由下列人員進駐：

1. 海巡署及內政部（空中勤務總隊）分別指派一名海上及空中作業指揮官。

2. 船東或油品事業機構代表。

3. 港口管理機關（構）代表。

4. 農委會漁業署代表。

5. 地方政府代表。

6. 環保署代表。

7. 國防部代表。

8. 其他指定機構之代表。

9. 交通部開設海難災害應變中心或環保署成立油污染緊急應變中心聘請之諮詢顧問。

(二) 海上油污染作業內容

請參考附件八－海上油污染應變要領，及海岸油污染作業內容相關事項。

四、商港應變

由商港管理機關（構）督導商港管理機構負責應變，依商港法相關規定辦理。

五、漁港應變

由漁港目的事業主管機關督導漁港管理機關，統籌漁港區域內之油污控制及清除處理相關事宜；其作業要領，參照海上及海岸油污染作業內容辦理。

六、工業港應變

由工業港目的事業主管機關督導工業港管理機構，統籌工業港區域內之油污控制及清除處理相關事宜，其作業要領，參照海上及海岸油污染作業內容辦理。

七、軍港應變

由軍港管理機關統籌軍港區域內之油污控制及清除處理相關事宜；其作業要領，

參照海上及海岸油污染作業內容辦理。

附件七 - 海岸油污染應變要領

附件八 - 海上油污染應變要領

玖、設施

器械設備之應用：

一、海洋油污染各應變機關（構）、油品事業機構、海岸管理機構、地方政府，應將應變作業所需之設備器材妥為備置，並應定期維護、保養、檢查。

二、各成員機關及目的事業機關，應依本計畫之任務分工，備妥相關設備、器材、工具。

三、各機關、單位、機構應定期將其保管之器具、設備、工具之細目及流向，通報環保署。

四、各成員機關及民間機構所購置之清除油污設備，得相互支援備用；外借紀錄，應妥為保存。

五、環保署應至少每年一次邀集相關機關，檢討全國海洋污染緊急應變所需之設備器材、品名、規格、數量，並由各權責機關、單位逐年編列預算購置。

壹拾、訓練演習

海委會應會同成員機關，自行或委託相關機關、機構或團體，辦理海洋油污染應變之訓練，其課程內容包括油污染事故之發現、監控、遏阻、回收、蒐證採樣、海岸線復原、影響評估、廢棄物處理及各種設備之使用等項目；並定期辦理應變作業之演練。

附錄二　重大海洋油污染緊急應變計畫之附件

附件一～附件八，請參見修正「重大海洋油污染緊急應變計畫」核定本，海洋委員會，
2021 年 1 月。

附錄三　海面油污體積之估算表

－水面油外觀、厚度與體積關係－

油型態 / 種類	顏色	大約厚度 mm	大約體積 m^3/km^2
油光澤	銀色	> 0.0001	0.1
油光澤	彩紅色	> 0.0003	0.3
原油 / 燃料油	黑色 / 暗棕	> 0.1	100
水於油中浮化	棕 / 橘色	> 1.0	1000

資料來源：International Tanker Owners Pollution Federation Ltd-Technical Paper

海盜之城「聖馬洛（Saint Malo）」，位於北法布列塔尼地區（Brittany），面臨英吉利海峽，自古以來即為法國重要海港，具有重要戰略地位。距離巴黎約360公里，離附近最大城市雷恩（Rennes）約80公里。以惡名昭彰的海盜而聞名於大航海時代，也是法國國王認可的國家海盜。海盜建立的聖馬洛，老城區蜿蜒的石板道路、雄偉的城牆、古老氛圍的建築物以及美麗的海灘景色，成為歐洲著名的度假勝地。聖馬洛的潮汐非常有名，每年會有幾次的大潮來襲，潮差可以達到13公尺。為了保護城市不被海水拍打毀損，17世紀時就設置了許多消波圍籬，以3000多支3～4公尺高的木樁圍成。（*Photo by Bao-Shi Shiau*）

聖馬洛（Saint Malo）的國家碉堡（Fort National）建於 1689 年，奉路易 14 世之命，由 Vauban 所設計，與周圍多個碉堡共同保護聖馬洛，免於英國及德國艦隊的侵擾。歷史上它從未被敵人攻陷過。（*Photo by Bao-Shi Shiau*）

法國埃特雷塔（Etretat），三座巨大的海蝕門如同站立於岸邊的大象，也為此處贏得了象鼻海岸的美名。絕美的海灣景色，連印象派大師莫內（Claude Monet）也為此著迷，在此繪製出了一系列的著名畫作；特殊且神祕的造型，更讓它在亞森羅蘋奇巖城小說中登場，成為了法國王室埋藏寶藏之處。照片為 Porte d'Aval 的海蝕門。（*Photo by Bao-Shi Shiau*）

照片為象鼻岩 Manneporte，其海石門的右側更為粗壯宏偉，彷彿是一頭白色
的猛瑪象。Manne 在古法文係指巨大壯觀之意，而 porte 為門。（*Photo by
Bao-Shi Shiau*）

第五章

海洋放流、鹵水排放、溫排水

5-1 廢污水之海洋處理

　　由於海洋含有巨大水體，因此廢水排入海中利用該等巨大水體，進行廢水混合（mixing）、稀釋（dilution）、擴散（diffusion）等物理過，再配合海流將混合稀釋擴散之廢污水進行傳輸與延散（dispersion），而達到經濟處理廢污水之目的。

　　為了減低排入之污水對海洋環境水體污染之衝擊，一般廢污水需先經污水處理廠進行處理後再排放。污水處理依其處理潔淨程度等級區分為一級、二級、及三級，至於處理廢污水時選擇那一等級，則視情況及事實需要與經濟等因素通盤考量而定。

　　前述處理過後之污水排放進入海域水體後之混合、稀釋與擴散等過程，均屬於物理性。一般為了達成第一階段混合稀釋擴散過程，可藉由渠道將污水由海岸邊排放入海；或置放於海底之放流管，而將污水在放流管末端以單孔或多孔等不同方式排入海中；此等行為即所謂海洋放流（ocean out-fall）。

　　海洋放流方式，可區分為 (1) 表面放流（surface discharge）：由渠道直接將污水由海岸邊排放入海。(2) 潛沒放流（submerged discharge）：將放流管置放於海底，污水加壓後由放流管末端以單孔或多孔等不同方式排入海。參閱圖 5-1 以及圖 5-2。

　　海洋放流位址之選定與設計，一般需要考慮下述三條件：

(1) 放流污水必須達到足夠之稀釋倍數。

(2) 放流污水中之細菌必須被消除至一定比例程度。

(3) 放流污水中之顆粒必須有一定程度之沉澱。

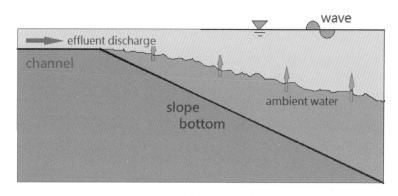

圖 5-1　表面放流示意圖

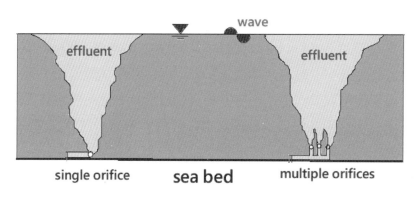

圖 5-2　潛沒放流示意圖

5-2 海水水體物理參數特性與水深關係

　　海水水體物理參數特性與水深變化將影響污水排放進入海水水體後混合稀釋之擴散力學變化，因此需要對海水水體物理參數特性做一了解，將有助於掌握污水排放後擴散之變化。

　　海洋約佔地球表面積之 70.8%，而一般平均而言，海水當中所含之鹽分為 35g/1000g，習慣上表示成 35ppt（parts per thousand by weight, ppt）或 35000ppm（parts per million by weight, ppm）。一般說來，海水密度與水溫度（T）、鹽度（S）、以及水壓（水深）有關係。在海洋學上，為了方

便起見，海水密度習慣上使用下式表示，

$$\sigma_t = (\text{density in } g/cm^3 - 1) \times 1000 \qquad (5\text{-}1)$$

或

$$\sigma_t = (\text{density in } kg/m^3 - 1000) \qquad (5\text{-}2)$$

　　因此海水密度為 $1.025g/cm^3$，或 $1025kg/m^3$，表示 $\sigma_t = 25$。上式之 σ_t 係為在標準大氣壓力之狀況下。若參考壓力改變而不是標準大氣壓力時，則 σ_t 需考慮因壓力而造成之影響變化，亦即 $\sigma_{s,t,p}$。水深每增加20m，σ_t 增加0.1 單位。海水水體密度與鹽度、溫度、及深度之關係，示如圖5-3。

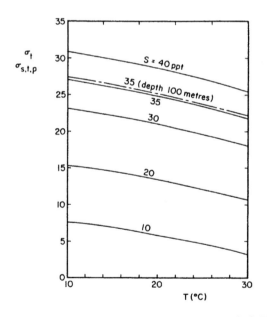

圖 5-3　海水水體密度與鹽度、溫度、及深度之關係

　　一般海洋放流管排放口深度（約 10m～75m），由圖 5-3 關係得知，在該深度範圍內，因此壓力改變（水深改變）而造成水體密度 σ_t 與 $\sigma_{s,t,p}$ 之差異非常小。

　　另外海水水體溫度、鹽度、密度也均隨水深而有不同變化。在水表面，由於日照以及風、浪等作用，因此在表層海水（約水面至水下十幾公尺左右）水溫均勻，而隨著深度增加，下層海水水溫遞減。參閱圖 5-4 在表層與下層海水之間，存在有一溫度轉換層，稱爲溫度躍層（thermocline）。在該層水溫隨深度增加而驟降，且該層深度位置隨季節地點有所變異。溫度躍層對於排放污水之擴散，有不利之影響。

　　由於受到降雨、或蒸發、或河水入流、或極地冰雪融化等淡水注入，將使得表層海水鹽度降低，而下層底部海水，則鹽度大致穩定，在表層與下層底部之間，則存在一過渡層，稱爲鹽度躍層（halocline），參閱圖 5-4。

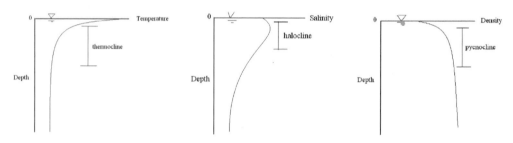

圖 5-4　由左至右分別爲溫度躍層（thermocline）示意圖、鹽度躍層（halocline）示意圖、密度躍層（pycnocline）示意圖

　　海水表層密度最低，但隨著深度增加，密度增加，至海底密度最大。在表層與下層之間，密度變化系經過一過渡段，稱爲密度躍層（pycnocline），參閱圖 5-4。

　　以上所述海水因溫度、密度、或鹽度，在水深（垂直方向）呈現明顯變化的水層，一般統稱爲海水躍層，參閱圖 5-5。在密度躍層中，若中上層密度大，而下層密度小，則海水浮力將由上至下減小，此處的潛艇將因爲浮力降低，往下沉，因此密度躍層又稱爲海中懸崖。海水躍層有利於潛艦的隱蔽及水下通信，若上層強度較小、深度較深、較穩定持久，會形成不規則的聲波反射，使得躍層之上的聲納系統不易探測到躍層之下的目標，導致反潛作戰困難。故而潛艦在作戰中，會尋找利用海水躍層進行隱蔽。

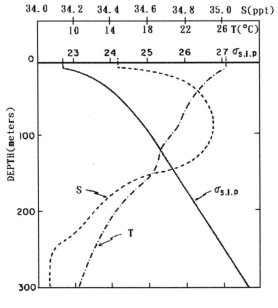

圖 5-5　鹽度、溫度、及密度與水深之關係

5-3 放流廢水特性與處理

　　未經處理之廢水，一搬來自於都市生活廢水、商業或工業廢水。都市生活廢水中主要含有細菌、懸浮顆粒、有機物質、以及含磷（P）氮（N）類之無機物質。而商業或工業廢水除了上述物質外，還包含重金屬等污染物。

　　為了減低直接將未處理之污水排入海中造成海洋環境污染，上述污水一般先以污水下水道蒐集匯流至污水處理廠，進行各等級之處理後，再以放流管排入海中，進行海洋放流，以稀釋污水，達到海洋放流之目的。污水在處理廠之處理過程，一般可分成物理性、化學性、以及生物性等方面處理，分述如下：

1. 物理性處理
(1) 沉澱過濾
(2) 浮除

2. 化學性處理

(1) 化學沉澱

(2) 酸鹼中和

(3) 氧化還原

(4) 化學混凝

(5) 離子交換

(6) 消毒殺菌：最常使用氯

3. 生物性處理

(1) 好氧性處理

在反應槽中供氧，使廢水有機物（e.g. 碳水化合物、蛋白質、脂肪）被好氧性微生物分解成穩定物質的方法。

$$有機物（含 C, N, S）+ 微生物 + O_2 \rightarrow 微生物細胞 + CO_2 + H_2O + NO_3^- + SO_4^{2-}$$

$$（5\text{-}3）$$

(2) 厭氧性處理

在密閉反應槽（缺氧狀態）中，使廢水中的複雜有機物被厭氧性微生物分解成穩定物質的方法由酸性生成菌及甲烷菌分二階段完成。

$$有機物 + 結合氧（如 NO_3^-，SO_4^{2-}）\xrightarrow{\text{酸性生成菌}}$$
$$酸性細胞 + 有機酸 + CO_2 + H_2O + NH_3 + H_2 \xrightarrow{\text{甲烷菌}} 甲烷菌細胞 + CO_2 +$$
$$CH_4 + H_2S$$
$$（5\text{-}4）$$

(3) 懸浮生長式

用來分解有機物之微生物，在反應槽中保持懸浮狀態生長的方法。

(4) 接觸生長式

用來分解有機物的微生物，在反應槽中附著在惰性物質上生長之處理方法。

經前述各種方式處理後，產生之污泥處置為：

係利用，$\left.\begin{matrix}濃縮\\消化\\脫水\end{matrix}\right\}$ 而達到 $\left\{\begin{matrix}減量\\安定\\安全\end{matrix}\right.$ 之功效，

而污泥處置目的：

(1) 減少污泥體積重量，利於最終處置。

(2) 變成穩定有機物、無機物，合於衛生安全。

(3) 去除污泥之致病菌、寄生蟲。

(4) 做肥料，改良土壤。

1. 污泥生物穩定處理（Sludge Biological Stabilization）

方法有：

(1) 厭氧消化法 15-30 天，

(2) 好氧消化法 10-15 天

2. 污泥其他穩定處理方法

(1) 化學氧化：加入化學藥劑 e.g. cl_2 控制污泥腐敗，減少病原菌，惡臭。

(2) 石灰穩定：加入石灰，使 PH $\geq$ 12 減少污泥腐敗惡臭。

(3) 濕式氧化：污泥於高溫（150-325°C）高壓（2069-20690 KPa）下於液相狀態下焚化。

(4) 熱解：污泥於 300-700°C下以氧氣進行熱分解。

3. 污泥調理（Sludge Conditioning）方式

(1) 污泥淘洗

利用鹼度偏低之水或放流水，洗滌污泥，以減少鹼度，袪除膠狀物質。

(2) 化學調理

加入化學藥劑，增強污泥顆粒膠羽化。

(3) 熱處理

污泥加熱至 140-200°C，使污泥本質破壞，而易於過濾，濃縮及脫水。

4. 污泥脫水方式：

(1) 真空過濾。

(2) 加壓過濾。

(3) 離心脫水。

(4) 滾壓脫水。

　　最後污泥之處置：經脫水後，污泥含水量可降至 70% 以下，而形成污泥餅。污泥餅可當作土地改良劑，衛生掩埋場覆土材料。而化學性污泥則經固化處理後，再行海拋或填地。

5-4 污水海洋放流之水力特性

　　放流管在末端將污水排放入海，排放口方式有 (1) 單孔，及 (2) 多孔。二者差別在單孔設計簡單、工程費用較省；而多孔則於排放後在近域之污水混合稀釋倍數較高與效率較佳，但設計較繁複且工程費較高。

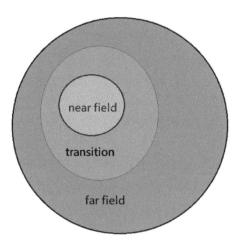

near field

transition

far field

圖 5-6　擴散之物理過程示意圖

　　污水經放流口排放後，其與環境水域混合及擴散之有關物理過程可分為近域（near field）、轉換區（過渡區）（transition）、及遠域（far field）

等三部分，參閱圖 5-6。放流之污水經近域之混合，再經轉換區（過渡區）
而至遠域之輸散，而降低污水濃度。

總括來說，於海洋放流過程中，影響放流流體的混合與輸散的因素可歸
納爲下類數項：

(1) 起始動量的作用

起始動量爲放流排放的驅使動力，爲主宰放流口附近射流場變化的主
要因素，其機制係藉由射流本身與周遭水體間速度的差異形成的紊流剪力作
用，將周遭水體捲增進入射流體而發生混合的現象。一般來說，起始動量愈
大可使射流的發展愈遠，換言之，近域的效應持續愈久。

(2) 浮昇作用

通常由放流口排放的放流污廢水的密度與周遭放流海域水體的密度是
不相等的：大致來說，即使放流的污廢水係由混合處理過的污水與消化污泥
混合而成，此混合液的密度僅與淡水相當，或是稍微大於淡水的密度，但是
比起海水則輕約 2.6%。由於具有密度的差異，將促使排放出的放流水體受
到浮力的作用而向上浮昇，因而增加與周遭水體捲增與混合，此即爲浮昇作
用。

(3) 密度層變的作用

海洋中的海水受到太陽直接照射其與大氣接觸的液面，由於太陽輻射熱
的影響使得海洋沿深度方向的含鹽量與溫度都有顯著的變化，因而使得海水
中的密度形成層層變化的不均勻分布。海水深度向的密度層變將影響射流的
浮昇與發展，即當排放出的污廢水受浮力上昇並與周遭水體混合時，因受密
度層變的影響浮昇將受到限制，會使射流體停滯於水面下某一深度。一般來
說，射流浮昇的高度受密度層變大小的不同而有差異。

(4) 海流的作用

由於受到風引致的波浪作用與潮汐作用，以及地球自轉等因素的影
響，海洋中的海水通常不是靜止不動的，而是具有水流速度的流動。對於射
流體來說，其承受的周遭水體流動所形成的影響，係會直接造成射流軌跡的
偏折，同時亦會促進射流體與周遭水體間的混合與輸散的效應。

以下分別說明近域與遠域之水力特性分析，另外以基隆和平島污水處理廠污水海洋放流為數值模擬近域與遠域擴散之案例。

(一) 近域

由排放管線末端將污水排入海中，由於污水與週遭海水密度差異，因此污水團受到上升浮力，往上浮升，同時也藉由捲增（entrainment）之力學機制，將週遭海水捲進污水團進行混合稀釋，稀釋後污水團擴大，但密度增加，因此整格混合污水團與週遭海水密度差異變小，故而受到之浮力也減小，最終達到平衡，污水團不上上升，此時污水團之浮升高度稱為平衡高度，或稱最終上浮高度。由初始排放至達到最終上浮高度，稱為污水團之近域（near field）混合稀釋。此後污水團受海域水流流場傳輸（flow transport）與污水團分子紊流擴散（turbulent diffusion）控制，進行污水擴散，稱為遠域（far field）擴散或延散（dispersion）。在近域與遠域之間，稱為轉換區或過渡區。

影響近域之污水混合擴散，相關力學因素包括有：
(1) 污水排放起始動量（initial momentum）作用
(2) 海域水體浮昇力（buoyant force）之作用
(3) 海域水體密度層變（density stratification）之作用
(4) 海流之作用

一般對於海洋放流後，其所形成浮升射流（buoyant jet or plume）在近域之分析，係將採用積分法（integral method）處理起始動量引發之浮昇射流。對於射流各斷面之速度與濃度分布，與以假定，並由水槽進行實驗確認。引用捲增（entrainment）觀念，將方程式對於浮昇射流斷面積分，從而建立數值模式計算出各斷面上之相關物理量，包括濃度等之變化及影響範圍。

近域分析時，將需考慮以下之參數，包括有：
(1) 放流管之深度
(2) 水域之密度層變分布

(3) 放流管之流量

(4) 放流污水之密度

(5) 放流污水之濃度

(6) 海域水體之流速

(7) 放流口之排放角度

例題　若密度為 ρ 之甲流體被另一較大密度 ρ_0 之乙流體包圍，請證明每單位質量之甲流體所承受之淨浮力為 $\dfrac{\rho_0 - \rho}{\rho} g$。此處 g 為重力加速度。

證明：

$$\because F_B = (\frac{1}{\rho})\rho_0 g = \frac{\rho_0}{\rho} g \tag{5-5}$$

$$F_W = (\frac{1}{\rho})\rho g = g \tag{5-6}$$

$$\therefore 淨浮力 = F_B - F_W = \frac{\rho_0}{\rho} g - g = \frac{\rho_0 - \rho}{\rho} g \tag{5-7}$$

簡易浮升射流水力特性分析

污水經由海洋放流管排入海中水體後，形成浮升射流型式。若考慮圓形管徑為 D 之水平射流排入均質水體中，參考示意圖 5-7。

今定義 $g' = g \dfrac{\rho_0 - \rho}{\rho}$，則浮升射流中心軸在水表面之稀釋倍數 S_0，與水深 Y，排放管之排放口孔徑 D，g'，排放口污水排放速度 V 有關，故寫成函數式如下：

$$S_0 = f(Y, D, g, V) \tag{5-8}$$

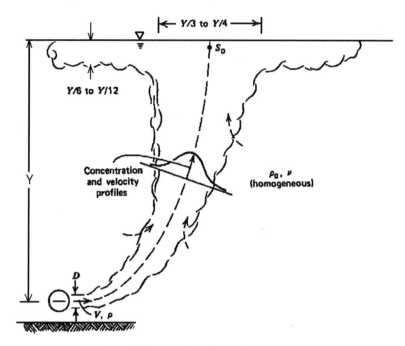

圖 5-7 均質環境水體中單管放流之分析

　　應用流體力學之因次分析（dimensional analysis）方法，可將上述函數式改寫成無因次參數（dimensionless parameter）組合如下，

$$S_0 = G(Fr, \frac{Y}{D}) \tag{5-9}$$

式中無因次參數福祿數（Froude number）為 $Fr = \dfrac{V}{\sqrt{g'D}}$。

　　利用水槽實驗，可將上式函數關係定出，並繪圖如圖 5-8。

　　圖 5-8 顯示之實驗結果，吾人發現：

(1) 當設計給定污水排放流量與排放孔口徑，亦即福祿數 F_r 給定，則水深 Y/D 增加時，在水表面之射流中心軸之稀釋倍數 S_0 增加。

(2) 若放流管幾何形狀（包括排放孔口徑、水深等）已定，亦即 Y/D 決定，則排放量（亦即福祿數 F_r）增加，水表面之射流中心軸之稀釋倍數 S_0 遞

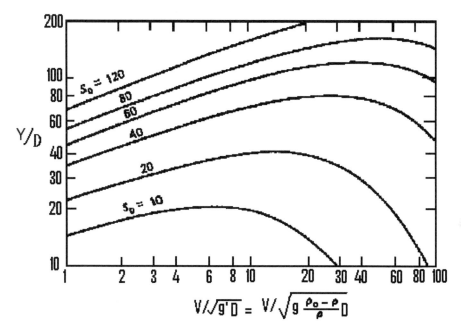

圖 5-8　放流水稀釋與水深及排放速度之函數關係圖

減。但排放量（亦即福祿數 F_r）增加至某一程度時，則反之，即排放量增加，水表面之射流中心軸之稀釋倍數 S_0 也隨之增加。

例題　有一放流管排放口徑 2m，放流口處水深 30m。該放流管污水排放量為 6m³/s 污水密度 1.000g/cm³，排放口處環境海域之海水密度為 1.025g/cm³。試問：

(1) 當放流污水混合稀釋後，到達水表面時，在該處之射流中心軸線稀釋倍數 S_0 為何？

(2) 今若欲達到水表面射流中心軸線 60 倍之稀釋倍數，則放流管線之放流口水深需為多少公尺？

解答：(1)　$Y = 30$m　$\rho_0 = 1.025$g/cm³

因為 $D = 2$m　$\rho = 1.000$g/cm³

$Q = 6$m³/s　$g = 9.8$m/s²

所以 $V = \dfrac{Q}{A} = \dfrac{6\dfrac{m^3}{s}}{\dfrac{\pi}{4} \times (2m)^2} = 1.91\dfrac{m}{s}$

$Fr = \dfrac{V}{\sqrt{g\dfrac{\rho_0 - \rho}{\rho}D}} = \dfrac{V}{\sqrt{9.8\dfrac{m}{s^2} \times \dfrac{1.025\dfrac{g}{cm^3} - 1.000\dfrac{g}{cm^3}}{1.000\dfrac{g}{cm^3}} \times 2m}} = 2.73$

因為 $\dfrac{Y}{D} = \dfrac{30m}{2m} = 15$

查圖 5-8 得稀釋倍數 $S_0 \approx 8$

(2) 若 $S_0 = 60$，

而 $Fr = 2.73$

查表 $\dfrac{Y}{D} \approx 62$

所以 $Y = 62D = 62 \times 2m = 124m$

上述為單孔且環境海域水體密度為均勻之狀況下之海洋放流後形成之浮升射流水力特性分析，而實際上若考慮較複雜之狀況，例如環境海域水體為密度層變流、或海流橫流效應等；亦或排放方式為多孔射流型式；甚至考慮紊流現象，則浮升射流問題將更形複雜。一般係直接由浮升射流之質量、動量守恆方程式推導其控制微分方程式，即連續與 Navier Stokes 運動微分方程式，配合一些假設，求解微分方程式。目前最常使用數值方式，以電腦程式計算求解。

有關海洋放流管之單孔、或多孔排放擴散管排放後形成之浮升射流水動力特性分類，詳細可參考 G. H. Jirka, and R. L. Doneker（1991），與 G. H. Jirka, and P. J. Akar（1991）。

(二) 遠域

近域混合完成後，經轉換區之過渡段，進入遠域階段之擴散。放流污水

在遠域之擴散，受到週遭水域之水流、紊流混合擴散係數等之影響。將以質量守衡，而推導出之三維（three dimension）擴散方程式爲基礎，

$$\frac{\partial C}{\partial t} + U\frac{\partial C}{\partial x} + V\frac{\partial C}{\partial y} = K_x\frac{\partial^2 C}{\partial x^2} + K_y\frac{\partial^2 C}{\partial^2 y} + K_z\frac{\partial^2 C}{\partial^2 z} \qquad （5\text{-}10）$$

配合邊界條件，形成系統控制方程組。此處 C 爲污水濃度；U, V 爲主流向 x 與側向 y 之平均流速 directions, respectively. W 爲在垂直向 z 之速度，一般均小於 U 和 V，故與以忽略。K_x，K_y，與 K_z 爲在 x，y，及 z 方向之擴散係數。

利用動差法（moment method），將擴散方程式轉換爲動差方程式（moment equation），

$$C_{kl}(z,t) = \int_{-\infty}^{\infty}\int_{-\infty}^{\infty} C(x,y,z,t)x^k y^l dxdy \qquad （5\text{-}11）$$

此處 k, l 爲動差階數。各動差階數均代表相對應物理意義。0 階爲（$k = 0$，$l = 0$）污水中污染總量 M。

$$C_{00} = \int_{-\infty}^{\infty}\int_{-\infty}^{\infty} Cx^0 y^0 dxdy = M \qquad （5\text{-}12）$$

污水擴散團之形心爲（X_c, Y_c），分別由下式求得。

$$X_c = \frac{C_{10}}{C_{00}} \qquad （5\text{-}13）$$

$$Y_c = \frac{C_{01}}{C_{00}} \qquad （5\text{-}14）$$

污水擴散團之變異數（σ_x^2, σ_y^2）互相關變異數（σ_{xy}^2）可由二階與一階及零階動差（$k = 0, l = 2$, or $k = 1, l = 1$, or $k = 2, l = 0$）求得如。

$$\sigma_x^2 = \frac{C_{20}}{C_{00}} - X_c^2 \qquad （5\text{-}15）$$

$$\sigma_y^2 = \frac{C_{02}}{C_{00}} - X_c^2 \tag{5-16}$$

$$\sigma_{xy}^2 = \frac{C_{11}}{C_{00}} - X_c Y_c \tag{5-17}$$

利用上述動差統計量可幾算求得污水團濃度擴散變化。

$$C(x, y, z, t) = \frac{M}{2\pi\sqrt{\sigma_x^2\sigma_y^2 - \sigma_{xy}^4}} \exp\{-\frac{\sigma_x^2\sigma_y^2}{\sigma_x^2\sigma_y^2 - \sigma_{xy}^4}[\frac{(x-X_c)^2}{2\sigma_x^2} + \frac{(y-Y_c)^2}{2\sigma_y^2} \tag{5-18}$$
$$-\frac{\sigma_{xy}^2(x-X_c)^2(y-Y_c)^2}{\sigma_x^2\sigma_y^2}]\}$$

以動差操作子（moment operator）如（5-11）式之定義，對（5-10）式操作轉換，污水擴散團擴散方程式將轉換如下：

$$\frac{\partial C_{k,l}}{\partial t} - kUC_{k-1,l} - lVC_{k,l-1} = k(k-1)K_x C_{k-2,l} + l(l-1)K_y C_{k,l-2} + K_z \frac{\partial^2 C_{k,l}}{\partial^2 z}$$
$$\tag{5-19}$$

配合邊界條件如下：

$$\frac{\partial C_{k,l}}{\partial z} = 0 \tag{5-20}$$

依上示可找出六條方程式，構成系統控制方程組。再以差分方式進行數值解。

(三) 基隆市和平島污水處理廠海洋放流數值模擬案例

基隆市將家庭污水及事業廢水，經由收集至污水廠處理後，規劃以海洋放流，期以達到下列的目標：1. 提昇基隆市計畫區內生活環境品質。2. 防治基隆各水系污染，使達河川丙類水體標準。3. 防治基隆港灣污染，使內海達海域乙類水體標準，外海達甲類水體標準。

污水處理廠建於和平島濱海處，而處理後污水，原先計畫以海洋放流

方式處理，以達到排放後廢污水之稀釋與擴散目的及功效。現今水處理廠改爲水資源回收中心，強化水質處理等級，處理後水體主要以回收水使用爲目的。當若有需要排放時，則改以表面放流於廠區旁之海域。

有關和平島海洋放流的基本資料如下：(1) 放流管資料：放流管內徑 1 – φ 1200mm DIP，放流管長 75m。(2) 全期流量：平均日流量爲 127,000 CMD。(3) 最大日流量：292,100 CMD。(4) 放流速度：全期最大流量時，放流管中流速爲 2.989m/sec，符合大於設計標準流速（0.6m/sec～0.8m/sec）的限值。(5) 放流水濃度：放流水之水質中 SS 含量，原設計爲 30mg/l，於計畫施行時檢核爲 17.8mg/l，符合民國八十七年與八十九年訂定之放流水標準 30mg/l。

關於基隆市和平島污水處理廠海洋放流數值模擬案例，應用前述近域及與遠域數學模式方法分析，建立數值模式計算，詳細參閱楊、蕭、許（2008 a,b），以及 Shiau & Yang（2002）。該數值模擬範圍參閱圖 5-9，該區域海域之海底地形等水深分布圖，示如圖 5-10。

數值模擬計算包括近域及遠域兩部分。近域係以單孔射流模擬污水排放之狀況，主要計算其最大稀釋倍數，與浮昇射流之高度，以及浮昇射流半徑大小。數值模擬排放口設置在不同海低深度之各種條件，結果示如表 5-1。

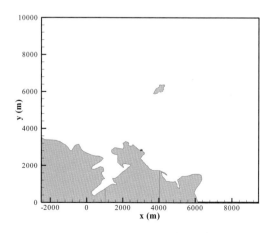

圖 5-9　基隆市和平島污水處理廠海洋放流評估區域圖

表 5-1　排放口置於不同水深條件下之稀釋結果

排放口位置之水深 （m）	稀釋倍數 （Dilution）	浮昇射流最終上浮高度 （平衡高度）（m）	浮昇射流半徑 （m）
30	146	18.37	13.83
50	389	30.70	22.75
60	569	28.47	27.57

HI

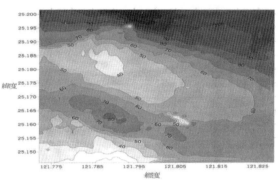

圖 5-10　基隆和平島基隆嶼間海域之海底地形等水深分布圖

　　遠域之模擬計算，其計算區網格切割如圖 5-11。遠域擴散傳輸之速度，係其採該海域之實測流速時間序列資料（2000 年 7 月 21 日上午 8 點至下午 6 點），參閱圖 5-12。

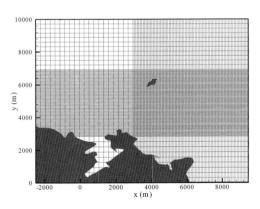

圖 5-11　遠域模擬之計算網格切割

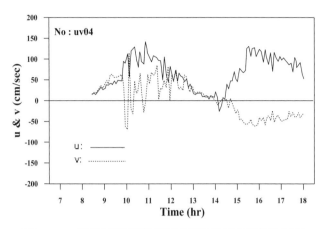

圖 5-12　和平島附近海域表面海流速度時間序列

　　模擬排放污水稀釋後，其在遠域之擴散傳輸之時間變化，示如圖 5-13～圖 5-16。其中圖 5-13 與圖 5-14 為排放口在水深 30m 處之案例，分別在實測流速時間序列開始後，3 小時與 9 小時之污水團於表層與水面下 10m 處之濃度分布圖。而圖 5-15 與圖 5-16 則為排放口在水深 60m 處之案例，分別在實測流速時間序列開始後，3 小時與 9 小時之污水團於水面下 10m 及 25m 處之與濃度分布圖。

5-5 海洋放流工程設計原則

　　當進行海洋放流工程設計時，首先要考慮下列條件
(1) 放流位置。
(2) 放流管長度，亦即放流口處水深。
(3) 放流口幾何特性。
　　工程設計之原則，主要在於污水放流後需達到下述目的
(1) 足夠之稀釋倍數
(2) 一定比例以上之有機體生物被消減。

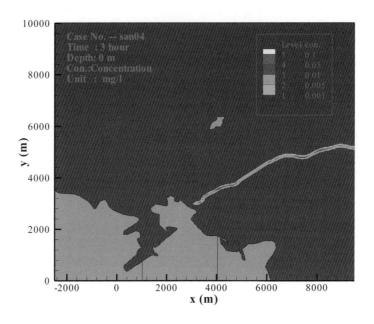

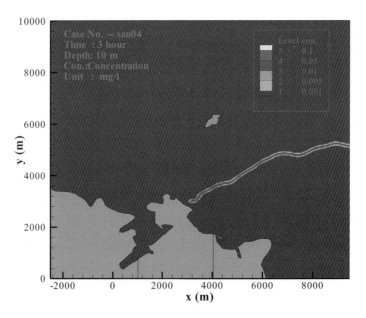

圖 5-13　排放口在水深 30m 處之案例，分別在實測流速時間序列開始後 3 小時之污
　　　　水團於表層與水面下 10m 處之濃度分布

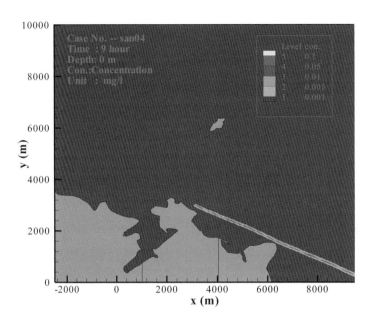

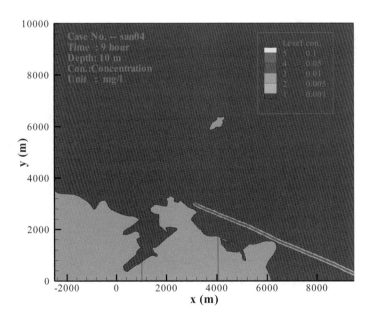

圖 5-14   排放口在水深 30m 處之案例,分別在實測流速時間序列開始後 9 小時之污
水團於表層與水面下 10m 處之濃度分布

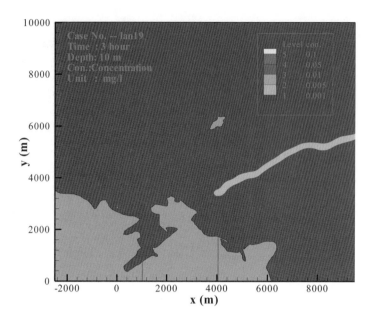

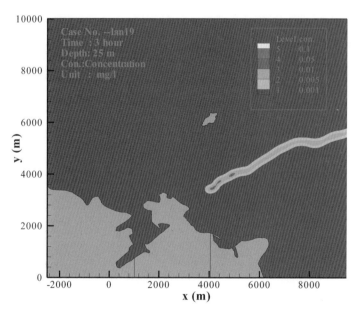

圖 5-15　排放口在水深 60m 處之案例，分別在實測流速時間序列開始後 3 小時之污
水團於水面下 10m 及 25m 處之濃度分布

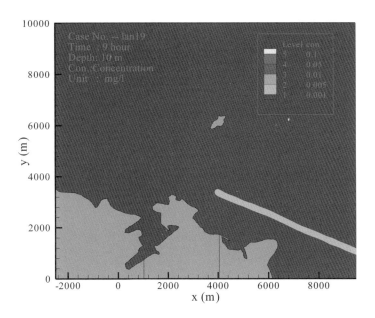

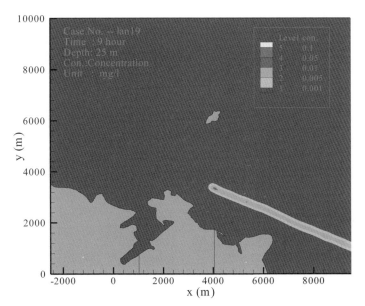

圖 5-16　排放口在水深 60m 處之案例，分別在實測流速時間序列開始後 9 小時之污
　　　　水團於水面下 10m 及 25m 處之濃度分布

一般有機體生物指標為大腸菌（coliforms），其隨時間 t 被消減死亡情形為一階常微分型式：

$$\frac{dC}{dt} = -k_c C \qquad （5-21）$$

此處 k_c 為死亡係數（die-away coefficint）。亦即大腸菌濃度與時間關係：

$$C = \exp(-k_c t) \qquad （5-22）$$

進行海洋放流工程規劃時，應蒐集污水放流管排放口附近海域資料，亦即在排放口附近設一系列觀測站，且蒐集數據資料至少包括一年四季。觀測蒐集資料包含有：

(1) 風速、風向：

包括每小時、每天、每季。

(2) 海圖：

例如：海域水下等深圖。

(3) 局部海底地質。

(4) 波浪統計。

(5) 海流。

(6) 海域擴散係數與有機體生物死亡係數。

(7) 水質參數：

例如：水溫、鹽度、溶氧、生化需氧量、濁度、浮游生物種類、大腸菌數目等。

(8) 海域底泥特性：

例如：海底底泥有機物成分、底泥化學成分等。

5-6 國內外海洋放流簡介

國外，例如美國加州洛杉磯地區之海洋放流管相關簡要資料，示如下表 5-2：

表 5-2　美國加州洛杉磯地區之海洋放流管相關簡要資料（Grace, 1978）

Operator	Location	Num-ber	Date	Extension date	Pipe size (mm)	Material	Approximate length (m)	Approximate discharge depth (m)	Design capacity (m³/s)
LosAngels	Hyperion (El Segundo)	1	1984		610	Cast iron	200		
		2	1904		762		300		
		3	1908		864	Wood stave	300		
		4	1918		1372	Wood stave	600		
		5	1925		2134	RCP	1700	17	
		6	1948		3658	RCP	1600	18	10.7
		7	1959		3658	RCP	8400	61	
LosAngels	Whites Point	1	1937		1524	RCP	1400	33	3.9
		2	1947	1953	1829	RCP	2000	47	6.6
		3	1956		2286	RCP	2400	63	11.4
		4	1964		3048	RCP	3600	58	
Orange County	Newport Beach	0	1924		1067	Cast iron	600	9	
		1	1953		1981	RCP	2100	17	4.4
		2	1970		3048	RCP	8400	59	12.8

　　另外國外，例如土耳其伊斯坦堡（Istanbul, Turkey），2003 年正在施工中之海洋放流管，示如圖 5-17，圖 5-18。放流管主管直徑 2.2 公尺，放流段係採多孔排放設計。

　　臺灣現有水海洋放流管，包括中洲海放管、左營海放管、大林浦海放管、急水溪海放管、以及八里海放管。其中台北八里海洋放流、高雄中洲海洋放流，皆是排放都市生活廢水。其他放流管主要是排放工業區廢水。

圖 5-17　伊斯坦堡之海洋放流工程之多孔排放管施作（*Photo by Bao-Shi Shiau*）

圖 5-18　伊斯坦堡之海洋放流工程之排放主管照片，直徑 2.2 公尺（*Photo by Bao-Shi Shiau*）

　　八里海洋放流管位於台北八里鄉淡水河口南岸挖子尾附近海域，自八里污水處理廠放流抽水站出水口以西北方向向外海延伸。放流管工程包括有：(1) 放流本管：管徑 3.6 公尺，長度 5160 公尺。(2) 擴散管：管徑計分有 3.6 公尺、3.0 公尺與 2.4 公尺，共長 1500 公尺。(3) 豎管：內徑 0.45 公尺，長至少 4 公尺，共 50 支。每支豎管有 6 個水平放射之擴散孔，其口徑為 135 毫米。(4) 沖洗口一座。(5) 阻隔牆兩座，陸上、海中各一座。(6) 人孔五座，陸上一座，海中四座。(7) 永久性警告浮標八座。

　　另外基隆市政府在和平島興建污水處理廠，係為二級處理廠，日處理平均量為 120,000CMD，而最大日處理量為 192,000CMD。經二級處理後之水質可去除 BOD_5 之 90%，濃度達到 25mg/l 以下。原先海洋放流係規劃採用潛沒式方式排放，現今處理廠處理後之污水，主要做為回收水使用，若有排放則改以表流方式排放至廠區附近海域。

5-7 海水淡化廠排放廢水特性

　　在臨海地區但淡水資源匱乏，應用海水淡化（desalination）之技術，以取得淡水，是必須採取之手段。淡化之技術包括：蒸餾（distillation）、薄膜（membrane）、冷凍（freezing）、以及離子交換（ion exchange）等幾種方法。

　　目前商業化的海水淡化製程方式，主要採用：(1) 加熱（蒸餾）法，(2) 薄膜法。

　　加熱法製程原理係將海水（鹹水）加熱蒸發，然後再行冷凝，冷卻後即可以分離鹽分。加熱製程技術可分為：(1) 多效蒸發，(2) 多級閃沸，(3) 蒸氣再壓縮法。加熱法需要耗用大量的熱能，一般會採用與火力發電廠共構方式，可應用電廠汽輪機排放的低壓蒸氣做為較為價廉與量大的熱源。

　　薄膜淡化操作之技術則是主要以逆滲透法（reverse osmosis, RO）進行，這是目前海水淡化技術的一個新主流。逆滲透法是利用只容許溶劑穿透過薄膜，而溶質無法穿透過薄膜，藉此將海水與淡水分隔開。逆滲透法盛行

的因素爲：(1) 耗能較低，(2) 建廠快速，(3) 運轉操作較簡易，(4) 建廠成本與產水成本均相較其他製程低廉。

淡化後之鹵水排放（brine effluent），由於其溫度、鹽度、溶氧、以及重金屬與化學添加物，均將對排放海域水質及海洋生態環境造成衝擊，嚴重影響排放區域之海域生態與漁業。

海水淡化廠採用之設計方式，較常見有：蒸餾式海水淡化廠與逆滲透式海水淡化廠。

蒸餾式海水淡化廠需耗用較多能源，且爲避免因處理過程中之高溫所引生之管路結垢與熱交換器之腐蝕等問題，經常需要 添加結垢抑制劑，或添加酸性藥品以抑制垢之生成。另外輸水管路與熱交換器爲防止腐蝕及避免降低熱效率，其所選用材質主要爲含銅與鎳等成分。因此淡化廠之排放廢水也將含有化學藥劑及重金屬離子等成分。

逆滲透式海水淡化廠其需消耗能源相較於蒸餾式少了許多，但處理過程中逆滲透膜會因積垢現象而降低淡水產能，甚至破壞逆滲透膜，使之無法進行逆滲透。造成逆滲透膜積垢之因素有：(1) 懸浮固體物之積垢，(2) 金屬氧化物沉澱，(3) 懸浮物凝聚積垢，(4) 膜表面積垢，(5) 水中微生物積垢。此等積垢問題，可藉由添加氯、酸性物質、或福馬林等物質來控制。

綜上所述，蒸餾式海水淡化廠之排放水之溫度、鹽度、密度、以及銅離子濃度，均較淡化處理前之排入水爲高，但水中溶氧則是較低。逆滲透式海水淡化廠之排放水之鹽度、密度、以及鈣離子濃度均較淡化處理前之排入水爲高，但不會有高溫、重金屬（銅離子）濃度增高、以及溶氧濃度降低之問題。

5-8 海水淡化廠鹵水排放之擴散特性

由於海水淡化廠排放廢水主要爲鹵水（brine water）（高鹽度之水體，鹽度可達 44.75o/oo，比重可達 1.20），其中可能含有重金屬或其他化學添加物。由於該等排放之鹵水密度均較週遭環境水體密度爲大，稱爲重質液體

（heavy liquid or dense liquid）。

　　重質液體排放後之擴散行為與一般污水處理廠之海洋放流廢水排放後所形成之浮昇射流（buoyant jet）不同，此係由於重質液體密度大於排放週遭環境水體密度，因此鹵水排放後形成負浮昇射流（negative buoyant jet）。圖 5-19 所示為均質靜止環境水體下之重質液體排放所形成之負浮昇射流示意圖。

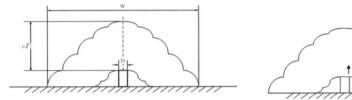

圖 5-19　均質靜止環境水體下之重質液體排放所形成之負浮昇射流示意圖

　　基本上重質液體例如滷水排放至海域水體，將呈現負浮昇（negative buoyancy）之形式，負浮昇之現象係於開始排放時因具有動量，因此具有上升流（up-flow）之形式，接著因排放之液體密度大於週遭水體，當上升流之動量不足以與重力抗衡時，則重力主控形成往下之向下流（down-flow），並觸及底床往四周之水平方向流動（圖 5-20）。因此其形狀變化、稀釋及濃度擴散特性異於一般廢水排放所呈現之浮昇射流或羽昇流（buoyant jet or plume），其擴散變化特性基本上也與一般海洋放流廢水之污染擴散特性有極大之差別。

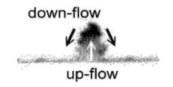

圖 5-20　重質液體在靜止均質環境水體垂直排放示意圖

　　對於均質靜止（無橫流）環境水體垂直排放之最終高度 Zm 的研究觀察，可回溯到 1966 年 Turner（1966）利用矩形水槽注滿清水，在水槽中置放一垂直向上噴嘴，使高濃度鹽水由噴嘴向上噴出形成負浮昇射流，再對射流的浮昇高度加以量測。他由觀察中指出此浮昇高度有其最大值 Z_m（最終高度），可藉由因次分析得知，此極限高度主要受控於比動量通量 M 與比浮昇通量 B，若噴嘴為圓管則其關係式如下：

$$Z_m = CM^{3/4}B^{-1/2} \qquad (5\text{-}23)$$

$$M = \frac{\pi D^2 V^2}{4} \qquad (5\text{-}24)$$

$$B = \frac{\pi D^2}{4} Vg\left|\frac{\Delta\rho}{\rho_i}\right| \qquad (5\text{-}25)$$

其中 V 為噴嘴出口流速，g 為重力加速度，$\Delta\rho$ 為初始射流密度與環境流體密度之密度差，ρ_i 為射流的初始密度，D 為噴嘴直徑，C 為常數，其值經實驗觀測趨近於 1.85。若在圓管噴嘴情況下，可引入密度福祿數 Fr，

$$Fr = \frac{V}{\sqrt{g\left|\dfrac{\Delta\rho}{\rho_i}\right|D}} \qquad (5\text{-}26)$$

則（5-23）式可改寫成

$$\frac{Z_m}{D} = 1.74Fr \qquad (5\text{-}27)$$

繼 Turner 之後，許多學者便開始對重質液體的行為從事研究。Fan & Brooks（1966）針對在靜穩大氣中負浮昇射流進行實驗，他以 Turner（1966）的模式，推導出最終高度：

$$\frac{Z_m}{D} = 1.9Fr \qquad (5\text{-}28)$$

Abraham（1967）假設在近射流出口處呈正捲增，而在接近平均射流高度處呈負捲增。藉此他獲得重質射流最終高度為：

$$\frac{Z_m}{D} = 1.94 Fr \tag{5-29}$$

同樣的，Cederwall（1968）指出一重質射流在均勻的環境水體中垂直射出，在浮力與初始動量相抗衡的狀況下，只要射流的垂直動量足夠維持正捲增的狀況，會產生一最終高度，而其公式寫成：

$$\frac{Z_m}{D} = 2.9 Fr^{0.67} \tag{5-30}$$

Zeitoun（1970）等從事同樣垂直重質射流之研究。所得到在均質環境的狀態下，最終高度公式為：

$$\frac{Z_m}{D} = 1.72 Fr \tag{5-31}$$

　　對於環境水體為靜止且為密度層變（density stratification）之狀況時，圖 5-21 所示為重質液體之垂直排放於該兩層密度層變水體之示意圖。定義兩層密度層變參數 $\varepsilon' = (h_L/h_u)(\rho_L/\rho_u)$ h_L 為下層水體深度；h_u 為上層水體深度；ρ_L 為下層水體密度；ρ_u 為上層水體密度。Shiau and Tsai（2006）之實驗分析在不同兩層密度層變條件下，重質液體射流最終高度 Zm 與密度福祿數之關係，結果整理是如表 5-3。表中 L_m 與 L_q 分別為重質液體射流動兩與浮量長度尺度，其中 $L_m = M^{3/4}/B^{1/2}$，$L_q = Q/M^{1/2}$。此處 M 為比動量（specific momentum）$M = Q \times U_0$。B 為（specific buoyancy），$B = Q \times g(\rho_i - \rho_a)/\rho_a$。$Q$ 為管徑為 D 之圓管排放流量，$Q = (\pi D^2) \times U_0/4$。密度福祿數之範圍 $1 \sim 100$。

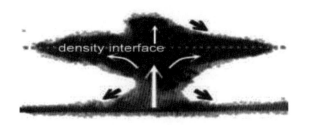

圖 5-21　重質液體在環境水體為靜止且為密度層變時之垂直排放示意圖

表 5-3　在不同兩層密度層變條件下，重質液體射流最終高度 Z_m 與密度福祿數之關係

兩層密度層變 （Two-layer density stratification）	重質液體射流最終高度 （Terminal height of the heavy liquid jet）
$\varepsilon' = 1.2500$	$\ln(Z_m L_m L_q / D^3) = 2.054\ln(F_r) + 0.564$
$\varepsilon' = 1.2875$	$\ln(Z_m L_m L_q / D^3) = 2.023\ln(F_r) + 0.248$
$\varepsilon' = 1.3125$	$\ln(Z_m L_m L_q / D^3) = 1.970\ln(F_r) + 0.561$
$\varepsilon' = 1.3750$	$\ln(Z_m L_m L_q / D^3) = 1.741\ln(F_r) + 0.650$

　　另外關於海水淡化後產生之鹵水污染，排放於具有海流狀況時，其橫流作用之擴散變化情形示意圖參見圖 5-22。相關實驗設置與研究結果參見 Shiau, Yang, and Tsai（2007）。

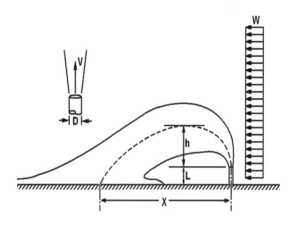

圖 5-22　鹵水污染排放於具有海流狀況海域環境之擴散情形示意圖；h：最終高度，
　　　　x：觸地距離

在兩層密度分部之環境水體，鹵水垂直排放負浮昇射流受海流作用之擴散平均影像示如圖 5-23。圖中之影像顯示，受到橫流海流作用，鹵水射流中心軸線彎曲。當海流速度增加，射流中心軸線彎曲變得更顯著。

圖 5-23　在兩層密度分部之環境水體，鹵水垂直排放負浮昇射流受橫流海流作用之擴散平均影像；圖中橫向黑線為兩層密度之交界面，左圖 W = 6.01cm/s，右圖 W = 8.39cm/s

在密度均質之海域環境時，各種不同海域水流速度條件下，最終高度 h 與觸地距離 x，以及與排放密度福祿數 Fr 及海流速度 W 之關係，參見圖 5-24～圖 5-26。在圖 5-24 與圖 5-26 中 $z_M = M^{1/2} / W$，$z_B = B / W^3$，$I = W / (g\varepsilon')^{1/2}$，$M = (\pi D^2 V^2) / 4$，$B = g(\Delta\rho / \rho_i)Q = g(\Delta\rho / \rho_i)(\pi D^2 V^2 / 4)$。

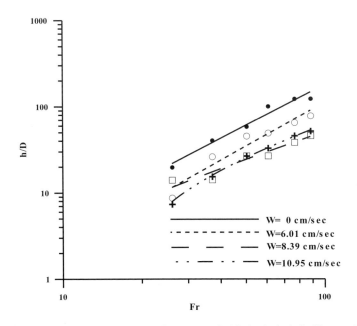

圖 5-24　在密度均質之海域環境時，各種不同海域水流速度條件下，最終高度 h 與排放密度福祿數 Fr 之關係

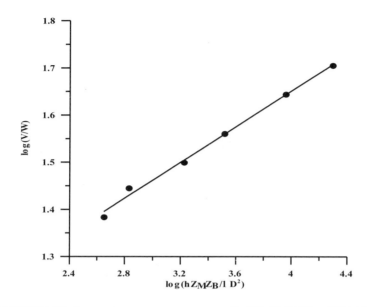

圖 5-25　在線性密度（$\varepsilon' = (d\rho / dz) / \rho_i = 1.1 \times 10^{-4}$）海域環境時，海流速度 W 與最終高度 h 之關係

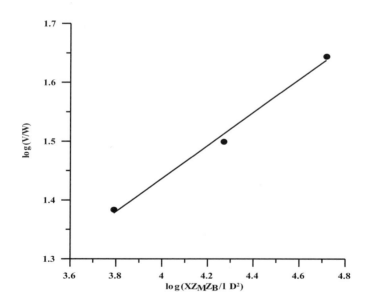

圖 5-26　在線性密度（$\varepsilon' = (d\rho / dz) / \rho_i = 1.1 \times 10^{-4}$）海域環境時，海流速度 W 與觸地距離 x 之關係

5-9 海水淡化廠廢水排放對海洋環境生態之影響

　　海水淡化廠之排放水與承受水體間之基本差異性，分屬物理性與化學性，包括有如下：

(1) 溫度：蒸餾式淡化廠，其排放廢水之溫度明顯高於海洋之承受水體。

(2) 鹽度：無論是蒸餾式或逆滲透式淡化廠，其所排放之廢水均屬高鹽度，或稱滷水（brine）。鹽度亦高於環境承受水體。

(3) 重金屬：排放水之重金屬離子濃度（例如銅、鋅、鎳），均高於環境承受海域水體。

(4) 化學添加劑：為去除管路積垢或抑制積垢，以及熱交換器防銹所添加之各式化學藥劑包括酸性藥品，例如結垢抑制劑（主成分為多磷酸鹽 poly-phosphate）。

　　當海域環境水體溫度增加，尤其是水溫度接近生物致死溫度時，對於海洋生物之繁殖、幼蟲之孵化、以及成蟲之生存會造成威脅。另外海水鹽度增加時，也會使得海洋生物體液與環境海水間之滲透壓發生改變。若海水鹽度增加至某一程度，水體之滲透壓平衡遭受破壞，導致海洋生物生存受到嚴重影響，尤其是底棲與浮游生物以及珊瑚。一般說來當鹽度超過 39‰ 的海水環境將會明顯影響珊瑚礁的生長能力。此外重金屬對於海洋生物具有毒性作用，尤其是透過食物鏈之毒性累積，將嚴重威脅人類。化學添加劑中尤其是多磷酸鹽，對於海中魚類以及其他海洋生物體存在有高度之致死效應。

5-10 海水淡化廠興建前與運轉操作後之海洋生態環境調查監測

　　關於海水淡化廠興建前與興建後運轉操作後之評估，包括：(1) 海洋生態環境調查，(2) 生態環境監測。進行之項目內容簡述如下：

(一) 海水淡化廠興建前之海洋生態環境調查項目

　　調查內容包括有

(1) 海洋海象水文以及水質狀況：例如海流、波浪、潮汐、風速、風向、氣溫、海水擴散係數、以及海水物理性質與化學性質（例如水溫、鹽度、濁度、透光度、溶氧、酸鹼值、磷、重金屬等）。

(2) 海洋生物調查：項目包括：(a) 浮游生物（plankton）調查。例如：浮游動物以及植物之種類與數量，葉綠素甲（chlorophyll a），基礎生產力等；(b) 底棲生物（benthos）調查。例如單位面積底棲植物與生物種類及數量；(c) 游泳生物（nekton）調查。例如魚類等之游泳生物之種類與數量。

(二) 海水淡化廠興建後運轉操作之生態環境監測項目

　　淡化廠興建後之之監測項目，應包含有：(1) 排放鹵水之擴散，以及 (2) 相關海洋生物之變化。

　　另外監測頻率，可視個案狀況以及項目而有所不同。例如：排放水之擴散影響範圍，於一潮汐週期兩次；若因人力物力限制，亦須至少每季一次。浮游生物體之種類、數量等採集，每月兩次；若因人力物力限制，亦須至少每季一次。底棲生物可採取現場連續監測或季節性調查。游泳生物則依種類數量甚至生物歧異度（diversity）不同，每月或者每季一次。

5-11 海水淡化廠興建後對海洋生態環境衝擊與管理及鹵水再利用

　　海水淡化廠興建後，其排放廢水因含高鹽度或高溫度，以及含有重金屬離子與化學添加劑，因此對排入海域環境生態具有相當成程度衝擊。故如何降低衝擊影響更顯重要，以下為可減輕對海洋環境生態衝擊之方法。

(1) 選定妥適之淡化廠址。

(2) 淡化廠取水與排水系統二者之最佳配置。

(3) 排放鹵水與廢水在排放前先進行適當之預處理。

(4) 淡化廠完善之營運操作與管理制度之建立及施行。

　　鹵水可再利用部分，可分為以下面向：

(1) 化工提煉：化工提煉主要是鹼化學工業與氯化學工業，可提取鹵水中之元素。

(2) 觀光遊憩：觀光遊憩係朝海水泡腳池，形成海水 SPA 之觀光特色。

(3) 蒸發曬鹽：蒸發曬鹽之蒸發池與結晶池可供民眾觀光且讓民眾親自體會收鹽等趣味活動。

(4) 水產養殖：應用至水產養殖的部分以鹵水直接導入藍藻養殖，出售作為家畜副食品，具市場潛能。

(5) 太陽能儲電：在太陽能儲電方面，鹵水相當於一種蓄熱材料，具研究不同發電方式之潛力，以利未來降低海淡廠用電成本。

5-12　臺灣現有海水淡化廠簡介

　　自 1995 年起政府陸續於澎湖、金門、馬祖地區積極進行興建海水淡化廠，以解決離島地區在枯水期軍民嚴重缺水之問題。而台電公司為穩定供應核三廠電廠用水，亦於民國七十八年投資 2.06 億元興建一座日產 2,271 噸蒸汽壓縮式海淡廠（兩部機組），供應核三廠冷卻用水與小部分民生用水。

　　由於離島地區興建營運海水淡化廠，均未達日產 2 萬噸以上之經濟規模，因此單位建造成本較高。海水淡化廠興建成本與造水成本，可分為：(1) 單位建廠成本（不含土地、輸水管線、回饋補償）。(2) 單位造水成本（含建廠、土地、管線、營運、回饋、設備更新。

　　關於臺灣目前現有之海水淡化廠，主要以民生用水為主，採用 RO 逆滲透之淡化技術，例如：臺灣自來水公司之烏崁海水淡化廠（澎湖縣）與望安海水淡化廠（澎湖縣）、金門自來水廠（金門海水淡化廠）、連江縣自來水廠（南竿海水淡化廠、北竿海水淡化廠、東引海水淡化廠）。其他還有工業

用水，例如：尖山發電廠（使用低壓蒸餾淡化技術）、塔山發電廠（使用多效應蒸餾淡化技）、核三發電廠（使用低真空蒸餾淡化技術）。

　　近年澎湖縣積極推展觀光事業，因此陸續在澎湖縣各鄉鎮興建許多海水淡化廠。依據經濟部水利署；澎湖縣第四期（104-107 年）離島綜合建設實施方案（核定本），2014，澎湖縣海水淡化廠如下表：

廠名	淡化水產量（噸／日）	完工時間	投資金額（億元）
烏崁海水淡化一廠	10,000	89 年 1 月	4.40
烏崁海水淡化二廠	3,000	93 年 6 月	0.82
望安海水淡化廠	400	91 年 4 月	0.42
虎井海水淡化廠	200	91 年 3 月	0.24
桶盤海水淡化廠	100	91 年 3 月	0.12
西嶼海水淡化廠	750	94 年 12 月	1.65
花嶼海水淡化廠	6	92 年 8 月	0.03
西嶼半鹹水淡化設備	1,200	91 年 1 月	0.36
白沙半鹹水淡化設備	1,200	91 年 2 月	0.36
七美半鹹水淡化設備	1,200	90 年 11 月	0.64
將軍半鹹水淡化設備	180	93 年 7 月	0.06
成功半鹹水淡化設備	2,500	92 年 9 月	2.90
馬公第二海水淡化廠	4,000	106 年 12 月	13.3
澎湖南方四島海水淡化廠	20	106 年 7 月	0.365

　　根據澎湖現有海水淡化廠概況資料，澎湖的海水淡化廠以逆滲透法 RO（Reverse Osmosis）淡化技術製程為主，而逆滲透法不需提高水溫，排放鹵水與週遭海水的水溫接近，但逆滲透法所排放鹵水主要的特性為鹽分濃度高，排放鹵水的鹽分濃度約為原來海水鹽分濃度的 1.67 倍。故若有原海水鹽度 35ppt 時，排放鹵水鹽度約為 58ppt。

5-13 電廠溫排水

　　對於利用燃燒化石燃料之火力電廠、或核能電廠之發電，其燃燒過程所產生之熱能目前技術無法全部轉換爲電能。因此該等無法利用之熱能即所謂廢熱（waste heat），廢熱之處理最便捷與省費用之方式，係爲利用水體高比熱特性，將廢熱吸收，形成廢熱水後排出，此即是電廠溫排水（thermal discharge or thermal effluent）。

　　由於吸收廢熱所需水體數量龐大，因此電廠需建於有充足水源供應之處，一般選擇於大型湖泊邊、或海岸邊。由於我國四面環海，海洋巨大水體可茲利用，台電公司目前所有火力與核能電廠均建於海岸邊，以利發電過程產生之廢熱得以順利排除。

　　電廠溫排水之排放方式，一般有兩種：(1) 表面放流（surface discharge），(2) 潛沒放流（submerged discharge）。參閱圖 5-27 與圖 5-28 示意圖。

　　表面放流係將廢熱水以明渠流（具有自由表面 free surface）方式排放入海，因此稱爲表面放流。排放過程可利用自由表面將一部分水體廢熱傳入大氣，另外則排入海域後，與週遭海水混合，而達到降溫。熱擴散較緩，但明渠方式排放，工程施工較容易且費用較省。

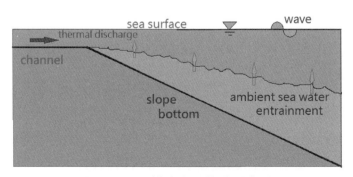

圖 5-27　溫排水表面放流示意圖

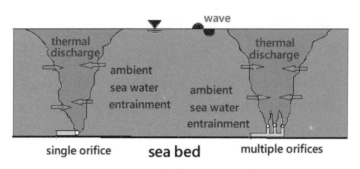

圖 5-28　潛沒式溫排水示意圖

　　潛沒放流則將廢熱水以導管潛沒方式排入環境水體，因此熱擴散較快速。但由於導管潛沒入水方式，施工較難且工程費較高。

　　溫排放排入海域後，廢熱水藉由排放動量與周遭海域環境水體混合，達到稀釋降溫，後續再由水域海流潮汐與余流效應以及表面散熱，繼續進行擴散達到廢熱水降溫功效。利用數值模式分析預測廢熱水溫度分布變化，基本上係分為近域混合（near field mixing）與遠域擴散（far field diffusion and dispersion）兩部分處理。近域混和採用射流模式模擬熱廢水排放，主要考慮動量（momentum）與浮量（buoyancy）效應。遠域擴散則是結合流體連續方程式（continuity equation）、運動方程式（Navier Stokes equation）、能量方程式（energy equation）與擴散方程式（diffusion equation），以數值方式求解，獲得廢熱水擴散之溫度分布。

5-14　溫排水表面放流近域稀釋數值模擬分析

　　溫排水由渠道進行表面放流，在近域區域以射流模式模擬廢熱水混合稀釋，廢熱水射流分析示意圖如圖 5-29。射流運動處理有積分法與微分法。

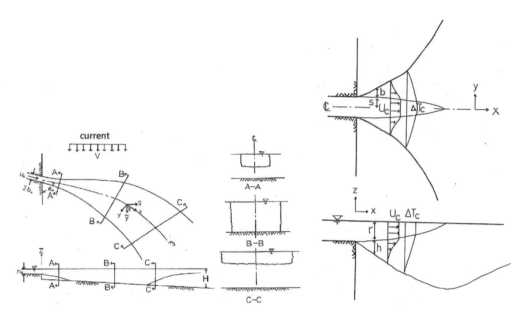

圖 5-29　溫排水由渠道進行表面放流，以射流模式模擬廢熱水混合稀釋示意圖；上
圖為斜坡底床狀況，下圖為無限水深狀況

微分法需對運動方程式之紊流項予以模式化（turbulence modelling），方能閉合控制方程組，該方法較為複雜。積分法則對射流斷面之速度與溫度分布以及捲增（entrainment）做假設，假定沿射流下游向各斷面速度與溫度分布具有相似性（similarity）關係，在假定捲增速度與射流中心速度關係，導入此等關係式並將偏微分型式之射流控制方程式對斷面積分，獲得常微分型式之控制方程式。

　　蕭（1981）據上建立三維射流數值模式，用以模擬預測計算電廠溫排水表面放流至無限水深或有水底坡度之開闊水域之熱廢水溫度分布變化。圖 5-30 為在無限水深時，模式計算熱廢水射流中心軸線沿下游之溫度變化與實驗比較，而圖 5-31 則為水底坡度 $S = 0.01$ 時，模式計算熱廢水射流中心軸線沿下游之溫度變化與 Adams（1975）與 Wiegel et al. 之實驗數據比較，結果顯示熱廢水射流中心之溫度預測結果良好。圖 5-30 與圖 5-31 中之 h_o 為排放溫排水矩形渠道廢熱水之水深；b_o 矩形渠道為半寬；熱廢水排放

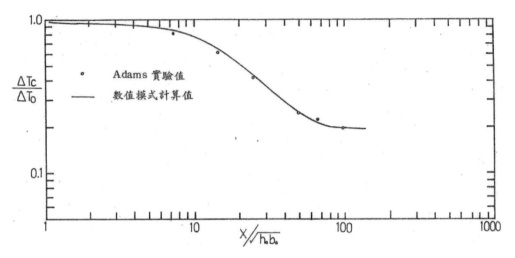

圖 5-30　無限水深時，模式計算熱廢水射流中心軸線沿下游之溫度變化；$F_0(h) =$ 25，$A_s = 0.2$，$S = 0.01$，$V / u_0 = 0$，$F_o(A) = 14.1$

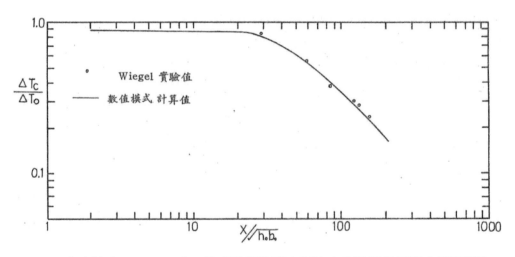

圖 5-31　水底坡度 $S = 0.01$ 時，模式計算熱廢水射流中心軸線沿下游之溫度變化；$F_0(h) = 25$，$A_s = 0.2$，$S = 0.01$，$V / u_0 = 0$，$F_o(A) = 14.1$

口溫度 T_o 與環境水溫 T_a 之溫差 $\Delta T_o = T_o - T_a$；溫排水射流中心軸線水溫 T_c 與環境水溫 T_c 之溫差 $\Delta T_c = T_c - T_a$；u_o 為廢熱水排放初始速度；$F_o(h) = u_o / (\beta g \Delta T_o h_o)^{1/2}$ 為以排放口渠道水深為特性長度之密度福祿數（density Froude number），β 為排放水體熱膨脹係數，$F_o(A) = u_o / (\beta g \Delta T_o A_0^{1/2})^{1/2}$ 為以排放口渠道面積之根號為特性長度之密度福祿數（density Froude number），二者之關係為 $F_o(A) = F_o(h)(A_s / 2)^{1/4}$；$A_s = h_o / b_o$ 為矩形渠道形狀比（aspect ratio），亦即水深與半寬比值。

　　圖 5-32 為排放至無限水深水域模擬計算水表面之溫度分布，而圖 5-33 則為模擬計算射流中心軸向之垂直剖面溫度分布。

　　在不同底床坡度 S 與無限水深狀況下以及排放渠道形狀比 A_s 條件下，溫排水射流最大厚度度 h_s 與啟始密度福祿數 $F_o(A)$ 之關係示如圖 5-34。A_o 為排放口（矩形渠道，深 h_o，寬 $2b_o$）面積，$A_o = 2h_o b_o$。該圖顯示無論是無限水深狀況或不同底床坡度 S，射流最大厚度度 h_s 與啟始密度福祿數 $F_o(A)$ 二者呈現正相關，亦即隨著啟始密度福祿數 $F_o(A)$ 增加，射流最大厚度度 h_s 也隨之隨增加。底床坡度越緩，射流最大厚度度 h_s 增加趨緩。無限水深狀

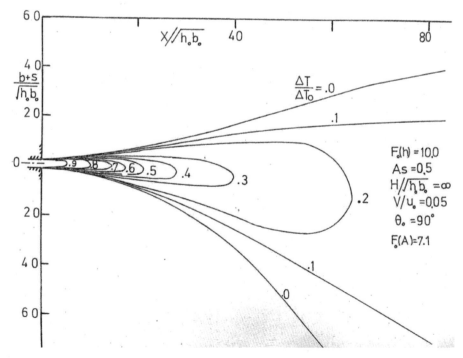

圖 5-32　無限水深水域狀況，模擬計算射流水表面之溫度分布

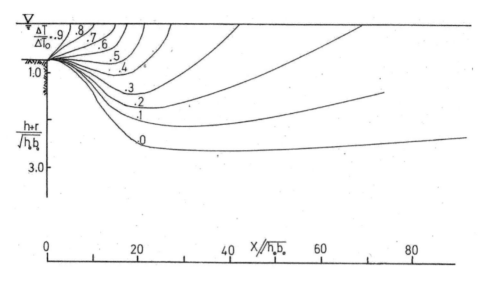

圖 5-33　無限水深水域狀況，模擬計算射流中心軸向之垂直剖面溫度分布

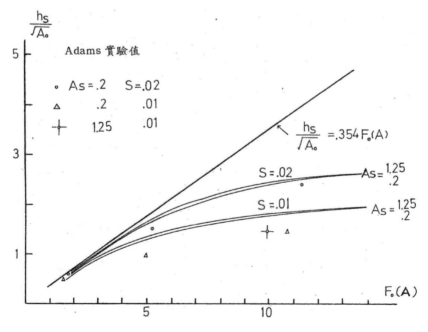

圖 5-34　無限水深與不同底床坡度 S 以及排放渠道形狀比 A_s 條件下，溫排水射流最大厚度度 h_s 與啟始密度福祿數 $F_o(A)$ 之關係

況時射流最大厚度度 h_s 與啟始密度福祿數 $F_0(A)$ 二者存在線性關係，關係式如下：

$$\frac{h_s}{\sqrt{A_0}} = 0.354 F_0(A)$$ （5-32）

5-15 溫排水放流對海洋環境污染與生態之影響

　　一般火力、核能電廠需要大量之冷卻用水，因此興建於河流湖邊或海濱，便於提供抽取足夠冷卻用水。臺灣缺乏能提供穩定充足水量之河流或湖邊，但由於地理環境四周環海，因此抽取之海水做爲冷卻水是可行且必然之方式。抽取之海水進入熱交換器，進行汽輪機排氣冷卻，海水經熱交換器後，溫度升高約 7°C～10°C，形成廢熱水（thermal waste water），再排放進入海域水體，形成溫排水（thermal discharge）。該溫排水由於量大且持續性，日積月累，因此其對海洋環境與生態將會有一定程度之影響。例如台中火力電廠溫排水量 8,700,000CMD，而高雄大林火力電廠溫排水量 8,470,000CMD，高雄興達火力電廠溫排水量 7,968,000CMD，屏東核三廠排水量 10,567,000CMD。行政院環保署所公布之放流水標準附表六（中華民國 108 年 4 月 29 日修正公布）：溫排水直接排放至海洋者，需符合下列規定：(1) 距排放口 500 公尺處之表面水溫差不得超過 4°C。(2) 放流口水溫不得超過 42°C。

　　目前臺灣發電廠以海水爲冷卻用水，其貫流式（once through）系統均採用電解方式加氯。而隨溫排水排出之餘氯進入海水後，將與海水中有機物反應，形成三鹵甲烷（THMs），主要爲溴仿（bromoform）（三溴甲烷 $CHBr_3$）佔 95%，其餘爲 $CHClBr_2$，$CHCl_3$，$CHCl_2Br$。此等均會影響有毒物質之產生與濃度，排入海域後將形成海洋水體污染。

　　至於火力、核能電廠之冷卻系統，在一般性操作與停機保養，均會添加藥劑。一般性操作爲防止冷卻系統結垢、腐蝕、生物滋長、以及污塞，因

此添加防垢（除垢）、防蝕（銹蝕清理）、殺藻（除藻）、以及清潔等化學藥劑，藉以維持電廠系統整常運作。而停機保養中之化學清理則包括以酸洗、或鹼洗方式，清理積垢。此等化學添加劑，隨熱廢水排入海中，將污染海洋環境水體。

關於火力及核能電廠冷卻系統產生廢熱水，因廢熱水排入海域，使得海域環境水體水溫升高，因而嚴重影響區域的海洋環境與生態系。此等溫排水對海洋環境水體之影響包括降低水中溶氧；對生態系之影響，包括有增加水中細菌、水升級生動物之活力，增加於魚類與微生物之生長，但降低繁殖力，始魚卵提早孵化，增加水生物對毒性物質之敏感度。影響層面與嚴重性，可透過熱廢水的排放擴散狀況，以及海洋生物的龐大的調查資料，作綜合性的分析評價。

從環境保護及降低成本的層面，來檢討減少冷卻水使用量的可能性。雖然這會讓水在經過復水器後的溫度上昇值更為增加，但卻可以不但能夠達到降低成本的效果，而且還能夠減少魚卵、稚魚的被吸入抽取之冷卻水。

(一) 溫排水對於排放海域生態系效應

沿岸海域的生態系，是由例如：內灣封閉性沿岸海域，以及開放性沿岸海域所組成的自然系統。沿岸海域的生態系也可分成潮間帶、碎波帶。這些海域的生態的棲地都會受到溫排水影響。

在溫排水排放的監測調查中，目標為沿岸生態系中的生物群集，包括以下的項目：

(1) 植物性浮游生物

(2) 動物性浮游生物

(3) 潮間帶動物、藻類（包含藻場）

(4) 沙灘動物、藻類

(5) 葉上動物

(6) 底棲生物

(7) 魚卵稚魚

(8) 有用生物

　　對於上述生物群集連續進行長期的監測調查，並建立資料庫，可提供有用之海洋環境生態分析。

　　有關溫排水對海域生物多樣性所造成的影響，藉由對監測調查的數據進行分析生物多樣性指數的變化，以確定溫排水造成影響之程度與範圍。另外生物群集內的各種族群的動態作監測與調查有時也需要納入考量。

　　至於海洋生態系管理的概念，則是以海洋生物群體與海洋環境之間的相互關係、配合選定評估標準進行管理。海洋生物群體結構的研究係透過對於生物群體結構的呈現以及規則性與多樣性等之分析，獲得科學性定量化結果，提供訂定評估標準之參考。溫排水的影響評估基本上採用構成海洋生物物種群體之間的關係，納入經營管理。

(二) 溫排水海域的生態系管理上的技術性課題

1. 分析生態族群動態變化，據此進行管理
　(1) 電廠冷卻水取用的檢討調整。
　(2) 廢熱水排放後，海域水溫上升造成水中生物存活率的檢討調整。

2. 經由海域物種群集結構（例如：多樣性指數、均勻度指數）分析結果，檢討管理

　　物種豐富度（species richness）與物種均勻度（species evenness）是作為進行物種多樣性（species diversity）基本評估的指標。多樣性指數和均勻度指數計量不同地區各生物群集的物種多樣性，對於海洋生態保育方面，提供了簡易明確的估算方式，作為監測海域生態物種群集改變的一項重要指標。

　(1) 生物多樣性指數

　　生物多樣性指數評估，可依各種群個體數與總個體數之比值分別計算浮游植物、浮游動物、大型底棲生物之生物多樣性指數。生物群聚之多樣性指

數（Shannon's diversity index，或 Shannon-Weiner's index, H），用來估算群落多樣性的高低。該指數值越大，代表多樣性越高。可依下式計算：

$$H = -\sum_{i=1}^{n}\left(\frac{N_i}{N}\right)\log_2\left(\frac{N_i}{N}\right) = -\sum_{i=1}^{n}P_i\log_2 P_i \qquad （5\text{-}33）$$

式中 N_i：第 i 種生物於該測站出現之個體數量

　　N：該測站所有種類出現之個體數量總和

　　n：該測站所有生物種類數目

　　若物種豐富度，即物種的數目，數目愈多則豐富度愈大，生物多樣性也越高。一般若海域水體環境較穩定時，生物群聚之多樣性指數較高，而環境受到衝擊時，多樣性指數則會降低。因此多樣性指數可作爲判定海域水體環境污染狀況。

　　(2) 均勻度指數 E

　　物種均勻度，指的是一個群集中各物種個體數目的分配狀況，反映各物種個體數目分配的均勻程度，假若一個群集中各物種的個體數目愈相近者，稱爲物種均勻度高。均勻度指數（Pielou's evenness index）計算如下式 E：

$$E = H / H_{max} \qquad （5\text{-}34）$$

式中 H_{max}：Shannon-Weiner 指數的最大值，是假設在採樣之中所有物種的個體數量都相同情況下的最大可能值。

　　均勻度指數的計算除了考慮各物種間個體數的分配比例，同時一併考慮原區域的物種數及採樣的物種數限制。

參考文獻

1. Abraham, G. (1967), "Jets with Negative Buoyancy in Homogeneous Fluid", *Journal of Hydraulic Research*, Vol. 5, No., pp. 235-248.

2. Adams, E.E., Stolezenbach, K.D., and Harleman, D.R.F., (1975), "Near and Far Field Analysis of Buoyant Surface Discharge into Large Bodies of Water," Report no. 205, Ralph M. Parsons Laboratory for Water Resources and Hydrodynamics, M.I.T., Cambridge, Massachusetts, USA.

3. Cederwall, K. (1968), "Hydraulics of Marine Waste Disposal", Report No. 42, *Hydraulics Division*, Chalmers Institute of Technology

4. Fan, L. N., and Brooks, N. H. (1966), "Discussion of Horizontal Jets in a Stratified Fluid of Other Density", by G. Abrahom, *Journal of Hydraulics Division*, American Society of Civil Engineers, HY2, pp. 423-429.

5. Grace, R.A., (1978), *Marine Outfall Systems, Planning, Design, and Construction*, Prentice-Hall Inc. New Jersey, USA

6. Jirka, G.H. and Doneker, R. (1991), "Hydrodynamic Classification of Submerged Single-Port Discharges," *Journal of Hydraulic Engineering*, ASCE, Vol.117,No.9, pp.1095-1112.

7. Jirka, G.H. and Akar, P.J (1991)., "Hydrodynamic Classification of Submerged Multiport-Diffuser Discharges," *Journal of Hydraulic Engineering*, ASCE, Vol.117,No.9, pp.1112-1128.

8. Shiau, B.S. and Yang, W.C. (2002), "Numerical Simulation on the Dilution of Ocean Outfall Discharges in the Keelung City of Taiwan, " The 2nd International Conference on Marine Water Discharges, Istanbul, Turkey

9. Shiau, B.-S. and Tsai B.-J. (2006) , "Experimental Observation on the Discharge of Dense Waste Liquid in the Two-layer Stratified Coastal Water," *Journal of Coastal Research*, SI39, pp.830-833.

10. Shiau, B.-S., Yang, C.-L., and Tsai B.-J. (2007), "Experimental Observations on the

Submerged Discharge of Brine into Coastal Water in Flowing Current," *Journal of Coastal Research*, SI50, pp.789-793.

11. Shuster, L.A., (2003), "Thinking Deep," *Civil Engineering*, ASCE, Vol.73, No.3, pp.47-53.

12. Turner, J.S. (1966), "Jets and Plumes with Negative or Reversing Buoyancy", *Journal of Fluid Mechanics*, Vol. 26, part 4, pp. 779-792.

13. 蕭葆羲，「廢水排放對近岸環境之影響」，創造臺灣海岸新環境—永續海岸的呼喚研討會，第 17-1～17-7 頁，台中，民國 88 年。

14. 楊文昌，蕭葆羲，許朝敏，「污水海洋放流之研究：(I) 近域流場模擬與探討，」第三十屆海洋工程研討會論文集，第 529-534 頁，2008。

15. 楊文昌，蕭葆羲，許朝敏，「污水海洋放流之研究：(II) 遠域流場模擬與探討，」第三十屆海洋工程研討會論文集，第 535-540 頁，2008。

16. 蕭葆羲，1981，電廠溫排水表層放流近域模式之研究，國立臺灣大學土木工程研究所碩士論文，1981 年 6 月。

17. 放流水標準，108 年 4 月 29 日，全國法規資料庫。

18. 濟部水利署；澎湖縣第四期（104-107 年）離島綜合建設實施方案（核定本），2014。

19. 行政院環境保護署；海洋生態評估技術規範，2007。

問題與分析

1. 臺灣海洋放流工程之前景未來？

2. 臺灣海水淡化廠之明日？

3. 臺灣深層海水事業（藍金產業）之前景 $$ €€？

4. 有一放流管排放口徑 2m，放流口處水深 40m。該放流管污水排放量為 $6m^3/s$ 污水密度 $1.000g/cm^3$，排放口處環境海域之海水密度為 $1.025g/cm^3$。試問：當放流污水混合稀釋後，到達水表面時，在該處之射流中心軸線稀釋倍數 S_0 為何？

5. 有一滷水密度 $1.04g/cm^3$，經由一海底排放管具管徑 0.5m，並以流速 2m/s 垂直向上排出，此時周遭海域水體密度為 $1.03g/cm^3$，試依據 Fan 與 Brooks 所提出（5-28 式），估算滷水射流最高離海底距離？

6. 利用亞特蘭大海灣（Mid-Atlantic Bight）兩條污水海放管（於 Ocean City 及 Bethany Beach 兩處）之底棲生物調查數據，建立該海域生物準則，並評估海放管之環境影響。其研究方式及結果請簡述之。（來源：行政院環保署海洋生態評估技術規範，範例 3-4）

解答提示：

(1) 依照該處海域調查資料，選定三處（即測站 A, E, I）未受污染、水質條件一致，且與兩放流管約等距之海域，定為對照海域（Reference sites）。

(2) 以四分位統計（Inter-quartile）方式，定出各對照海域之總個體數、總類別數、辛浦森優勢度指數、桑農韋納多樣性指數、馬格列豐度指數之測值範圍，再取 A, E, I 三測站測值範圍之算術平均數，作為該處海域之生物準則（Bocriteria）範圍，示如下表。

利用四分位距範圍（Inter-quartile range）計分法所建立三處

測站 （Station）	四分位距範圍值				
	個體數 （Individuals）	種類數 （Taxa）	辛浦森指數 （Simpson's Index）	桑農韋納指數 （Shannon- Wiener Index）	豐度 （Richness）
A	427～3049	46～71	0.075～0.161	2.597～3.137	7.3～9.1
E	281～474	40～49	0.076～0.224	2.262～3.889	6.6～8.0
I	136～841	27～42	0.129～0.260	1.993～2.524	5.3～6.0
平均數值	281～1455	38～54	0.093～0.215	2.284～3.183	6.4～7.7

(3) 將 Ocean City 及 Bethany Beach 兩處海放管海域之現場測值以同樣
統計方式，定出其測值範圍，並與所建立之生物準則範圍比對，以
評估海放管對生物環境之影響，示如下表及圖。

Bethany Beach 及 Oecan City 海放管之四分位距範圍（Inter-quartile range）數值與生
物準則（即上表之平均數值）之比較

變數	生物準則 （Biocriteria）	Bethany Beach 海放管海域	Ocean City 海放管海域
個體數（No. Individuals）	281～1455	260～1988	49～6.492
種類數（No. Taxa）	=/>38-54	28～43	13～49
辛浦森指數（Simpson's Index）	=/<0.093～0.215	0.171～0.642	0.179～0.643
桑農韋納指數（Shannon- Wiener Index）	=/>2.284～3.183	0.970～2.648	1.855～2.883
豐度（Richness）	=/>6.4～7.7	4.6～5.8	3.1～5.7

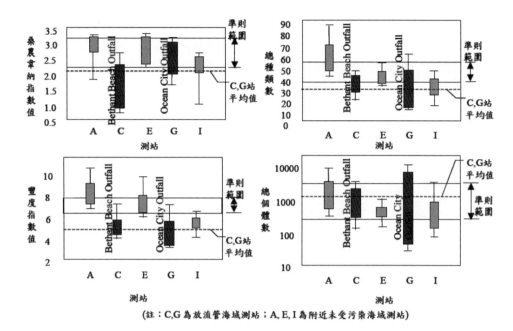

污水放流管生物準則比對

(註：C,G為放流管海域測站；A,E,I為附近未受污染海域測站)

(4) 由比對結果發現，除 Bethany Beach 海放管海域之總類別數外，其他所有指數均超出生物準則範圍，尤其是 Ocean City 海放管海域之總個體數更超出生物準則之 3 倍，且以多毛類（Polychaete）佔絕對優勢。這種狀況，明確顯示該海域生態環境已受排放污水之污染，為維護生物完整性建議應採取適當之影響減輕因應對策。

7. 火力發電廠的熱效率大約 40% 左右，核電廠的熱效率大約 33%，因此需要大量的冷卻水。冷卻後廢熱排入近岸海域，形成溫排水，造成海域水溫升高，影響海域周遭生態環境及海洋生物。溫排水表面排放的分析研究，主要以環境流體之質能守恆方程式為基礎，並以海流速流、水深、海岸地形因數、橫向擴散係數和垂向擴散係數等為主要影響因素，定量評估它們對溫排水擴散範圍的影響。通過定義熱擴散能力係數，建立了操作簡單的綜合評判標準，提供電廠溫排水之選址。請說明此等主要影響因素對溫排水在海域之熱擴散能力效應。

解答提示：

(1) 流速、海岸線地形和橫向擴散係數與熱擴散能力線性相關。

(2) 流速和海岸線地形仍然是貢獻率一致且最大；

(3) 影響溫排水熱擴散能力以及擴散範圍的是排水口附近的海岸地形條件，而非排放口所處的地理位置。

(4) 從海洋生物的熱敏感性的角度來看，在熱排放熱量相同的情況下，熱擴散能力較佳之海域，電廠的熱排放對海洋生態的影響較小。

(5) 濱海電廠的規劃設置、溫排水選址與布置，熱擴散影響係建立探討各影響因素的重要指標。

8. 浮動式核電站在不同海流速度（0m/s、0.06m/s、0.2m/s）和兩種迴路冷卻水之取、排水口布置方式（底進側排、底進底排）等條件下，進行三維數值模擬溫排水對迴圈冷卻水取水口以及周圍海域溫度的影響。請分別說明海流速度、底進側排，與底進底排對於取水口附近之水溫影響如何？

解答提示：

(1) 洋流速度的存在，使溫排水沿洋流方向擴散增強，且洋流速度越大，擴散範圍越廣。

(2) 在底進側排的布置方式下，溫排水熱擴散對取水口溫升不造成顯著影響，且對鄰近海域造成的海水溫度升均在合理與法規範圍。

(3) 有洋流條件下，底進底排的布置方式會造成取水口附近海水溫度升高，且洋流速度越大，溫升越大。

9. 海洋放流後對排放海域周遭水體之影響，可經由實場監測結果評估。Shiau & Yang（2004）在臺灣北部八里海洋放流管放流之海域（參見圖A與圖B），使用國立臺灣海洋大學海研二號實驗船進行實場之物理特性之量測，結果參閱解答提示。

解答提示：

實驗船使用鹽溫深儀（Conductivity-Temperature-Depth, CTD）與溶氧計（dissolved oxygen meter）以及透射儀（transmissometer）量測，數

據採樣頻率 24Hz。透射儀之光衰減係數（beam attenuation coefficient）
$c = \dfrac{\ln T(z)}{z}$，$T(z) = \dfrac{I(z)}{I(0)}$ 為光在傳輸距離 z 處之強度 $I(z)$ 與光源點處強度
$I(0)$ 之比例（the percent of light transmitted over a distance z），該光
衰減係數包括光吸附（absorption）與與散射（scattering）效應。

由於放流水排放使得污水羽升流（sewage buoyant plume）周遭之溫度、
鹽度、溶氧、光度到影響改變，藉此判斷評估放流水影響範圍。參閱圖
C～圖 F。

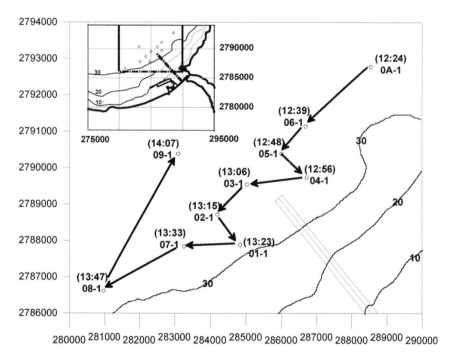

圖 A　八里海洋放流管海域實驗船（2001-12-29）量測之路徑時間與測點位置示意圖

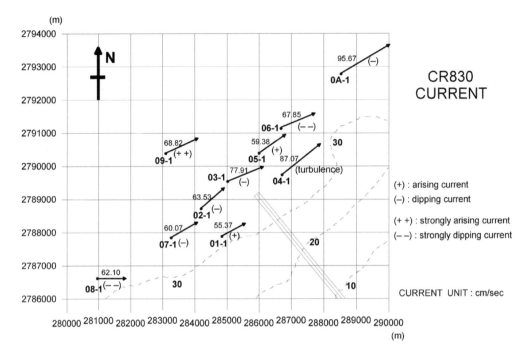

圖 B　水深 20m 處各測點之海流大小與特性

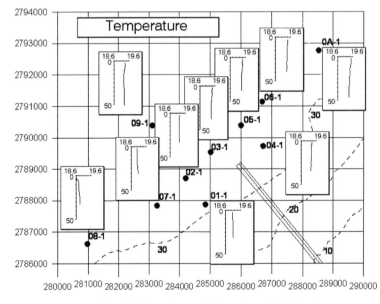

圖 C　各測點位置之溫度剖面（溫度單位℃）

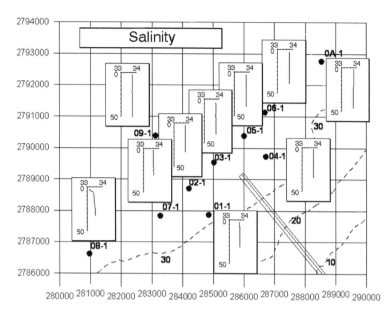

圖 D　各測點位置之鹽度剖面（單位 psu）

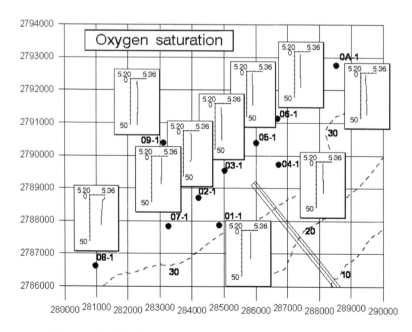

圖 E　各測點位置之水體溶氧剖面（溶氧單位 mg/L）

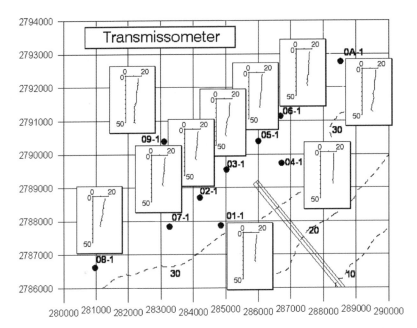

圖 F　各測點位置透射儀之光衰減係數 c 剖面（c 之單位 1/m）

10. 工程設計上以圓形管排放污水或溫水是最基本也是最簡易之方法。排放時若單純是動量（momentum）主導，稱爲動量射流（jet），若是浮力（buoyancy）主導則稱爲浮升流（plume）。在無橫流（cross flow）環境，海域水體爲線性密度層變（linearly density stratification）之狀況下，密度垂直剖面爲 $\rho(z) = \rho_0(1 - \varepsilon')$，$\rho_0$ 爲參考位置處水體密度，ε' 爲密度變異（anomaly）。請分析圓管純動量射流（simple round jet）在水體下垂直排放之最終上升高度（terminal height of rise）h_M 與排放動量 M 以及重力加速度 g 以及水體密度變化率 $\varepsilon = \left| \dfrac{1}{\rho_0} \dfrac{d\rho(z)}{dz} \right|$ 之關係爲何？

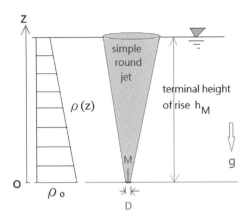

解答提示：

應用因次分析（dimensional analysis），選用 F-L-T 系統（Force-Length-Time）。

h_M 之因次 L

M 之因次 L^4/T（$M = VQ$，V 為圓管水體排放速度，Q 為圓管水體排放流量）

g 之因次 L/T^2

ε 之因次 $1/L$

由 Buckingham π 理論，可得無因次組合 $\pi \equiv \dfrac{h_M}{M^a (g\varepsilon)^b}$

$h_M \sim M^a (g\varepsilon)^b$

$\Rightarrow L \sim \left(\dfrac{L^4}{T^2}\right)^a \left(\dfrac{L}{T^2}\dfrac{1}{L}\right)^b$

$\Rightarrow LT^0 \sim L^{4a} T^{-2a-2b}$

$\therefore 1 = 4a$，$0 = -2a - 2b$

　故 $a=1/4$　$b= -1/4$

$\therefore$ 關係式為 $h_M \sim \left(\dfrac{M}{g\varepsilon}\right)^{\frac{1}{4}}$

或 $h_M = k \left(\dfrac{M}{g\varepsilon} \right)^{\frac{1}{4}}$ 係數 k 由實驗決定之 $k = 3.8$

11. 承接上題，考慮圓管純浮升流（round simple plume），浮力通量（buoyancy flux）為 B，在無橫流與線性密度層變水體下垂直排放之最終上升高度（terminal height of rise）h_B。請利用因次分析證明最終浮升高度

$$h_B \sim \frac{B^{\frac{1}{4}}}{(g\varepsilon)^{\frac{3}{8}}} \, 。$$

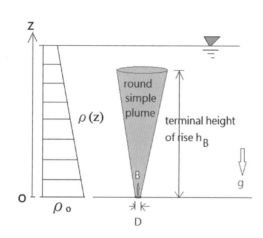

解答提示：

應用因次分析（dimensional analysis），選用 F-L-T 系統（Force-Length-Time）。

h_B 之因次 L

B 之因次 L^4/T^3

（$\because B = g \dfrac{\rho_s - \rho_f}{\rho_f} Q = g'Q$，$\rho_s$ 為圓管排放口周圍環境海水密度，ρ_f 為圓管排放水體密度，Q 為圓管水體排放流量）

g 之因次 L/T^2

ε 之因次 1/L

由 Buckingham π 理論，可得無因次組合 $\pi \equiv \dfrac{h_B}{B^a(g\varepsilon)^b}$

$h_B \sim B^a(g\varepsilon)^b$

$\Rightarrow L \sim \left(\dfrac{L^4}{T3}\right)^a \left(\dfrac{L}{T^2}\dfrac{1}{L}\right)^b$

$\Rightarrow LT^0 \sim L^{4a}T^{-3a-2b}$

$\therefore 1 = 4a$，$0 = -3a - 2b$

故 $a = 1/4$　$b = -3/8$

$\therefore$關係式為 $h_B \sim \dfrac{M^{\frac{1}{4}}}{(g\varepsilon)^{\frac{3}{8}}}$

或 $h_B = k\dfrac{M^{\frac{1}{4}}}{(g\varepsilon)^{\frac{3}{8}}}$ 係數 k 由實驗決定之 $k = 3.8$

12. 水面至深度 10m 處水溫均為 17.8℃，深度下降至 70m 處之水溫為 11.1℃。在深度 70m 處之圓形管垂直向上排放淡水，排放流量 $1m^3/s$，排放狀態不考慮動量主要為浮力主導，周遭海水（鹽度為 32.5 ppt）環境狀況為線性密度層變且無橫流。試問該垂直浮升流是否會觸及水面？

〔註：海水在鹽度為 32.5 ppt 水溫 17.8℃時，密度為 1023.4 kg/m^3

海水在鹽度為 32.5 ppt 水溫 11.1℃時，密度為 1024.8 kg/m^3

淡水在水溫 11.1℃時，密度為 998.6 kg/m^3〕

解答提示：

密度層變之變化率 $\varepsilon = \dfrac{1}{1024.8}\left|\dfrac{1023.4-1024.8}{70-10}\right| = 2.28 \times 10^{-5}\dfrac{1}{m}$

$g\varepsilon = 9.8 \times 2.28 \times 10^{-5} = 22.3 \times 10^{-5}\dfrac{1}{s^2}$

$B = g\dfrac{\Delta\rho}{\rho_0}Q = 9.8 \times \dfrac{1024.8-998.6}{998.6} \times 1 = 0.257\dfrac{m^4}{s^3}$

$$h_B = 3.8 \frac{0.257^{\frac{1}{4}}}{(22.3 \times 10^{-5})^{\frac{3}{8}}} = 63m$$

∴垂直浮升流無法觸及水面

日本高德院（全名為大異山高德院清淨泉寺）鎌倉大佛，也被稱為長谷大佛，高達 13.35 公尺，佛像為銅鑄且中空，重 121 公噸，僅次於奈良東大寺大佛，日本國內的第二大佛像（日本三大佛像，第三大佛像為高岡大佛）。1958 年被認證為日本國寶，屬於鎌倉時代（西元 1185 年到 1333 年）慶派的雕工手法，最主要是受到中國宋朝佛師的影響。鎌倉大佛原本其實是在室內的，因原本木製佛像經暴風雨襲擊倒塌後，於 1252 年以青銅材質重新製作而成，並全身貼滿金箔，供奉在大佛殿內，但十五世紀據傳遇到海嘯將其摧毀，此後鎌倉大佛成為露天的。（*Photo by Bao-Shi Shiau*）

日本高德院（全名為大異山高德院清淨泉寺）鎌倉大佛，也被稱為長谷大佛，高達 13.35 公尺，佛像為銅鑄且中空，重 121 公噸，僅次於奈良東大寺大佛，日本國內的第二大佛像（日本三大佛像，第三大佛像為高岡大佛）。1958 年被認證為日本國寶，屬於鎌倉時代（西元 1185 年到 1333 年）慶派的雕工手法，最主要是受到中國宋朝佛師的影響。鎌倉大佛原本其實是在室內的，因原本木製佛像經暴風雨襲擊倒塌後，於 1252 年以青銅材質重新製作而成，並全身貼滿金箔，供奉在大佛殿內，但十五世紀據傳遇到海嘯將其摧毀，此後鎌倉大佛成為露天的。（*Photo by Bao-Shi Shiau*）

聖海倫火山 Mt. St Helen 位在美國華盛頓州的卡斯卡特山脈之間，大約在西雅圖和波特蘭之間。1980 年 5 月 18 日，聖海倫火山發生重大爆發，火山的整個北坡分崩離析，山頂被整整削去了 396 公尺。目前是美國歷史上死亡人數最多，經濟損失最為慘重的一次爆發。聖海倫火山是活火山，外表是火山，內心卻是個「冰山」的特性，以火山灰噴發和火山碎屑流而聞名。（*Photo by Bao-Shi Shiau*）

聖海倫火山 Mt. St Helen 位在美國華盛頓州的卡斯卡特山脈之間，大約在西雅圖和波特蘭之間。1980 年 5 月 18 日，聖海倫火山發生重大爆發，火山的整個北坡分崩離析，山頂被整整削去了 396 公尺。目前是美國歷史上死亡人數最多，經濟損失最為慘重的一次爆發。聖海倫火山是活火山，外表是火山，內心卻是個「冰山」的特性，以火山灰噴發和火山碎屑流而聞名。（*Photo by Bao-Shi Shiau*）

第六章

海洋棄置、海上焚化、海洋垃圾、海洋牧場與深層海水

6-1 海洋棄置（海拋傾廢）

所謂海洋棄置（ocean dumping）或稱為海拋傾廢（ocean waste dumping）係指使用船舶、或其他浮動載具、或航空器，將處理或未處理之廢棄物包括無害或有害物質，棄置於海洋的行為，亦即將海洋當成廢棄物掩埋場。海洋棄置對於海洋環境污染之衝擊與造成之浩劫，相當嚴重，因此進行海洋棄置或海拋傾廢時，需要謹慎仔細評估。

世界各國應用海拋處理廢棄物之歷史簡述如下：

(1) 美國是世界上最早實行海洋棄置或海拋傾廢的國家。它於 1875 年在南卡羅來納州的查爾斯頓開始向海拋傾廢。

(2) 英國則從 1887 年開始在泰晤士河口海灣傾廢。

(3) 德國、日本、西班牙、義大利、愛爾蘭、紐西蘭等國家隨後也相繼加入在海上傾廢。

由於環保意識抬頭，各國也逐漸重視海洋棄置或海拋傾廢對於海洋環境造成污染問題之嚴重性。國際法規對於海洋棄置或海拋問題行規範，例如國際海洋法則規定：非經沿海國事前許可，不應在領海和專屬經濟區內或在大陸棚上進行海洋棄置。（210 條）。而倫敦海拋公約 1996 議定書（The London Convention, 1996 protocol）則是明定除特定物質外，其餘均不得進行海洋棄置，且全面禁止進行海上焚化。該議定書中所謂特定物質共七大類，詳如下述：

(1) 濬泥（dredged material）

(2) 生活廢水污泥（sewage sludge）

(3) 魚產加工廢棄物

(4) 船舶、平臺、人工海洋結構物

(5) 無生命無機地質物質（inert, inorganic geological material）

(6) 天然有機物（organic material of nature origin）

(7) 大體積物品，如鐵、鋼、混凝土或相關材料

6-2 海洋棄置廢棄物分類

　　常見之海洋棄置廢棄物質包括有工業廢料、放射性廢料、食品業之發酵液、港口河道之濬泥廢質（sludge）、海域鑽探排放泥水（drilling mud）或生產水（produced water）等等，該等海洋棄置或海拋傾廢之廢棄物依其有無害或毒性，區分為：(1) 無毒性，(2) 有害性或有毒性。

(一) 無毒性廢棄物海洋棄置

　　無毒性廢棄物主要例如有機污泥、河道港口之疏濬污泥、工程棄土等。但是這類污泥或棄土傾倒至海域，將成為海中懸浮沉積物之來源，因此棄置之數量與速率是為造成海域水體污染問題之關鍵。

　　懸浮沉積物在短時間內將造成海水渾濁，而經一段較長時間沉積至海底後，將對海洋之底棲生物生態，以及海洋海底環境造成破壞。若懸浮沉積物之沉積速率達每日每平方公分 10～50mg，將對海洋生物產生不利影響；若沉積速率超過每日每平方公分 50mg，將對海洋生物造成災難性之影響（Pastorak, and Bilyard, 1985）。

　　懸浮沉積物對海洋生物之負面影響包括有：

(1) 降低浮游植物對光源的可利用性，並直接減低海洋植物之光合作用。

(2) 因水質渾濁及惡化，以及沉積物可能直接覆蓋著海洋動物，因此將造成其生物組織壞死或影響生理生化作用，甚至生長發育，嚴重時還造成海洋動物大量死亡。例如懸浮沉積物對珊瑚礁之影響，在百慕達（Bermuda）之 castle harbor 在進行疏濬工程時，所造成之懸浮沉積物曾令珊瑚礁發生災難性死亡（Dodgem, and Vaisyns, 1977）。

(二) 有害或有毒性廢棄物海洋棄置

　　有害或有毒性之廢棄物，根據其毒性以及有害物質含量對海洋環境的影響衝擊，區分為三種類別，說明如下：

1. 第一類有害廢棄物

(1) 有機鹵素化合物、汞及汞化合物、鎘及鎘化合物的廢棄物，其含量微小或在海水中迅速轉化為無害物質的除外。

(2) 強放射性之工業軍事廢棄物以及其他具有低放射性物質的工業與醫療廢棄物。

(3) 原油及其廢棄物、石油煉製品、殘油，以及含這類物質的混合物

(4) 漁網、繩索、塑料製品及其他能在海面漂浮或在水中懸浮，嚴重妨礙航行、捕魚及其他活動或危害海洋生物的人工合成物質。

2. 第二類有毒廢棄物

　　含有大量砷及砷化合物、鉛及鉛化合物、銅及銅化合物、鋅及鋅化合物、有機硅化合物、氰化物、氟化物和鈹、鉻、鎳、釩及其化合物，以及殺蟲劑及其副產品的廢棄物與工業廢水污泥。

3. 第三類無害無毒物質廢棄物

　　無害無毒物質的廢棄物，包括航道港口疏浚泥等。

　　臺灣依據海洋棄置（海拋）物質成分將棄置物質分為甲、乙、丙三類。主管機關對於海洋棄置分類參照倫敦海拋公約議定書進行修正，將公約中正面表列之 7 大類物質列為丙類，不屬 7 大類物質則是甲類，但 7 大類物質中所含某些物質超過一定濃度時，則列為乙類。甲類物質為有害物質不得進行海洋棄置（海拋）；乙類物質於批次海洋棄置（海拋）時均應取得許可；丙類物質則於許可期間內採總量管制方式管理。丙類物質主管機關修正時，特別增加味精醱酵母液，主要因味精是國內特有產業，先前已經核准醱酵母液海拋處理達 10 年以上，而且經過長期完整監測並未對海域生態及環境造成顯著不良影響。

6-3 海洋棄置之管制與臺灣收費法規

　　關於海洋棄置與海上傾廢場所地點的調查和選定規劃，以及棄置物棄置的審查與核准，棄置行為的監督與管理，在我國係由行政院環保署主管該項業務。海洋棄置與廢棄物實行傾倒應該採許可證制度。申請許可內容其主要包括有：載運工具、廢棄物名稱、數量、棄置區位置、地點、傾倒時間、傾倒條件（包括廢棄物的預處理），對包裝材料和規格的要求及傾倒速率等。

　　為了確保傾倒行動係依規定進行，主管機關有權對傾倒活動進行必要的監視。監視的方式有兩種：(1) 派出監視船在海面進行監視；(2) 派人隨傾倒船出海進行監視。主管機關有權經常對棄置區域的環境品質進行監測，提供海洋棄置管理之科學依據。當發現棄置區之水體環境受到污染損害時，得以及時採取措施，包括：停止使用該棄置區，亦或停止在該區傾倒某些廢棄物等。

　　為確實保護海洋環境，以利海洋永續利用，各國政府與相關海事組織制定了一些海洋棄置法，以利管制進行有效管理。例如：(1) 1972 年 2 月 15 日，西、北歐 12 國在奧斯陸簽署了「防止船舶和飛機傾廢造成的海洋污染公約」。(2) 1972 年 12 月 29 日，79 個國家的代表在倫敦簽署了「防止傾倒廢物及其他物質污染海洋的公約」。(3) 美國於 1973 年 10 月由環境保護署（EPA）頒布了關於海洋傾廢的規則。(4) 日本、加拿大、新加坡、瑞典、丹麥及英國等國也相繼各自制訂了傾廢法或有關條款。(5) 在 1985 年 4 月 1 日起，中國實施了「中華人民共和國海洋傾廢管理條例」。針對海上傾倒活動進行了科學管理，嚴格控制。(6) 臺灣於民國 89 年 11 月公布實施《海洋污染防治法》。

　　1996 年各國簽訂之倫敦海拋公約，其主要內含精神與重點在於：(1) 進行海洋棄置以許可方式管制，(2) 強強調預警（precaution）和預防（prevention）的觀念，(3) 棄置物質以正面表列規定，(4) 建立海拋場址及作業標準、許可之審核批准、紀錄保存及監測等事項。各國海洋棄置管制要點基本上主

要都是依循倫敦海拋公約的精神，各國相關法令之管制要點比較如下表。

表 6-1 倫敦公約與各國海洋棄置管制要點之比較表

公約／法令	海洋棄置管制要點
倫敦公約議定書（1972/1996）	■ 正面表列棄置物質 ■ 許可管制棄置作業 ■ 事前對棄置區棄置作業影響評估 ■ 詳細評估可能影響及其他替代方案
美國海洋保護、研究及庇護法（1972）	■ 事業及船舶非經取得許可，不得棄置任何物質於海洋 ■ 事前對棄置區棄置作業影響評估 ■ 建立許可審查準則，評估海洋棄置許可申請
澳洲環境保護（海洋棄置）法（1983）	■ 棄置前應取得核發許可，始得棄置 ■ 事前對棄置區棄置作業影響評估
日本海洋污染防止法（2014）	■ 棄置前應取得核發許可，始得棄置 ■ 正面表列棄置物質
中華人民共和國海洋傾廢管理條例（2017）	■ 向主管機關提出申請，取得許可，始得棄置 ■ 主管機關進行監視與監督

為求得海洋棄置與傾廢的科學性與客觀性管制及有效管理，需要進行研究工作。一般分為兩個方面：(1) 技術上的研究，例如：廢棄物的包裝及其材料的研究、投棄方式方法的研究、水體對包裝物影響的研究、包裝物對外體系的影響的研究、廢棄物的下降速率研究，以及廢棄物的海底衝擊研究等。(2) 海域環境效應的研究，例如：定期對海區和廢棄物進行監視監測、對廢棄物在海水中的物理和化學過程的研究、廢棄物對周圍環境尤其是對海洋生物影響的研究，以及外部系統對於廢棄物影響的研究等等。上述研究進行的目的主要是能夠提供採取有效措施，使得海洋棄置或海洋傾廢對海洋環境的衝擊影響降低到最小程度。

臺灣對於海洋棄置訂有收費辦法，民國 105 年 5 月 19 日由行政院環境

保護署環署水字第 1050038476 號令修正發布全文 8 條；並自 105 年 7 月 1
日施行。於 2003 年 11 月 26 日以環署水字第 0920083108 號令訂定發布。
該辦法係依《海洋污染防治法》第十二條第二項規定訂定之。辦法中規定進
行海洋棄置須先提出申請經核准後繳納海洋棄置費，始能進行海拋廢棄物。

　　辦法中之費率係指海洋棄置物種類每單位數量（立方公尺）之收費金
額。海洋棄置物數量係指執行海洋棄置作業船舶污泥艙容積（立方公尺）與
對應航次乘積之總和。

　　經中央主管機關（海洋委員會）許可實施海洋棄置者，應繳納海洋棄置
費；其費額依下列公式計算：費額 = 海洋棄置物數量（立方公尺）× 費率
（元 / 立方公尺）。各類海洋棄置物費率如下：一、乙類疏浚泥沙：每立方
公尺新臺幣三十五元。二、丙類疏浚泥沙：每立方公尺新臺幣二十元。

6-4 海洋棄置許可審查考量主要項目

　　海洋棄置許可管理之主管機關為海洋委員會，許可審查管理辦法經中
華民國 98 年 1 月 8 日行政院環境保護署環署水字第 0980000029 號令修正
發布更改名稱，全文 15 條。並自發布日施行（原名稱：海洋棄置及海上焚
化管理辦法；新名稱：海洋棄置許可管理辦法）。該辦法依《海洋污染防治
法》第二十條第二項規定訂定之。

　　辦法第 8 條規定海洋棄置許可文件應記載下列事項：
一、基本資料：
　　(1) 公私場所名稱、聯絡電話及地址。
　　(2) 公私場所負責人姓名、住址、聯絡電話及身分證明文件字號。
二、許可內容：
　　(1) 棄置物質之名稱、種類、數量。
　　(2) 棄置區域。
　　(3) 棄置物質裝載作業、污染防止措施、棄置方法、棄置速率及海上運
　　　　送航程。

(4) 棄置次數及棄置頻率。

(5) 監測位置、監測項目、監測頻率、監測方式、申報、紀錄保存其他
應遵循事項之規定。

(6) 棄置期間之限制條件。

(7) 海洋棄置船舶或機具名稱、負責人姓名、身分證明文件字號及住
址、責任保險文件資料。

(8) 其他經中央主管機關規定之事項。

三、海洋棄置許可文件之有效期間及許可文號。

第 9 條規定許可效期。乙類物質海洋棄置許可文件之有效期間，為中央
主管機關當次核准之期限。丙類物質海洋棄置許可文件之有效期間最長
不得超過三年。

許可審查文件內容之專家會議審查，考量主要審查重點如下：

(一) 海洋棄置區域方面

1. 規劃海洋棄置區域水文現況？是否有上升流？
2. 海拋棄置區位址之選定，除與棄置區指定海域利用單位取得共識外，應
依海域環境調查結果，分析海拋後污染物擴散及對海域生態造成影響，
說明選址理由。

(二) 海洋環境監測方面

1. 海域監測計畫之監測站是否具代表性，監測站設置考量為何，可否反應
海洋棄置實際對海域水質的影響狀況？
2. 應實際進行污染物排放變化，將海流監測資料納入擴散模式驗證。
3. 海洋棄置對底棲生物群聚結構得影響？

6-5 污泥海洋棄置擴散分析

駁船進行海洋棄置污泥（sludge），參閱圖 6-1 示意圖，由於捲增效

應，污泥團將與周遭海水混合形成污泥水團，污泥水團之體積擴大並逐漸下沉。隨著污泥水團下沉時，由於混合更多海水，因此混合後之污泥水團受到浮力漸減，下沉至一定水深，污泥水團之重量與浮力相等時，此時污泥水團在此深度將懸浮水中不再下沉，該深度稱為污泥團擴散最大貫穿深度（maximum penetration depth）。

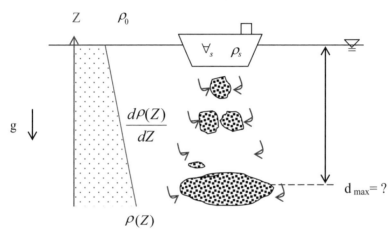

圖 6-1　駁船海洋棄置污泥，污泥團在海域水中擴散示意圖

不考慮海流狀況下，若欲令棄置後之污泥團在海域獲得完全擴散時，需要掌握污泥團擴散之最大貫穿深度。當海域水體為線性密度層變（linearly density stratification），在不考慮海流條件下，棄置後之污泥團獲得完全擴散最大貫深度推估分析如下：

假定海洋棄置污泥體積 $\forall_s$，污泥密度 ρ_s，海水表層密度 ρ_0，海域水體線性密度層變斜率 $\dfrac{d\rho(Z)}{dZ}$，重力加速度 g，污泥團完全擴散之最大貫穿深度 d_{max}。

利用因次分析（dimensional analysis），推估污泥團完全擴散之最大貫穿深度 d_{max}

選定 3 個基本因次，長度 L　質量 M　時間 T

海洋棄置污泥之 6 個相關控制參數之因次分別如下：

污泥體積 $\forall_s$：$[L^3]$

污泥密度 ρ_s：$[\dfrac{M}{L^3}]$

重力加速度 g：$[\dfrac{L}{T^2}]$

海水表層密度 ρ_0：$[\dfrac{M}{L^3}]$

海域水體線性密度層變斜率 $\dfrac{d\rho(Z)}{dZ}$：$[\dfrac{M/L^3}{L}]=[\dfrac{M}{L^4}]$

污泥團完全擴散之最大貫深度 d_{max}：$[L]$

∴參數個數 $n = 6$，因次個數 $k = 3$

依據白金漢 π-theorem：$n - k = 6 - 3 = 3$

可以獲得三組無因次組合，但太多組了，因此重新改變控制參數，只要獲得一組無因次組合即可。

令 $\rho_s - \rho_0 = \Delta\rho$

故　　每單位體積沉沒之重量（Submerged weight per unit volume）：$g \cdot \Delta\rho$

因此　　棄置沉入水體之總重量（total submerged weight）：$\forall_s(g \cdot \Delta\rho)$

而　　$-\dfrac{d\rho}{dZ}$ 由 $-g\dfrac{d\rho}{dZ}$ 取代，控制參數改變如下：

污泥團完全擴散之最大貫深度 d_{max}：$[L]$

棄置沉入水體之總重量 $\forall_s(g \cdot \Delta\rho)$：$[\dfrac{L^4}{T_2}\dfrac{M}{L^3}]$

海水表層密度 ρ_0：$[\dfrac{M}{L^3}]$

$-g\dfrac{d\rho}{dZ}$：$[\dfrac{M}{L^4}\dfrac{L}{T^2}]$

所以 π-theorem 得 $n - k = 4 - 3 = 1$，一組無因次組合 π_1。

$$\pi_1 \sim [d_{max}]^A[\forall_s g \cdot \Delta\rho]^B[\rho_0]^C[-g\dfrac{d\rho}{dZ}]^D \qquad （6\text{-}1）$$

$$[M]^0[L]^0[T]^0 \sim [L]^A [\frac{L^4}{T^2}\frac{M}{L^3}]^B [\frac{M}{L^3}]^C [\frac{M}{L^3}\frac{1}{T^2}]^D \tag{6-2}$$

$$\pi_1 \sim \frac{d_{max}(\frac{-g}{\rho_0}\frac{d\rho}{dZ})}{\forall_s g \cdot \frac{\Delta\rho}{\rho_0}} \tag{6-3}$$

$$令 \ \forall_s \cdot g \cdot \frac{\Delta\rho}{\rho_0} = \forall_s g' \ , \ -\frac{g}{\rho_0}\frac{d\rho}{dZ} = g(-\frac{1}{\rho_0}\frac{d\rho}{dZ}) = g\varepsilon \tag{6-4}$$

（6-4）代入（6-3），得 $\pi_1 \sim \dfrac{d_{max}^{\ 4}(g\varepsilon)}{\forall_s g'}$ （6-5)

$$\therefore d_{max}^{\ 4} \sim (\frac{\forall_s g'}{g\varepsilon}) \tag{6-6}$$

若將（6-5）改寫成等式，加上係數即可，

亦即污泥團完全擴散之最大貫深度 $\therefore d_{max} = k(\dfrac{\forall_s g'}{g\varepsilon})^{\frac{1}{4}}$ （6-7)

（6-7）之係數由實驗決定，$k = 2.66$。

6-6 廢液海洋棄置稀釋擴散分析

　　船舶海拋廢液（waste liquids）（例如味精發酵母液、廢酸、廢鹼），排放之廢液與船舶尾跡（ship wake）作用混合達到混合稀釋目的，參閱圖6-2。廢液在船舶尾跡之稀釋擴散，基本上依排放稀釋擴散之過程，可區分三階段：(1) 初始階段（initial dilution phase），(2) 近域階段（near field phase），(3) 遠域階段（far field phase）。初始階段廢液排放進入船舶尾跡區，開始混合。接著利用尾跡之發展，同時皆由捲增（entrainment）效應將周遭海水與廢液混合稀釋。最終在尾跡區域外，將尾跡區混合稀釋之廢液，借助紊流擴散（turbulent diffusion）效應進行擴散稀釋。

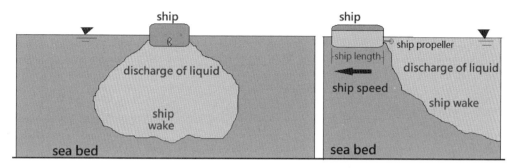

圖 6-2　廢液在船舶行進之尾跡擴散示意圖

廢液排放在船舶尾跡近域階段（near field phase），其稀釋狀況可依據 IMCO 經驗公式（IMCO, 1975）計算，如下式：

$$S = \frac{C_1}{Q} t^{0.4} V^{1.4} L^{1.6} \qquad (6\text{-}8)$$

式中 S 為稀釋倍數（dilution），$S = \dfrac{C_d}{C_{max}}$，C_d 為排放廢液之濃度，C_{max} 為船舶尾跡斷面之廢液最大濃度，Q 為廢液排放量（m³/s），t 為船舶通過後之時間 300s，L 為船舶長度（m），V 為船舶行進速度（m/s），C_1 為係數，單口排放時 $C_1 = 0.003$，船舶中心軸對稱方式多孔排放時 $C_1 = 0.0045$。因為生態動機（ecological motives）（暴露反應門檻時間（exposure reaction threshold time）），故訂定 $t = 300$s。

IMCO 經驗公式適用範圍為 $3 < \dfrac{Vt}{L} < 40$，此公式之 t 為固定 $t = 300$s。因此僅有船舶行進速度 V 與船舶長度 L 可以變動。該經驗公式計算結果與 Dahl et al.（1972,1973,1975）之實場實驗（full scale experiments），以及 Mercier et al.（1973）與 Delft Hydraulics Laboratory DHL（1975）之實驗室實驗（laboratory experiment）結果比較，示如圖 6-3。

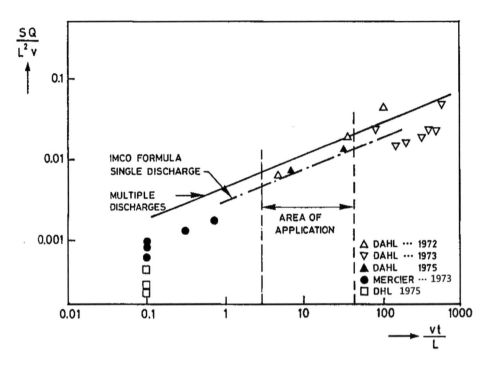

圖 6-3　IMCO 公式與其他實場實驗及實驗室實驗結果比較（Delvigne, 1983）

例題　利用船舶尾跡將廢液混合稀釋，在近域階段時，若船舶長度 78m，船舶行進速度 5m/s，廢液排放量 0.131m³/s，排放條件為單口排放。請依 IMCO 公式推算稀釋倍數。

解答：L = 78m，V = 5m/s，Q = 0.131m³/s，t = 300s，C_1 = 0.003

帶入 IMCO 公式 $S = \frac{C_1}{Q} t^{0.4} V^{1.4} L^{1.6}$，

∴稀釋倍數 $S = \frac{0.003}{0.131\frac{m^3}{s}} (300s)^{0.4} (5m/s)^{1.4} (78m)^{1.6} = 2273$

Lewis（1985）分析廢液排放後在船尾跡之稀釋，參閱圖 6-4 示意圖。分析假設條件為：(1) 尾跡流場平均特性為穩定均勻（steady and uniform），因為觀測結果顯示尾跡之紊流衰減現象緩慢。(2)排放廢液之初始稀釋（initial dilution）非常快速，因此廢液與周遭環境海水密度差異所引發

之效應不重要，不予考慮。(3) 在尾跡深度（wake depth）範圍內之垂直混合（vertical mixing）非常迅速。(4) 尾跡深度以下之垂直混合很緩慢，因此在排放後中間時間與較長時間（intermediate and longer times）階段之稀釋主要由側向混合（lateral mixing）控制。

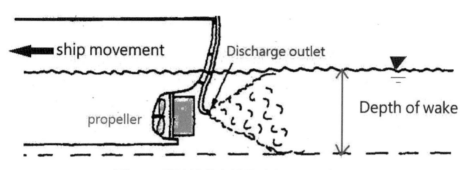

圖 6-4　廢液排放在船尾跡之稀釋示意圖

　　在上述假設條件下，Lewis（1985）分析推導獲得廢液排放在於船尾跡在中間與較長時間之稀釋公式，分別如下：
排放後中間時間階段（intermediate times）

$$S = \frac{0.56}{Q}\left(c_F \beta \gamma\right)V^2 Lt \qquad （6-9）$$

排放後長時間階段（long times）

$$S = \frac{2.89}{Q}c_F^{1/2}\gamma^{1/2}\delta V^{3/2}L^{3/2}t^{1/2} \qquad （6-10）$$

上式中 S 為船舶尾跡稀釋倍數；Q 為廢液排放量；c_F 單位阻力係數（specific resistance coefficient）；β 為拉式時間尺度與歐式時間尺度之比值（ratio of Lagrangian and Eulerian time scales），$\beta = 4.0$（Pasquill, 1974）；$\gamma = Ph$，P 為船體尺寸參數 $P = (c_B B + 1.7d)/Bd$，c_B 為阻塞係數 $c_B = 0.65 \sim 0.80$（Muckle, 1975, p.222），d 為船舶吃水深度，B 為船樑長度，h 為廢液完全混合層深度；$\delta = (\tau_L hV)^{1/2}$，$\tau_L$ 為拉式時間積分尺度（Lagrangian integral time scale），一般選用約 1 minute；V 為船舶行進速度；L 為船舶長度；t 為時間。

　　若改用無因次形式（dimensionless form）表示，則（6-9）式與（6-10）式分別改寫為：

$$\log_{10}\left(\frac{QS}{VL^2}\right) = \log_{10}\left(\frac{Vt}{L}\right) + \log_{10}(0.56c_F\beta\gamma) \tag{6-11}$$

$$\log_{10}\left(\frac{QS}{VL^2}\right) = \frac{1}{2}\log_{10}\left(\frac{Vt}{L}\right) + \log_{10}\left(2.89c_F^{1/2}\gamma^{1/2}\delta\right) \tag{6-12}$$

　　依據上分析推導結果，（6-9）式顯示在排放後中間時間階段之稀釋倍數增加與時間增加呈線性關係，亦即 $S \sim t$；而在排放後長時間階段，（6-10）式顯示稀釋倍數增加與時間的 1/2 次方關係，亦即 $S \sim t^{1/2}$。圖 6-5 為不同 γ 值（$\gamma = 0.05 \sim 2.0$）在中間時間階段與長時間階段之稀釋倍數無因次化函數關係。

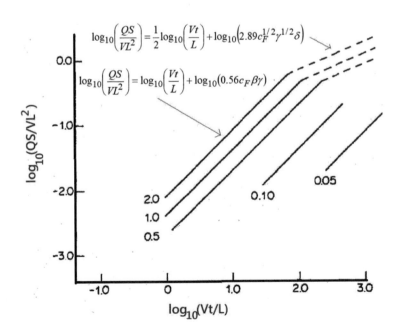

圖 6-5　不同 γ 值（0.05～2.0）在中間時間階段與長時間階段之稀釋倍數無因次化函數關係（Lewis, 1985）

　　蕭與莊（1994）採用泰勒之紊流擴散理論，推導近域階段之稀釋變化。據此做為遠域階段之起始條件。遠域階段模式則以擴散方程式（diffusion equation）處理，並使用統計動差法（moment method）對濃度取各階統計動差參數值，以推算濃度分布。將近域與遠域結合，以模擬廢液海拋後中心軸線之濃度擴散逐時變化，並與 Ball & Reynolds（1976）之實場資料驗證，示如圖 6-6〔圖中 C_0 為排放廢液初始濃度，C_{max} 為遠域階段最大濃度，T 為廢液排放後之時間（單位：hour）〕，結果良好。

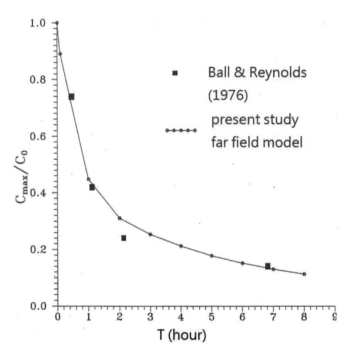

圖 6-6　廢液海拋在遠域階段中心軸線之濃度擴散逐時變化，並與 Ball & Reynolds
　　　　（1976）之實場資料比較

　　在遠域擴散階段，廢液流團受到海域環境流速及海洋的擴散特性影響，經過一段時間後，廢液得以運移傳輸並產生稀釋。圖 6-7 為遠域階段廢液在不同海流速度（U_0 為主流向海流速度，V 為側向海流速度），中心軸線最大濃度隨時間 T（單位：hour）變化。

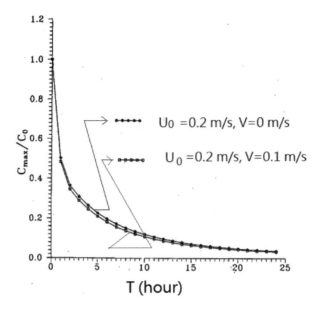

圖 6-7　遠域階段廢液在不同海流速度下，中心軸線最大濃度隨時間變化

6-7 海域平台鑽探泥海洋棄置之廢質流團數值分析模擬

　　平台排放的鑽探泥（drilling mud & cutting）與生產水（produced water）所造成之廢質流團一進入海洋水域內，其擴散污染數學模式模擬短期污染排放擴散情形，可在海域平台鑽探時排放廢質污染，提供海洋環境防治監測與處理之參考。

　　當鑽探泥由噴射導管排放進入海域後，短期擴散分為三種過程分別為射流傳輸沈降（jet convective descent）、動力崩散（dynamic collapse）與底床撞擊（encounter ocean bottom），經由守恆原理分別推導出一組常微分控制方程式。利用標準的四階阮奇 - 庫塔法（Fourth Order Runge-Kutta method）求得該組常微分控制方程式之數值解。長期延散則使用擴散方程式計算分析處理。短期擴散與長期延散如圖 6-8 所示：

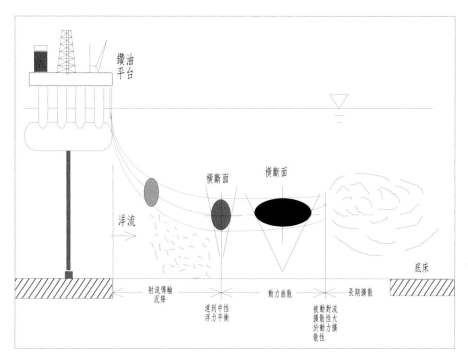

圖 6-8　鑽探泥排放擴散示意圖

(1) 射流傳輸沉降段：排放之流團因重力之影響下沉降至水體（water col-
　　umn）中，且快速地進入海域，此過程造成廢質濃度之大量稀釋及流團密
　　度的減小。

(2) 動力崩散段或底床撞擊段：當排放流團成為中性浮力或當其遭遇海洋底
　　床時。在此階段，沈降可能因此受阻或終止，水平之擴散成為最主要的
　　控制因素；此時煙羽流（plume）的水平寬度變長，垂直方面變短，呈
　　橢圓狀。

(3) 被動對流擴散（passive advection-diffusion）段：又可稱為長期延散
　　（long-term dispersion）段。當傳輸與排放煙羽流的擴展為周遭洋流及
　　紊流特性所決定而不再受煙羽流動力所控制時。

(一) 射流傳輸沈降模擬

　　排放後其橫斷面設定為圓形斷面，b、U、ρ 與 C_{si} 代表廢質流團之半徑、中心速度、密度與濃度。周遭之水體密度層變為 $\rho_a(y)$，洋流速度設為 $U_a(y)$。如圖 6-9 所示，座標使用整體系統（global system），s 是噴射流軌跡的行徑方向；θ_1、θ_2 及 θ_3 是 s 與 x、y、z 各軸之夾角；γ 是 s 與合成後海洋洋流速度方向之夾角，則各守恆方程式如下：

質量守恆方程式

$$\frac{d}{ds}(\rho\forall) = E\rho_a - \sum_i s_i\rho_{si} \tag{6-13}$$

動量守恆方程式

$$\frac{d}{ds}\vec{M} = F\vec{j} + E\rho_a\vec{U}_a - \vec{F}_D - \sum_i s_i\rho_{si}\vec{U} \tag{6-14}$$

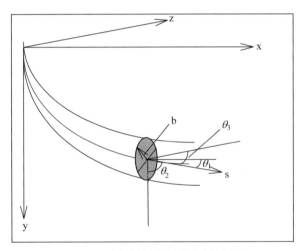

圖 6-9　射流傳輸沈降之結構圖

浮力守恆方程式

$$\frac{d}{ds}B = E\Delta f - \sum_i s_i\Delta_{si} \tag{6-15}$$

粒子守恆方程式

$$\frac{d}{ds}p_i = -s_i \tag{6-16}$$

上列諸式中 $\forall = \pi b^2 U$ 為體積通量，

$E = E_m + E_t\sin\theta_2$

　　$= 2\pi b\alpha_1(U - U_a\cos\gamma) + 2\pi b\alpha_2 U_a\sin\gamma\sin\theta_2$ 為捲增量，

$s_i = 2b|w_{si}|C_{si}(1 - \beta_i)$ 為固體粒子之沈降量，

$\bar{M} = \pi b^2 \rho U\bar{U}$ 為動量通量，

$F = \pi b^2 g(\rho - \rho_a)$ 為每單位長度之浮力，

j：為垂直水面方向之向量，

$F_D = c_D\rho_a b(U_a\sin\gamma)^2$ 為拖曳阻力，

$\bar{F}_D = (F_{Dx}, F_{Dy}, F_{Dz})$

$F_{Dx} = \dfrac{-\cos\gamma\cos\theta_1 + \cos\delta_1}{\sin\gamma} F_D$ 為 x 方向之拖曳阻力，

$F_{Dy} = \dfrac{-\cos\gamma\cos\theta_2}{\sin\gamma} F_D$ 為 y 方向之拖曳阻力，

$F_{Dz} = \dfrac{-\cos\gamma\cos\theta_3 + \cos\delta_3}{\sin\gamma} F_D$ 為 z 方向之拖曳阻力，

$B = \pi b^2 U(\rho_{a0} - \rho)$ 為浮昇通量，

$\Delta f = (\rho_{a0} - \rho)$ 為自由表面與中心軌跡處之密度差，

$\Delta s_i = \rho_{a0} - \rho_{si}$ 為自由表面與固體粒子之密度差，

$pi = \pi b^2 UC_{si}$ 固體粒子之體積通量。

　　E_m，E_t 分別為動量噴射與二維流層（two-dimension thermal）所引起之捲增量；α_1，α_2 為捲增係數；w_{si} 為固體粒子之沈降速度；β_i 為沈降係數；c_D 為拖曳阻力係數；δ_1，δ_3 分別為洋流速度與 x，z 座標間之夾角；ρ_{a0} 為自由表面密度；ρ_{si} 為固體粒子密度。沈降係數 β_i 介於 $0\sim1$ 之間，如流團之垂直向速度 v 等於零，則固體粒子可自由沉出流團 $(\beta_i = 0)$；若固體粒子之沈降速度小於流團之垂直向速度，則固體粒子不沉出流團 $(\beta_i = 1)$。捲增係

數 α_1，α_2 與流團性質、周遭流體特性及紊流特性有關；模式中使用參數 α_1 = 0.0806，α_2 = 0.3536 來運算；拖曳阻力係數 c_D 為雷諾數（Reynolds number）之函數，視 b 與 $|\bar{U} - \bar{U}_a|$ 而決定；根據二維圓柱流體圖之研究，取 c_D = 1.3。

射流之中心軌跡線可經由下式求得：

$$\frac{dx}{ds} = \cos\theta_1 \qquad (6\text{-}17)$$

$$\frac{dy}{ds} = \cos\theta_2 \qquad (6\text{-}18)$$

$$\frac{dz}{ds} = \cos\theta_3 \qquad (6\text{-}19)$$

若給定適當的起始條件即可求其數值解。

(二) 動力崩散模擬

當廢質流團繼續往下流時，就不再像是噴射流。流團傾向於垂直向崩散及水平向地擴展以維持在周遭海洋密度比降下之靜力平衡，此時水平速度將趨近於水域的水平向流速。假定流團的斷面是以主軸 b 及次軸 a 之橢圓形斷面，若使用區域座標系統（local-coordinate system），則其橢圓方程式表示如下：

$$\frac{y'^2}{a^2} + \frac{x'^2}{b^2} = 1 \qquad (6\text{-}20)$$

式中 y'，x' 分別代表起始固定在中心二維流層之座標，設定 a，b 為橢圓形體之次軸與主軸且為時間之函數，則周遭水域的密度分布為

$$\rho_a(y) = (\rho + \Delta\rho)\{1 - \varepsilon(y)y'\} \qquad (6\text{-}21)$$

式中 $\Delta\rho$ 為流團及水域在 y' 處之密度差值，$\varepsilon(y)$ 為周圍密度梯度（density gradient），表示成：

$$\varepsilon = -\frac{1}{\rho_{a0}}(\frac{d\rho_a}{dy})$$ （6-22）

式中 ρ_{a0} 為海水自由表面之密度，y 為海水深度，假設向上為正。捲入周遭之流體亦使得內部流團密度發生層變作用，在流團內之密度分布為

$$\rho^*(y', x', t) = \rho\{1 - \gamma_1 \frac{a_0}{a}\varepsilon(y)y'\}$$ （6-23）

上式中，γ_1 為分布常數（distribution constant），其值介於 0～1 之間；若 $\gamma_1 = 1$ 則流團密度與水域相同將無水平向擴散產生；否則流團會尋求新的水力平衡。$\gamma_1 \frac{a_0}{a}$ 表示為流團內外密度比降近似比，則各守恆方程式分述如下：

質量守恆方程式

$$\frac{d}{dt}(\rho\forall) = E\rho_a - \sum_i s_i\rho_{si}$$ （6-24）

動量守恆方程式

$$\frac{d}{dt}(\vec{M}) = F\vec{j} + E\rho_a\vec{U}_a - \vec{D} - \sum_i s_i\rho_{si}\vec{U}$$ （6-25）

浮昇守恆方程式

$$\frac{d}{dt}(B) = E\Delta f - \sum_i s_i\Delta_{si}$$ （6-26）

粒子守恆方程式

$$\frac{d}{dt}p_i = -s_i$$ （6-27）

式中 $\forall = \pi abL$ 為浮昇元素之總體積，

$E = 2\pi\sqrt{\frac{a^2+b^2}{2}}L(\alpha_3|\vec{U} - \vec{U}_a| + \alpha_4\frac{db}{dt})$ 為體積內之捲增量，

$s_i = 2bL|w_{si}|C_{si}(1 - \beta_i)$ 為固體粒子之沈降量，

$\vec{M} = c_M \rho \pi abL\vec{U}$ 為動量，

$F = \pi abL(\rho - \rho_a)g$ 為浮力，

$\vec{D} = (D_x, D_y, D_z)$，

$D_x = \frac{1}{2}c_{D3}2aL\sin\varphi\rho_a|\vec{U} - \vec{U}_a|(u - u_a)$ 為 x 方向之拖曳阻力，

$D_y = \frac{1}{2}c_{D4}2bL\rho_a|\vec{U} - \vec{U}_a|v$ 為 y 方向之拖曳阻力，

$D_z = \frac{1}{2}c_{D3}2aL\cos\varphi\rho_a|\vec{U} - \vec{U}_a|(w - w_a)$ 為 z 方向之拖曳阻力，

$B = \pi abL(\rho_{a0} - \rho)$ 為浮昇量，

$p_i = \pi abLC_{si}$ 為浮昇元素中之固體體積。

各守恆方程式之係數意義如下：α_3、α_4 為沈降及崩散之捲增係數，取 $\alpha_3 = 0.3536$，$\alpha_4 = 0.001$，c_{D3}、c_{D4} 為二維流線楔形（wedge）與二維平板（plate）之拖曳阻力係數，取 $c_{D3} = 0.2$，$c_{D4} = 2.0$，φ 為 L 與 x 軸之間之夾角，c_M 為附加質量係數，值介於之間，取 $c_M = 1.0$。L 為沈降元素的軌跡所能描述連續流體的擴展尺度（stretching scale），$1 \sim 1.5$ 計算擴展尺度 L 可假定為：

$$\frac{L}{\sqrt{u^2 + w^2}} = 定數 \tag{6-28}$$

流團水平向運動方程式表示成：

$$I = F_D - D_D - F_f \tag{6-29}$$

式中 $I = \frac{d}{dt}(\frac{ab}{3}L\rho v_1)$ 為慣性力（inertia），

$F_D = \frac{1}{6}\rho_a gL(1 - \gamma_1\frac{a_0}{a})\varepsilon a^3$ 為驅使力（driving force）

$D_D = \frac{1}{2}c_{drag}\rho_a aLv_2|v_2|$ 為形體阻力（form drag），

$F_f = \frac{b}{a}c_{fric}Lv_2$ 為抗剪阻力（skin force）。

　　以上各式中之係數：γ_1 為流團內外密度比降之比值，取 $\gamma_1 = 0.25$，c_{drag} 為流過橢圓柱體邊緣之拖曳阻力係數，取 $c_{drag} = 1.0$，c_{fric} 為表面抗剪阻力係數，取 $c_{fric} = 0.01$。

　　在崩散過程中，水平向擴散及捲增是同時發生的，因此流團的中心速度應該包括此二種物理量，即

$$\frac{db}{dt} = v_1 + v_3 \qquad (6\text{-}30)$$

上式中 v_1 是由於崩散所產生的中心速度；v_3 是由於捲增且同時讓 ρ，a 及 L 保持常數下之中心速度，即

$$v_3 = \frac{E\rho_a - \sum_i s_i \rho_{si}}{\rho\pi a L} \qquad (6\text{-}31)$$

v_2 是由於動力崩散所產生中心速度的組合，會受 L 的影響而改變其值，即

$$v_2 = v_1 - \frac{b}{L}\frac{dL}{dt} \qquad (6\text{-}32)$$

軌跡線由下式求得：

$$\frac{dx}{dt} = u,\ \frac{dy}{dt} = v,\ \frac{dz}{dt} = w \qquad (6\text{-}33)$$

可由射流傳輸沈降段之終端數據資料做為起始條件進行求解。

(三) 底床撞擊模擬

　　若密度層變變緩和或無密度層變時，廢質流團可能撞擊海底底床，然後再從底床擴散開來；因垂直向受到底床限制，流團主要為水平向地擴散。底床撞擊時須比動力崩散多加考慮其所衍生出來之反作用力及底床摩擦力。假設流團斷面為以主軸 b 及次軸 a 之橢圓柱體上半部，若底床平行於水體表面，而各守恆方程式大致與動力崩散所述者相似，其差異處如下：

動量守恆方程式

$$\frac{d}{dt}(\bar{M}) = F\vec{j} + E\rho_a \bar{U}_a - \bar{D} - \sum_i s_i \rho_{si} \bar{U} - \bar{F}_F \quad （6\text{-}34）$$

上式中 $\bar{F}_F = (F_{Fx}, F_{Fy}, F_{Fz})$，

$\quad F_{Fx} = F_b F_{fric}\,{}^u\!/_\psi$ 爲 x 方向之底床摩擦力，

$\quad F_{Fy} = -F_b = -F + \dfrac{d}{dt}(\dfrac{1}{2}c_M \rho \pi abLv) + \sum_i s_i v \rho_{si}$ 爲 y 方向之底床反作用力，

$\quad F_{Fz} = F_b F_{fric}\,{}^w\!/_\psi$ 爲 z 方向之底床摩擦力，

以上係數中，F_{fric} 爲底床磨擦係數，取 $F_{fric} = 0.01$；$\psi = \sqrt{u^2 + w^2}$ 爲流團元素與底床間之合成速度。

流團之水平向運動方程式：

$$I = F_D - D_D - F_f - F_{bf} \quad （6\text{-}35）$$

上式中 $F_{bf} = F_b F_{fric} F_1$ 爲底床之摩擦阻力。

其中 F_1 是上半部橢圓柱體受到摩擦力時之修正因子，取 $F_1 = 0.1$。同時爲讓控制方程式閉合，假設爲無捲增與在一定之沈降量下，藉由連續性之性質求得中心垂直速度如下：

$$v = \frac{4a}{3\pi b} v_1 \quad （6\text{-}36）$$

蕭與謝（1995）以及 Shiau（1997）應用上述控制方程式建立數值模式，數值模式中輸入數據如下：排放口半徑爲 0.492ft；管深爲 3.28ft；出口速度爲 0.74ft/s；流團密度爲 1.2gm/cc；體積濃度爲 0.2；洋流速度爲 1.2ft/s；水深爲 40ft；密度分布爲 1.023、1.023、1.024 及 1.024gm/cc；沈降速度爲 0.3ft/s。同時參考 Brandsma and Divokey（1976）等人所描繪流團擴散軌跡路線圖，並與之做一比較，如圖 6-10 所示。由圖中可看出本模式與 Davis et al.（1983）等人之結果相互比較，大致吻合，但比 Policastro（1983）所計算後之 OOC 模擬數值略小。

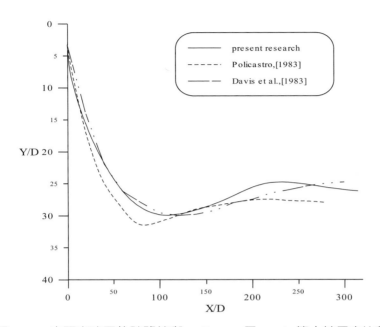

圖 6-10　本研究流團軌跡路線與 Policastro 及 Davis 等人結果之比較

　　一定洋流速度與密度層變之情況下，若水深愈大，離排放點愈遠處才能達成中性之浮力平衡，見圖 6-11，其中 D 爲排放口直徑。在射流傳輸沈降段（後簡稱爲起始段）時，水深對軌跡路線並無太大影響；至動力崩散段後才有明顯不同之軌跡路線。比較特別的是圖 6-11 右圖之 c1 軌跡曲線，因已撞擊底床，在受到底床反作用力之影響情況下，明顯異於其它軌跡曲線。

　　在一定水深與密度層變之情況下，若洋流速度愈大，離排放口愈遠處才能達成中性浮力平衡，如圖 6-12。在起始段，不同之洋流速度直接影響了排放軌跡路線，洋流速度愈大時，排放軌跡路線離自由水表面愈遠。

　　一定水深與洋流速度之情況下，若在線性密度層較弱時，離排放口處愈遠方能達成中性之浮力平衡，如圖 6-13。在起始段時，軌跡路線影響與水深影響之結果類似，並無明顯差別。在動力崩散段時，若無底床撞擊發生，則各軌跡路徑之曲線走向相似。在無密度層變，流團軌跡線會直接地撞擊底床，並在海洋底床上擴展開來。

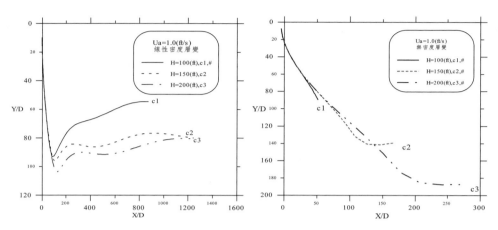

圖 6-11　不同水深下之流團軌跡路線圖（#：撞擊底床）

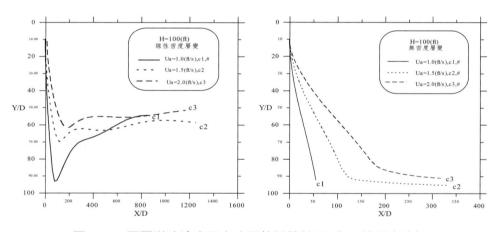

圖 6-12　不同洋流速度下之流團軌跡路線圖（#：撞擊底床）

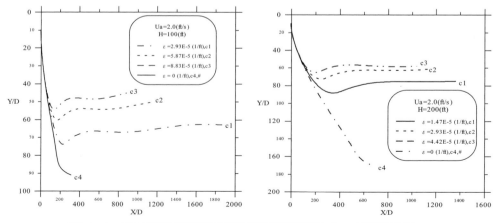

圖 6-13　不同密度層變下之流團軌跡路線圖（#：撞擊底床）

在一定水深、洋流速度與密度層變之情況下，管深愈深或出口速度愈大，其排放後之軌跡路線離自由水表面愈遠，如圖 6-14。

在一定洋流速度與（無）密度層變之情況下，水深愈大所造成的稀釋效果愈好，如圖 6-15，其中 Ts 為水深與自由表面洋流速度之比值。

在一定水深與（無）密度層變之情況下，洋流速度愈大所造成之稀釋效果愈好，如圖 6-16。若在同一時間之起始段內，洋流速度小反而稀釋能力較佳。

在一定之水深與洋流速度之情況下，弱的線性密度層比強的線性密度層變稀釋能力還好，如圖 6-17。而在無密度層變下，模擬水深為 200 倍之排放管徑，其稀釋率比在線性密度層變時為佳，且稀釋效果良好。但在線性密度層變中若遭遇底床撞擊，稀釋率就明顯降低很多。

在一定洋流速度、水深與密度層變之情況下，管深愈深或出口速度愈小時，稀釋能力會愈高，但影響稀釋的情況並不明顯，如圖 6-18。

在無密度層變之情況下，管深較淺或出口速度較小時，稀釋率會較佳。在一定洋流速度與（無）密度層變之情況下，一般說來，水深愈大，流團擴散之範圍愈大，如圖 6-19。

在一定水深與（無）密度層變之情況下，洋流速度愈大，流團擴散範圍愈小，如圖 6-20。

當起始段時，在一定水深與洋流速度之情況下，無密度層變或弱的線性密度層變之擴散範圍較大，如圖 6-21。

在一定水深、洋流速度與（無）密度層變之情況下，管深愈深或出口速度愈大，擴散水平範圍愈大，如圖 6-22。

從稀釋率與時間之關係圖中可知，一般在水深及洋流速度較大與密度層變較弱之情況下來進行排放，比較能達到良好之稀釋效果。但若在線性密度層變之排放過程中撞擊底床，則稀釋效果就很不理想。而在水深為 200 倍排放管徑深時，管深與起始動量影響稀釋之情況並不特別明顯。若在起始段時，廢質流團得以大量稀釋其濃度；等其動量慢慢降低，至動力崩散段後，稀釋率就增加的非常緩慢。

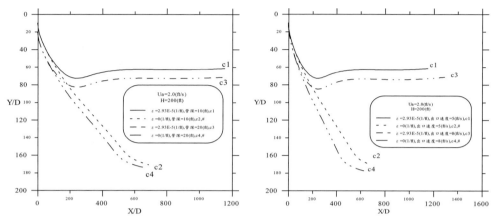

圖 6-14 不同管深或起始動量下之流團軌跡路線圖（#：撞擊底床）

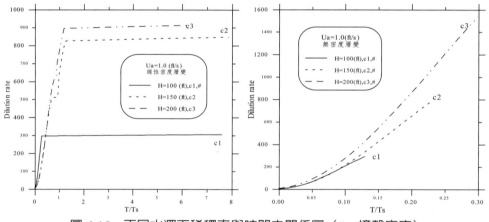

圖 6-15 不同水深下稀釋率與時間之關係圖（#：撞擊底床）

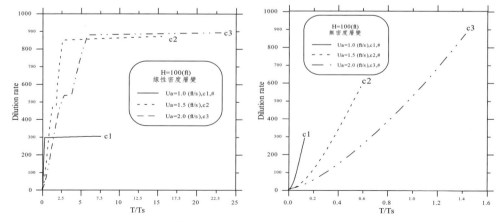

圖 6-16 不同洋流速度下稀釋率與時間之關係圖（#：撞擊底床）

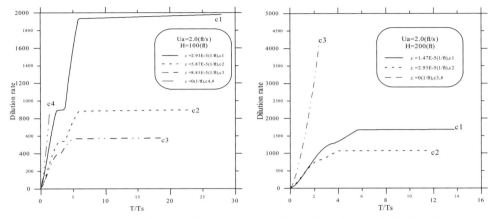

圖 6-17　不同密度層變下稀釋率與時間之關係圖（#：撞擊底床）

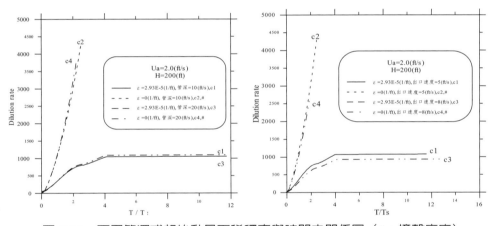

圖 6-18　不同管深或起始動量下稀釋率與時間之關係圖（#：撞擊底床）

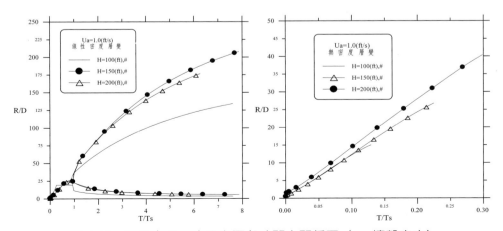

圖 6-19　不同水深下流團半徑與時間之關係圖（#：撞擊底床）

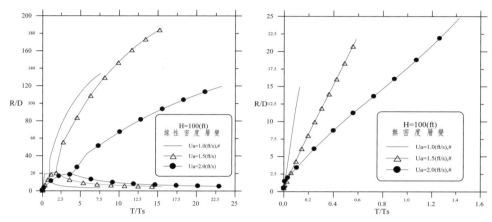

圖 6-20　不同洋流速度下流團半徑與時間之關係圖（#：撞擊底床）

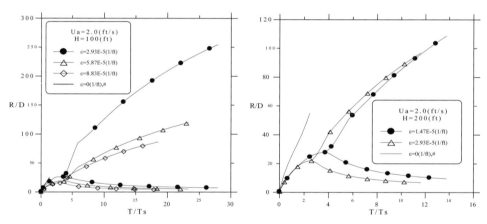

圖 6-21　不同密度層變下流團半徑與時間之關係圖（#：撞擊底床）

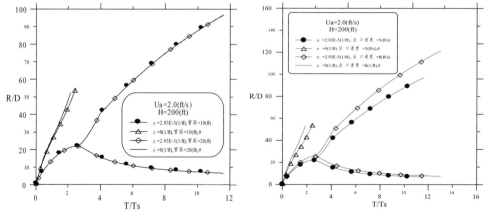

圖 6-22　不同管深下流團半徑與時間之關係圖（#：撞擊底床）

從排放後流團中心軌跡路線圖中可知，洋流速度愈大，由於受到傳輸作用之影響，軌跡路線會較接近自由水面；且因紊流效應的尺度變大，擴散也跟著變大。此為影響流團軌跡路徑曲線之主要參數。

由流團半徑與時間之關係圖中可知，在起始段時，流團半徑會隨著時間的增加而逐漸擴大；動力崩散段時次軸半徑（垂直向）a 會隨著時間的增加而逐漸減小，終將趨近於零；主軸半徑（水平向）b 則會隨著時間的增加而增大。若在線性密度層變下遭遇底床撞擊，主軸半徑就不至於增加的如此快速。

6-8 海上焚化

焚化廢棄物特別是工業、醫療廢棄物或有毒廢棄物，焚化過程產生之廢氣，排放進入大氣形成嚴重空氣污染。因此在陸上城市郊區焚化爐進行該類廢棄物焚燒，影響較大，因此顧慮較多。

海域天空廣闊，遠離都會人口聚集區，因此將焚化爐裝置船舶上，將船駛至離岸較遠之海域，在船上焚化爐焚燒該類有毒或醫療等廢棄物，其廢氣直接排放進入海域大氣，稱為海上焚化（ocean incineration or marine incineration）。

聯合國「倫敦海拋公約」一九九六年議定書於二〇〇六年三月正式生效實施，公約重點除正面表列七類物質可考慮許可海洋棄置外，其餘廢棄物均不得進行海洋棄置，並禁止廢棄物或其他物質出口至他國進行海拋或海上焚化。因此臺灣也將海上焚化列入禁止。

6-9 海洋與海岸垃圾

人類在陸域及海上各式活動，產生的廢棄物（垃圾），除了部分留在陸地，最終流入海洋，造成海洋垃圾（marine debris or marine litter）。事實上海洋垃圾大部分係來自陸域，進入海域後，隨著洋流流動，在洋流渦流

區逐漸聚集在，全球七大洋區均發現有海漂垃圾現象。目前從日本延伸至美國加州之太平洋出現巨大垃圾漂浮聚集，面積將近 50 倍臺灣面積，甚至繼續擴大，稱為太平洋垃圾漩渦。另外有些垃圾隨著沿岸流與潮汐波浪等作用，堆積聚集在海岸，形成海岸垃圾。

　　Ko et al.（2020）研究顯示風阻效應（windage effects）是將海洋垃圾推送到岸上和沿岸的重要因素，另外分析結果大洋區域被丟棄的海洋垃圾，在低風阻係數（low windage, Cw < 0.01）的垃圾比重比水大，主要累積在北緯 30° 和南緯 25°～50°；中風阻係數（moderate windage, Cw = 0.02～0.03）、高風阻係數（high windage, Cw > 0.04）的海漂物如保麗龍、寶特瓶比重比海水小，容易隨風漂移，累積在北緯 10° 與南緯 > 60° 的區域。海岸垃圾較不易受風影響，不論風阻如何，皆集中累積在北緯 10° 與南緯 5°～15° 間的熱帶區域。另外研究模型模擬也顯示塑膠垃圾因為比重比海水小，可被運送得非常遙遠，容易被帶往極地，南、北冰洋可能是另一個海洋垃圾堆積熱點。

　　海洋或海岸垃圾對海域環境與經濟造成之影響衝擊包括：
(1) 海域水質
(2) 海洋生態系統
(3) 人類健康
(4) 海洋環境景觀
(5) 船舶航行安全與海洋經濟

　　海洋或海岸垃圾包括 (1) 海面漂浮垃圾，(2) 海底垃圾，(3) 海灘垃圾。其中海面漂浮垃圾例如：塑膠類（袋、瓶）、漂浮木塊、浮標等等。海底垃圾例如：漁網、玻璃類、金屬類、塑膠類等等。海灘垃圾例如：塑膠類（袋、瓶）、保麗龍類、玻璃瓶等等。

　　塑膠類垃圾在海上受到陽光紫外線長期照射，脆化裂解為塑膠碎片，此等塑膠碎片對海洋生物包括對海鳥之衝擊，在藝術家喬登（Chris Jordan）所拍攝一系列名為中途島（Midway）的攝影作品與紀錄片中一覽無遺，包括信天翁屍體殘骸中包覆著各式彩色大量的塑膠碎片，令人怵目驚心。而其他海

洋生物，例如鯨、海獅和海豹等，屍體肚子裡也塞滿了許多塑膠垃圾碎片。

　　海洋或海岸垃圾對於海洋生物之生存威脅與人類健康之影響衝擊，分述如下：

(1) 塑膠尼龍繩及魚網之纏繞。當棄置漁網四處漂流或卡在礁石上，對於魚類、海龜、海洋哺乳類以及鳥類來說，都是死亡陷阱。

(2) 誤食塑膠碎片。由於塑膠海洋生物無法消化分解，留存於生物體中，造成海洋生物生存威脅。

(3) 由於塑膠類成品在製造過程中，經常會添加一些屬於環境荷爾蒙類的物質，在海上塑膠垃圾裂解的過程中將其釋放出來，進入海水。海洋生物從鯨魚到浮游生物，都有可能吞食並於體內累積這些環境荷爾蒙類的化學物質。當人類透過食物鏈食用魚肉，等同一併吃進這些累積的環境荷爾蒙類的化學物質，對於人體健康會造成衝擊。

(4) 塑膠微粒變奈米級大小，微小的海洋浮游動物將之吞食，接著浮游動物為小魚、小蝦和大魚吞食，如此透過食物鏈累積儲存在魚類內臟和肌肉組織。經由食用魚類，塑膠微粒最終進入人類身體內。

　　海岸淨灘或清除海域及海底之廢棄物（垃圾），是保護海洋環境很重要的一項工作，圖 6-23 為淨除撿拾減少海洋垃圾，並還給海洋一個清淨的環境之意象圖繪。這些海洋垃圾的清除收集分類，大致可分為：

(1) 海洋棄置物垃圾。

(2) 海上活動與船舶生成垃圾。

(3) 海岸活動休憩及生活產之生垃圾。

(4) 醫療及衛生相關用品垃圾。

　　海上漂浮垃圾分類，若依照尺寸分三類，分別為：

(1) 大型。尺寸大於 2.5 公分。大型海漂垃圾對生物纏繞的威脅較大，卻也較容易清理

(2) 中型。尺寸介於 2.5 公分至 0.5 公分。

(3) 小型。尺寸小於 0.5 公分。小型海漂垃圾較可能被海洋生物誤食，同時也較困難甚至幾乎無法清理。

圖 6-23 淨除撿拾以減少海洋垃圾還給海洋一個清淨的環境（繪圖：蕭彥岑）

　　臺灣荒野保護協會發布 2020 年國際淨灘行動（International Coastal Cleanup, ICC）的淨灘數據，結果顯示海洋垃圾種類的第一名為寶特瓶，其次依序為塑膠瓶蓋、菸蒂、吸管、塑膠提袋、漁業浮球浮筒、免洗餐具、玻璃瓶、外帶塑料杯、漁網繩子。基本上政府對於解決降低海洋圾問題，行政院環保署公布將於 2030 年全面禁用一次性塑膠吸管、飲料杯、購物袋、免洗餐具的政策。從源頭來改變減低塑膠垃圾之產生，可說是塑膠垃圾問題的一大突破，也已成為全球重要的案例之一。

　　面對海洋垃圾對海洋生物生存環境造成的災害與人類健康的影響，可依循下列解決方案處理，應可獲得改善。

(1) 由推諉卸責改以合作方式進行海洋垃圾處理工作。政府各主管部門，偕同民間志工團體，共同以分工方式合作，解決問題。

(2) 政府公權力善加運用，配合政策獎勵，從源頭管制廠商，減少使用塑膠或保麗龍等材質包裝產品。

(3) 鼓勵獲獎勵企業，讓企業承擔負起社會責任，產品使用的塑膠保麗龍減量。體會地球只有一個，海洋環境是地球的生存永續之母。

(4) 每個人生活低度使用塑膠類製品，降低塑膠類垃圾。

(5) 強化海洋環境教育，讓每個人都成爲環保尖兵。

6-10　海洋牧場對海域環境影響

　　利用並配合海洋自然環境與特性，並加上以人工方式進行調整，以形成一海洋空間場所，從而藉以增加獲得漁業資源，此即是所謂海洋牧場（ocean ranch or marine ranch）。從自然海洋環境觀點看，海洋牧場終究是引入人爲方式於自然海洋環境中，因此若規劃或操作不當，將會對海洋環境造成衝擊影響，也是另一種形式之海洋環境污染。

　　目前臺灣之海洋牧場主要爲：(1) 人工魚礁，以及 (2) 栽培漁業。

(一) 人工魚礁

　　人工魚礁係將人造各種大小型不同物體投入適當海域，吸引藻類、蝦、貝、魚等前來附著或覓食、棲息、成長、繁殖等，藉以改良原本平坦荒蕪之局部海底環境，進而提供海中動植物良好棲息場所與環境，從而達到培育海洋資源及增加漁獲之功效與目的。由於人工魚礁對於投置海域地點之生態系統之改變、生物族群之變化，以及海域環境之污染皆有影響，因此進行人工魚礁前，應詳細評估。又人工魚礁使用之材質，有許多係使用事業廢棄物，但若廢棄物本身未經適當處理，將會對海域水體水質造成二次污染，影響海洋環境。

1. 人工魚礁引魚群聚原理

　　魚礁置於海底後會改變其週遭海底之地形，因而影響流經之海流與潮汐，經常會造成局部之渦流，將海底之營養鹽捲起，引起浮游生物之增加，故而引來魚群之覓食。另外因爲魚礁堆疊放置，形成許多孔洞，提供貝類、底棲魚、或仔魚等良好棲息、產卵處、或避敵處，故而引來魚群群聚或滯留。

2. 我國海域投放魚礁類型

目前我國投放魚礁大多置於水深 20 至 30 公尺處，投放魚礁類型可分為：(1) 一般型式魚礁，例如廢輪胎、船礁、廢車、水泥礁等；(2) 保育式小型礁，例如水泥柱、十字腳柱、方形礁等；(3) 保護式魚礁，例如十字型水泥礁；(4) 浮式魚礁；(5) 大型魚礁，例如大型軍艦船舶、大型鋼製魚礁。

(二) 栽培（養殖）漁業

栽培漁業中常見有箱網養殖（cage culture），由於該種方式需定時投餌餵食，但投入之飼料殘餌，長期對於海域水質產生污染變化，例如海水水質中之硝酸鹽、亞硝酸鹽、或磷酸鹽等濃度含量增加，使海水水質惡化。此外飼料的污染，還包括飼料當中無法消化的物質，魚類最後以糞便形態排出後，造成細微顆粒的污染，使得水質混濁。

另外箱網養殖造成置放箱網處水域之海水耗氧率升高，亦即水體 BOD 增加，而影響海域環境水體之溶氧量。

由於箱網養殖所使用之箱網須長期置於海水中，因此會有許多附著性生物，例如海綿、藤壺、海藻等。為去除或避免附著性生物附著餘箱網，影響箱網結構與海水交換之功能，故防污塗漆為最常用之方法，但漆本身經常摻著毒劑，使生物無法附著，因此塗漆中所含毒劑之釋出將危害到海域環境水體。

此外箱網養殖避免魚類病害，也需要投入大量之抗生素藥劑與殺蟲化學藥劑，抗生素藥劑容易造成養殖魚類之生物毒性累積效應，透過食物鏈影響人體健康，而殺蟲化學藥劑污染海域水體水質。

一般在海域內灣水域之風浪較小，因此箱網養殖泰半會優先選擇在灣內與近岸海濱。雖然內灣或近岸海邊水域風浪較小，但海水交換相對較差，因此養殖魚類的排泄物及殘餌日積月累堆積於養殖箱網下方海床，污染水體，容易造成海域水質優養化，進而產生赤潮現象。

若選擇海域離岸箱網養殖，箱網置放地點係遠離海岸邊。離岸海域一般海流流速較大且水深較深，相對可減緩或避免灣內與沿岸箱網養殖造成之

底質殘留堆積海底之現象，以及藉由較強的水流和海浪作用，提高水體交換效率，水域水質變佳。強風（颱風）來襲時，將造成箱網養殖系統損害。可以考慮使用可沉活動式箱網，將箱網系統由表層海面下降深度至不受風浪影響，藉以避免系統設備受損。近年來，外海箱網養殖裝備結合智能化與自動化系統（例如：ICT 及 IoT 技術建立 AI 科技管理模式），達到箱網養殖漁業生產產能最大化以及養殖設施系統安全之可控性。

6-11 深層海水（藍金產業）

　　海水隨著深度變化，水溫也隨之變化。接近大氣水表面水層稱為混合層，水溫較高；接著水溫隨著深度增加而遞降，該水層稱為溫躍層（thermocline）；溫躍層以下之水層，水溫很低，而且隨著深度增加變化不是很大，故該層一般稱為恆溫層，此層海水就是所謂深層海水（Deep Ocean Water, DOW）。溫躍層之溫度 - 深度曲線變化斜率非常大，該層之厚度，隨著地點、季節、洋流、風向、甚至河川入流量，而有所差異變化。

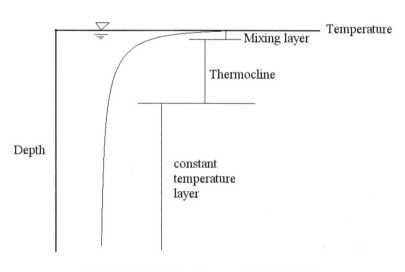

圖 6-24　溫躍層（thermocline）示意圖

　　深層海水具有幾種重要特性，例如：

(1) 水溫度低，

(2) 清潔乾淨，

(3) 營養鹽含量豐富，

(4) 水體成分穩定，

(5) 蘊藏量巨大。

　　由於深層海水位於海域深處，不受表層大氣與陽光日照等影響，因此水體保持低溫狀態。在深層處海水，有機沉澱物非常少，細菌不易生存繁殖，平均為表層海水細菌含量千分之一至萬分之一，因此較表層海水清潔乾淨。

　　深層海水含有 90 種以上之微量天然礦物質，其中所含之磷酸鹽、硝酸鹽與矽酸鹽等，營養鹽濃度為表層海水含量數十倍，因此營養鹽含量不可謂不豐富。深層海水位處海域水下深處，與大氣隔絕且壓力大，在如此狀況與條件，使得海水水體成分穩定，不易變質。由於海洋廣大，因此深層海水蘊藏量巨大，可使用長久，不虞匱乏。

　　由於深層海水具有上述優點與特性，因此多可進行以下多目標利用進行開發研究，例如：

(1) 水資源標的：由於深層海水清潔乾淨，因此淡化過程可省略前處理之過程，故而降低成本，具有水資源利用之優勢。

(2) 漁業養殖標的：由於深層海水之營養鹽含量豐富，有利於使用在漁業水產之養殖或種苗與海藻之培育生產。

(3) 潔淨能源開發標的：深層海水具有低溫特性，除可使用於海洋溫差發電外，更可利用熱交換原理，使用於室內空調或者使用於工業之冷卻用水。

(4) 農業園藝標的：因為深層海水之低溫與富含營養鹽之特性，所以適合於使用在低溫植物栽培、或花卉開發時期之調整用，亦可使用在水耕栽培當作肥料。

(5) 相關飲料標的：深層海水含有豐富礦物質以及潔淨之特性，可開發為運動飲用礦泉水。

(6) 醫療健康或美容標的：由於深層海水含有豐富礦物質以及潔淨之特性，可利用於例如皮膚炎治療等醫療，或美容化妝品等開發製造。

目前國際上有美國與日本積極開發利用深層海水。美國在夏威夷州夏威夷島 Keahole Point 設置天然能源實驗室 NELH（Natural Energy Laboratory of Hawaii），研究利用深層海水之低溫特性，與表層溫度差異大，進行海洋溫差發電研究。同時也鋪設深層海水取水管，進行深層海水開發利用研究。目前 NELH 與夏威夷海洋科技園區（Hawaii Ocean Science and Technology Park）合併為夏威夷天然能源實驗室管理局 NELHA（Natural Energy Laboratory of Hawaii Authority）統合進行深層海水研究以及科學園區之相關深層海水產業之廠商營運管理。夏威夷州正府於 2001 年投資鋪設全世界第一大深層海水取水管，取水深度深達 915 公尺，提供 NELHA 之園區內養殖業、海洋溫差能源開發，以及建築物空調等使用。

日本政府在高知縣室戶岬於 1989 年、1994 年以及 2000 年，分別設置深層海水取水管（管徑內徑為 12.5 公分、12.5 公分以及 27 公分，取水深度 320 公尺、340 公尺以及 374 公尺），並進行多目標應用之開發研究。

臺灣西海岸水深太淺並不適合，但東海岸由於大陸棚極窄，在離岸短距離內水深即可急遽下降很深，開發條件優良。因此東海岸有多處適合開發深層海水，例如：花蓮縣之和平、石梯坪，台東縣之樟原、知本、金崙、綠島、蘭嶼等。目前在台東知本地區有深層海水開發利用示範廠區。

參考文獻

1. Ball, J. and Reynolds, T.D. (1976), "Dispersion of Liquid Waste from a Moving Barge". *Journal of Water Pollution Control*, ol.48, pp.2541-2548

2. Brandsma,M.G. and Divoky, D.J. (1976), "Development of Models for Prediction of Short-Term Fate of Dredged Material Discharged in the Estuarine Environment," Contract Report D-76-5,US Army Engineer Waterways Experiment Station, Vicksburg, MS

3. Davis,L.R. Cavola, ,R.G. and Mohebbi, B. (1983), "An Experimental Investigation of Drilling Fluid Disposal in a Flowing Stratified Environment. Department of Mechanical Engineering, Oregon State University Corvallis, Oregon. Exxon Production Research Company. Houston. Texas.

4. Dahl, J.B., and Tollan, O., (1972), "Measurements of Dilution of Tank Waste Water in the Wake of M/T Esso Bergen," Institute for Atomic Energy, Kjeller, Norway.

5. Dahl, J.B., Haagensen, U., Qvenild, C., and Tollen, O., (1973), "Dilution in the Ship's Wake of Tank Washings Released from M/T Esso Slagen," Institute for Atomic Energy, Kjeller, Norway.

6. Dahl, J.B., Haagensen, U., Qvenild, C., and Tollen, O., (1975), "Measurement of the Dilution of Tank Washings in the Wake of M/T Esso Slagen," Institute for Atomic Energy, Kjeller, Norway.

7. Delft Hydraulics Laboratory, (1975), "Dilution of Liquids Discharged from a Ship," Report M 1312, Delft, the Netherlands.

8. Delvigne, G.A.L., (1983), "North Sea Experiments on Wake Dilution Capacity of Dumping Tankers," The 4th International Ocean Disposal Symposium, Plymouth, UK

9. Dodgem, R.E. and Vaisyns, J.R. (1977), "Coral Populations and Growth Patterns: Response to Sedimentation and Turbidity Associated with Dredging," *Journal of Marine Research*, Vol.35, pp.715-730.

10. Inter-Governmental Maritime Consultative Organization (IMCO), Procedures and Arrangements for the Discharge of Various Liquid Substances; Methods for Calculation of Dilution Capacity in the Ship's Wake, IMCO-document MEPC III/7, 1975.

11. Ko, C.Y., Hsin, Y.C., and Jeng, M.S. (2020), "Global Distribution and Cleanup Opportunities for Macro Ocean Litter: A Quarter Century of Accumulation Dynamics under Windage Effects," *Environmental Research Letters*, Vol.15, 104063.

12. Lewis, R.E. (1985), "The Dilution of Waste in the Wake of a Ship," *Water Research*, vol.19, no.8, pp.941-945.

13. Muckle, W. (1975), *Naval Architecture for Marine Engineers*, Butterworths, London.

14. Mercier, J.A., Hires, R.I., and Wu, M., (1973), "Model Study of the Soluble Liquids Discharged from Tankers," Report no. CG-D_12-74, Dept. of Transport, U.S. Coast Guard, Washington D.C.

15. Pasquill, F. (1974), *Atmospheric Diffusion*, 2nd Edition, Ellis Horwood, Chichester.

16. Pasorak, R.A. and Bilyard, G.R. (1985), "Effects of sewage pollution on coral reef communities," *Marine Ecological Progress Series*, Vol.21, pp.175-189.

17. Policastro, A.J. (1983), "Evaluation of selected models. In：An Evaluation of Effluent Dispersion and Fate Models for OCS Platforms," Volume 1：Summary and Recommendations. Proceedings of the Workshop,7-10 February 1983 Santa Barbara, California, Runchal, A. (ed.), Published by the U.S. Department of the Interior, Minerals Management Service, Pacific OCS Office, L.A., California, pp33-48

18. Johnson，R., *Marine Pollution*, Academic Press, London, 1976.

19. Shiau, B.S. (1997), "Modeling of Offshore Discharge of Drilling Mud", Proceedings of the 7th International Offshore and Polar Engineering Conference, pp.516-520 , Honolulu, Hawaii, USA

20. Shuster, L.A. (2003), "Thinking Deep," *Civil Engineering*, ASCE, Vol.73, No.3, pp.47-53.

21. 蕭葆羲，莊家榮，（1994），「廢液海拋稀釋擴散之研究」，第十六屆海洋工程研討會論文集，第 B163-176 頁，高雄，臺灣。

22. 蕭葆羲，謝文祥，（1995），「海域鑽探污染排放擴散之數值研究」，第十七屆海岸工程研討會暨 1995 兩岸港口及海岸開發研討會論文集，第 1523-1541 頁，台南，臺灣。

23. 「海洋污染防治成效評析集資料庫管理系統功能檢討專案工作計畫」，行政院環保署計畫報告 EPA-98-G106-02-222，環科工程顧問股份有限公司，中華民國 99 年。

24. 全國法規資料庫 海洋棄置費收費辦法 中華民國 105 年 5 月 19 日。

25. 全國法規資料庫 海洋棄置許可管理辦法 中華民國 98 年 1 月 8 日。

問題與分析

1. 我國深層海水事業（藍金產業）之前景爲何？

2. 海洋棄置之環境監測納入海洋生物生長變化、重要物種與脆弱生態資源及生物毒性效應及污染累積性影響之必要性如何？

3. 海洋棄置後對底棲生物群聚結構之影響爲何？

4. 利用船舶尾跡將廢液混合稀釋，在近域階段時，若船舶長度 72m，船舶行進速度 5m/s，排放條件爲單口排放。今依 IMCO 公式推算，若欲達到稀釋倍數 2273，試問廢液排放量爲何？

   解答提示：

   排放量 $Q = 0.115\text{m}^3/\text{s}$

5. 利用駁船進行海洋棄置污泥，不考慮海流，海域水體爲線性密度層變。若污泥體積 $\forall_s = 10^3 m^3$，污泥密度 $\rho_s = 1045\dfrac{kg}{m^3}$，海水表層密度 $\rho_0 = 1027\dfrac{kg}{m^3}$，密度層變斜率 $\varepsilon = \dfrac{-1}{\rho_0}\dfrac{d\rho(Z)}{dZ} = 2\times10^{-5}\dfrac{1}{m}$，重力加速度 $g = 9.8\text{m/s}^2$。今若欲污泥團完全擴散，請估算污泥團在海域水體擴散最大深度爲何？

   解答提示：

$$\therefore d_{max} = 2.66 \times \dfrac{\left(1000m^3 \times 9.8\dfrac{m}{s^2} \times \dfrac{1045\dfrac{kg}{m^3} - 1027\dfrac{kg}{m^3}}{1027\dfrac{kg}{m^3}}\right)^{\frac{1}{4}}}{\left(9.8\dfrac{m}{s^2} \times 2\times10^{-5}\dfrac{1}{m}\right)^{\frac{1}{4}}}$$

$$= 2.66 \times \dfrac{(1000m^3 \times 0.172\dfrac{m}{s^2})^{1/4}}{(9.8\dfrac{m}{s^2} \times 2\times10^{-5}\dfrac{1}{m})^{1/4}} \cong 81m$$

6. 聯合國環境規劃署 2019 年爲了解決世界各國日趨嚴重的塑膠污染問題，

於日內瓦召開跨國會議，做出決議：(1) 加強控管塑膠廢料出口交易，(2) 抑制全球塑膠污染危機，(3) 大國應避免將未進行分類之塑膠垃圾輸出，運往亞洲未開發國家。2019 年 6 月並在 20 國集團峰會（G20）通過大阪藍海願景，該願景為何？

解答提示：

大阪藍海願景主要以設定「達成海洋塑膠垃圾 2050 年歸零」為目標，藉由透過國家間之合作，因應海洋污染問題之態勢，降低並減少對海洋生物及地球環境之衝擊與影響。

7. 國際海事組織（International Maritime Organization, IMO）分析結果，海洋污染來源約有 44% 來自陸上污染源、33% 來自大氣傳輸、12% 來自船舶污染、10% 來自海洋棄置、1% 來自海域工程。因此海洋垃圾之主要自來為陸域，當垃圾進入海洋水域後，被水中生物或鳥類誤食，或纏繞生物體，影響其正常攝食及活動，從而導致生物死亡。另外垃圾中塑膠製品會分解成塑膠微粒，並吸附污染物，經由食物鏈之生物累積增大污染物濃度，最終人類攝食水中生物，污染物進入人體，影響人類健康。因此海洋海岸垃圾治本之道為源頭減量，減少垃圾進入海洋。治標方法為海洋垃圾清理回收，治標與治本共進，可獲得海洋污染之改善。請簡述海洋海岸垃圾清理回收技術處置方式。

解答提示：

清理回收技術處置方式如下：

(1) 海洋垃圾桶方式，目前國際上有以下幾種方法：

　① Mr.Trash Wheel 海洋垃圾桶：採用水輪、輸送帶、以及垃圾箱組構而成，以水流作為動力轉動水輪，再連動輸送帶，輸送帶將漂浮在海面上的垃圾送入垃圾箱中。若水流動力不足時，則使用太陽光電為動力，進行清理回收海洋垃圾。

　② Seabin 海洋垃圾桶：使用岸上泵浦製造水流，垃圾被水流攜入垃圾桶中。垃圾桶底部裝置濾網，被水流攜入桶子之垃圾即可由濾網阻隔收取。

③ The Ocean Cleanup 海洋垃圾桶：利用海上之風力、海浪、洋流推動水面之海洋垃圾，再以圍欄攔阻垃圾。圍欄是浮桿製作而成，圍欄下方加設裙襬，功用除可攔住細小的垃圾碎片，並由裙襬產生下沉之水流，使得誤入圍欄之海洋生物，可順著下沉之水流脫離圍欄。

(2) 現場使用漁網打撈海漂垃圾。

(3) 海岸人工淨灘清理海漂垃圾。

布拉格（捷克語：Praha；英語：Prague），是捷克的首都和最大城市、歷史上波西米亞的首都，伏爾塔瓦河穿越老城區。照片為伏爾塔瓦河上的查理大橋（Charles Bridge）與布拉格城堡（Prague Castle / Pražský hrad）。查理大橋為布拉格地標，是現今布拉格最古老的橋樑（於 1353 年開始興建），它連結了布拉格的舊城區與小城區，直到 1741 年都是布拉格市區唯一橫跨伏爾塔瓦河的橋樑。布拉格城堡為全球最大古堡群（約七萬平方公尺），9 世紀起開始發展，曾是波希米亞王國跟神聖羅馬帝國君主辦公的地方，看盡波希米亞發展的興衰起落，二次世界大戰飽受戰火波擊，但未遭受大規模損害，目前是捷克總統辦公室所在地。（*Photo by Bao-Shi Shiau*）

布拉格（捷克語：Praha；英語：Prague），是捷克的首都和最大城市、歷史上波西米亞的首都，伏爾塔瓦河穿越老城區。照片為伏爾塔瓦河上的查理大橋（Charles Bridge）與布拉格城堡（Prague Castle / Pražský hrad）。查理大橋為布拉格地標，是現今布拉格最古老的橋樑（於 1353 年開始興建），它連結了布拉格的舊城區與小城區，直到 1741 年都是布拉格市區唯一橫跨伏爾塔瓦河的橋樑。布拉格城堡為全球最大古堡群（約七萬平方公尺），9 世紀起開始發展，曾是波希米亞王國跟神聖羅馬帝國君主辦公的地方，看盡波希米亞發展的興衰起落，二次世界大戰飽受戰火波擊，但未遭受大規模損害，目前是捷克總統辦公室所在地。（*Photo by Bao-Shi Shiau*）

捷克布拉格最重要的博物館：國家博物館（Národní museum）。（*Photo by Bao-Shi Shiau*）

照片為捷克布拉格的瓦茨拉夫廣場（Wenceslas Square / Václavské náměstí），廣場在查理四世拓建新城區時是充當馬市使用，占地很大（長 750 公尺、寬 60 公尺）。19 世紀捷克民族意識高漲時，紀念波希米亞早期的賢君、聖人、天主教信徒：聖瓦茨拉夫（Saint Wenceslas），改名為瓦茨拉夫廣場。著名的布拉格之春與絲絨革命就是在這廣場發生的，引領捷克人民奮起反抗推翻共產黨，最後轉型為民主國家。（*Photo by Bao-Shi Shiau*）

第七章

海洋環境管理與污染調查監測

及環境影響評估

　　海洋環境管理所指係對於海洋資源與經濟發展進行全方位之規劃，透過合理使用海洋資源與永續發展的原則，結合行政、法律、經濟、教育和科學技術等綜合方式，以落實展現合理開發利用海洋資源，處理防治及預防海洋污染，獲得改善及保持海洋環境水質，確保海洋生態平衡，以期達到海洋永續發展最終目的。

7-1 海洋環境管理緣起

　　自工業革命興起，大航海時代降臨，以及近代工業蓬勃發展，從十九世紀中葉以來，因世界各文明國家大力發展進行工業化，因此產生了大規模的工業污染，也使沿岸水域尤其是海岸及港口水域相繼出現工業污染。也伴隨環境保護意識抬頭，為此一些國家制定了一些防治港口等水域污染的法規，因此早期的海洋環境管理大多僅限於控制和防治海洋污染。

　　第二次世界大戰結束後，工業化更加蓬勃，更多國家加入工業化行列，尤其是二十世紀六零年代以來，人類對進行大規模的開發利用地球上各種自然資源，由於係大規模且毫無節制開發利用，故造成了海洋某些自然資源的破壞與衰竭。工業化產生的大量廢棄物進入海洋，造成嚴重污染，從而導致海域生態平衡受到嚴重破壞。由於衛星與各式監測儀器設備科技進步，讓我們更加了解造成之海洋污染之嚴重性，加上環境教育讓環保意識抬頭，使得海洋環境與污染問題更受重視，因此藉由積極有效地執行海洋環境監測與管理，可獲得保護海洋環境與資源，達到海洋永續發展。

7-2 海洋環境管理特色

　　由於海洋環境具有特殊與複雜性，因此有別於一般管理，海洋環境管理具有以下之特色：

(一) 協調結合綜合管理特色

　　海洋是地球上各海域相互連通的一個整體，且海洋水域的複雜性，因

此管理需考慮多面性，例如：水質（物理性、化學性）、海域底質、海洋生物、水面大氣等各種環境要素。另外近海沿岸地區是人口、工業、農業、航運、養殖和旅遊活動的匯集場所，更是涉及多方面的人為活動和管理，因此必須結合行政、法律、經濟、教育和技術等，以綜合性有效措施管理，以獲致協調解決海洋環境問題。

(二) 因應區域性特性之動態彈性管理特色

由於海洋環境的自然背景、人類活動方式以及環境品質等採用之標準等，不同區域具有明顯的地區差異性，因此海洋環境管理的決策與執行，需要針對不同海域的自然條件和社會條件的區域性動態特色，進行研究分析探討，以利執行不同區域之彈性管理。

(三) 區域自行調整與適應特性之特色

海洋環境管理的最終與最佳目標為展現海洋環境效益與對社會經濟效益的結合，因此利用海洋環境對於外界衝擊的應變能力（例如污染之自淨能力），亦即海洋具有自行調整與適應特性是海洋管理另一項特色，它包括海洋資源可更新的能力、海洋自淨能力及其對污染的涵容負荷能力。

7-3 海洋環境管理內涵

海洋環境管理其主要係針對海域環境品質以及海洋生態系統平衡等，藉由監測調查與科學分析技術，達到環境最佳化目的。內涵主要包括下述二方面：

(一) 海洋環境品質最佳化規劃管理

近海沿岸地區（onshore）都市、港口、工農業、養殖業、旅遊等開發建設規劃，配合人口控制、都市及工業污染排放控制，以及沿岸水域水質控制等規劃，達到環境品質優化目標。另外離岸（offshore）海域或遠洋海域

之工業開發行為（例如鑽油、採礦等）對於海域水質污染及海域生態系統之衝擊，也是海洋環境品質規劃管理之範圍，管理規劃亦是以達成環境品質最佳化為目標。

　　海洋環境品質管理主要是制定海洋環境品質標準和污染物排放標準，並監督執行。執行時針對海洋環境水質污染調查、監測、監視，同時進行環境品質現況影響與預測未來變化，現在及未來可能狀況二者一併評估。

(二) 海洋環境調查監測技術管理

　　透過學術與實務研究，結合最新科技方式，藉以訂定海洋環境污染防治的技術政策及預防措施。調查監測技術採用經由海洋環境科學的研究獲得精準先進之監測技術，據此進行優化管理。

7-4 海洋環境管理措施

　　為了積極有效達到海洋環境管理最佳化目標，五項措施說明如下：

(一) 整合相關機關組織與管理措施以有效保護海洋環境

　　世界上海權發達的海洋國家都有比較健全的海洋環境管理機構，以落實行管理工作。目前政府許多機關涉及海洋事務，《海洋基本法》第3條指出政府應推廣海洋相關知識、便利資訊，確保海洋豐富、活力，創造高附加價值海洋產業環境，並應透過追求友善環境、永續發展、資源合理有效利用與國際交流合作，以保障、維護國家、世代人民及各族群之海洋權益。《海洋基本法》第4條也提出政府應統籌整合各目的事業主管機關涉海之權責，共同推展海洋事務。因此整合各機關組織與相關措施管理是達到有效保護海洋環境之必要。相關各機關組織，包括中央與地方，例如中央行政院之海洋事務委員會、環境保護署、農委會、交通部、地方縣市政府之各環保局、農業處。

(二) 訂定相關海洋法律，以利執行海洋環境管理

　　從十九世紀中葉開始，一些國家陸續制訂防治污染的法規，其中有不少同海洋環境保護有關。自 20 世紀五、六十年代以後，由於海洋污染問題日趨嚴重，引起沿海國家和國際組織廣泛注意，同時環保意識抬頭，因此海洋國家逐一制訂並頒布保護海洋環境和資源的法律、法令和國際公約。例如：第一部國際性海洋環境法是 1954 年在倫敦簽訂的「防止海洋石油污染的國際公約」。其他比較重要的還有例如：(1) 1972 年國際海上傾廢會議通過的「防止傾倒廢物及其他物質污染海洋的公約」。(2) 1973 年聯合國政府間海事協商組織通過了「國際防止船舶造成污染公約」等。(3) 1982 年通過的「聯合國海洋法公約」，強調進行國際性合作，把海洋環境作爲整體加以保護。

　　區域性海域公約或協議，海域沿岸相關國家簽署了相應的保護公約，例如：波羅的海、地中海、北大西洋、南太平洋等水域環境保護的公約。此外美國、俄羅斯、日本、英國、加拿大、德國、丹麥、芬蘭、瑞典、阿曼、新加坡等海洋國家也制定了國家級或地區性的海洋環境法規。由於有了健全法制，加上配合採取了各種環境保護措施，使得海洋環境品質獲得改善。

　　綜合世界上海洋國家的海洋環境法規和保護海洋環境的相關國際公約，主要內涵可區分爲下列七類：

(1) 防止各式船舶造成海域及港口水質污染的法規
(2) 有關傾倒各式廢棄物的規定
(3) 海洋資源勘探開發造成海域水質污染的法規
(4) 關於劃定海域防污區和禁區的法規
(5) 海底資源開發管理的法規
(6) 關於導致海洋污染的責任（含罰款與刑責）以及賠償規定等
(7) 各種海域環境與生態監測之法規

　　上述各種類型法規對於保護海洋自然資源和海洋污染防治管理，都是不可或缺的法律手段，否則形同無牙之老虎。

　　世界上進步的海洋國家基本上以系統性方式制定海洋環境法規，並配合

諸多重要的國際性海洋環境法規。臺灣亦於民國 89 年 11 月公布《海洋污染防治法》，也向海洋環境污染之防治管理邁出第一步。

(三) 推動開展海洋環境經濟學研究分析，並發揮經濟槓桿作用

海洋環境與污染防治管理措施中，任何重大決策和行動事先都要進行經濟代價與效益、經濟代價與風險的分析，以期用最小經濟代價獲取最大效益。在實施具體措施過程，應該著重使用財政、稅收、信貸和獎懲等手段，發揮經濟槓桿作用，使得協調海洋經濟發展與海洋環境保護的關係，以利解決污染排放者與承受污染者二者間的矛盾與對立。

(四) 強化海洋環境教育，普及民眾之海洋環境與污染之科普知識

藉由加強海洋環境教育，以及普及海洋環境與污染及防治管理之科普知識，從而提高人們對海洋環境保護意義和政策的認識。另外有計畫地培訓各級環境管理專業人員，以利推展與執行海洋環境管理之工作。

(五) 推廣海洋環境防治與生態保護技術研發，以及開展國際間海洋科技交流與合作

政府與民間以及相關大學研究機構，三者進行產官學合作，有效積極開展國際間海洋國家之海洋科技交流與合作，同時各國推廣海洋環境防治與生態保護等技術研發。

7-5 海洋環境污染調查

為了解海洋的污染狀況，進行調查研究行動，是海洋環境防治管理與保護的一項必要之基礎性工作。以下就調查工作要求、分類、項目、方法、調查現況，以及未來發展趨勢等方面，分述之。

(一) 海洋環境污染調查要求

海洋環境污染調查,在調查內容、項目、調查次數、測站位置布設、調查方法等皆有其特點,且在調查內容與項目上亦具有相對的專業性。特別是針對各種海洋污染物的最低容忍值調查。

海洋污染是一個全球性的問題,因此各種調查計畫的協調性和各項調查結果的可行性是必要的。調查方法和數據處理方法的一致性也是必須的。由於調查結果的精確度要求較高,尤其對於海域水質或底泥之重金屬元素調查,從取樣到測試全過程,絕對要避免樣品遭受污染,確保證調查數據的準確與可靠性。

海洋污染調查重點在於污染源的調查,並與流行病學、衛生學、社會學、經濟學、法學等方面密切配合。需考慮宏觀和微觀調查的連結,包括自然變化和人為活動引發的海洋環境變化等。

(二) 海洋環境污染調查分類

海洋環境污染調查,依據需求與特性,可分為四種:

(1) 基礎性調查

基礎性調查,又稱為海洋污染普查,目的在於了解海域水質與底泥污染物的種類分布狀況,以及污染程度。基礎調查基本上是一種綜合性觀察記錄與量測。

(2) 專題性調查

專題性調查針對某一課題研究探討而進行的專門調查,例如:(1) 制定海洋環境水質標準,(2) 海岸或海域工程影響評估。

(3) 緊急性調查

緊急性調查或稱污染事故調查,係針對在某海域或海岸發生特定之污染事故,需要進行即時調查,以利掌控污染的狀況變化程度及影響範圍。

(4) 監測性調查

依據基礎調查的結果,選定海域若干具有代表性位置設置測站,對該海

域主要污染物的分布和動態變化，進行長期的調查，該調查即是屬於監測性調查。

(三) 海洋環境污染調查項目

調查項目方向主要包括：(1) 水質、底質、生物體與海洋大氣中污染物的濃度、分布、存在形式，以及遷移轉化過程之規律，(2) 污染物的來源，(3) 污染物對海洋環境，以及生態系統的影響等。

根據聯合國政府間海洋學委員會的規定，全球海洋污染所測定的主要污染物包括：

(1) 重金屬及其他有毒微量元素（如鉛、汞、鎘等）

(2) 芳香族鹵代烴化合物（如 DDT、PCB 等）和脂肪族鹵代烴化合物（如聚氯乙烯製造廠產生的廢物）

(3) 石油和持久不易分解的石油產品

(4) 微生物污染（污水排放引起的污染）

(5) 過量營養物質（如氮和磷的化合物等）

(6) 人工放射性物質（如鈰、^{90} 鍶、^{137} 銫等）

而調查項目可因不同海區情況差異而有所增減。

(四) 海洋環境污染調查之方法

依據調查的具體目的進行選站，再依照點、線結合的測站布設方案組成調查列陣形式。一般原則爲在近岸水域設站較密，且要求每個測站都有一定的代表性，在測線、測站、項目、取樣頻率最小的情況下能正確呈現調查海域的污染狀況變化。海洋污染調查一般按調查相關規範進行。由於海域面積廣闊，在監測調查中，配合使用現代衛星遙感技術，也是必然選擇之方法。

(五) 海洋污染調查現狀

就範圍大小而言，海洋污染調查可分爲：

(1) 全球性

(2) 區域性

(3) 國家性

由於世界人口激增，興起大量城市聚集海岸邊，再加上國際間經貿活動密切，船舶運輸以及各式海域開發活動遽增，引發諸多海洋環境污染，因此全球海洋污染調查更顯重要。1971 年聯合國政府間海事協商組織正式提出了全球海洋環境污染調查計畫，列為「國際海洋考察十年」計畫的一項重要內容。1976 年聯合國教科文組織海委會執行理事會通過了「全球海洋環境污染研究綜合計畫」，對海洋基礎調查、海洋品質均衡、污染遷移過程與污染物的生物效應等調查研究都作了原則性規範，提供各成員國或區域性海洋研究組織遵循。藉由全球性海域水質、海底沉積物、海域生物污染狀況等之調查，提供評估與防治管理海洋污染之科學數據依據。

(六) 發展趨勢

隨著海洋開發事業的迅速發展，為海洋工程開發造成海域環境影響，進行之專題性調查，或為海洋石油開採與航運事故進行之緊急性調查，以及監測海洋環境污染的監測性調查，未來都將成為海洋污染調查的重點調查項目。

保護海洋生態系統，從而保護人體健康，使得海洋永續，這是海洋環境保護的終極目的。因此海洋污染對生態系統影響的調查正在全世界範圍蓬勃發展。跨領域學科綜合調查海洋污染狀況的工作越來越受到重視。另外自動式海洋污染調查設備、無人飛機，衛星遙感技術、和電子計算機的應用處理數值模式模擬預測，均有助於提升未來海洋污染調查的進步和發展。

7-6 海洋環境監測

海洋環境污染監測係對海洋環境基本元素（物理性及化學性）與各式污染及海洋生物指標，按照預定規劃進行觀察記錄量測。監測結果可提供評估海洋污染與防治，以及保護海洋環境和資源的重要參考。其主要內容包

括：

(1) 定期性監測海洋環境中各種污染物質的濃度和其他污染與海洋生物指標；

(2) 評估污染物對人體或海洋生物的影響，並在污染物濃度超過標準時發布警報等。

　　自 1962 年以來，各海洋國家相繼開展了海洋污染監測。目前，國際性的海洋污染監測計畫主要有：(1)「全球環境監測系統」的「海洋污染狀況的監測」，(2)「全球聯合海洋台站網海洋污染（石油）監測試行計畫」，以及 (3)「開闊大洋水域選定污染物本底水平監測計畫」等。而區域性海洋污染調查和監測活動較多，其中最活躍的區域是北大西洋、波羅的海、地中海、加勒比海及鄰近水域和西太平洋等。

　　對於海洋環境污染監測，依據環境介質以及地域可區分為：

　　(1) 以環境介質區分

　　就環境介質而言，可分為水質監測、底質監測、大氣監測以及生物監測。

　　(2) 以地域區分

　　就地域而言，可分為海岸近域監測和離岸海域監測。

　　由於海岸近域污染一般較嚴重，污染狀況複雜度高且多變化，故沿岸監測具有設站較密集、項目較齊全的特點，監測頻率每月至少進行一次監測。

　　離岸海域監測主要測定污染物擴散範圍廣，以及海洋棄置（海上傾廢），或因事故溢漏的污染物質。一般設站較稀，監測次數較少。有些在水中含量甚微、不易檢出的污染物質可利用海域底質或生物與水質污染的關係，及生物體豐富度與某種污染物質的特性來間接監測水質。

7-7 海洋污染監測方式、項目與生物監測

　　海洋污染監測工作主要係針對海域水質生物狀況調查，提供海洋污染狀況之訊息，以利評估污染防治處理。監測內容包括使用方式與監測項目，分

述如下：

(一) 監測方式

關於海洋污染監測方式可分為：

(1) 一般監測方式

一般監測是指現場人工採樣、觀測、室內化學分析測試，以及某些相關項目的現場自動探測。圖 7-1 為國立臺灣海洋大學海研二號研究船進行基隆海域環境水質之現場採樣監測照片。

圖 7-1　國立臺灣海洋大學海研二號研究船進行基隆海域環境水質之現場採樣監測
（*Photo by Bao-Shi Shiau*）

(2) 遙感遙測方式

遙感遙測方式係指利用遙感技術，進行監測例如溢油、溫排水以及放射性物質的污染。其使用之主要儀器設備有：用於太空衛星遙感的紅外掃描

儀、多光譜掃描儀、微波輻射計、紅外線輻射計、空中攝影機以及機載測視雷達等。此外，還有遠距離操縱的自動水質監測浮標；另外人造地球衛星之遙測技術，目前也已經廣泛地使用於海洋污染監測。

(二) 監測項目

由於地理環境不同和污染物種類較多，故各海域的監測項目不盡相同。1975 年 6 月開始執行的「全球聯合海洋台站網海洋污染監測」的項目主要有：海洋溫熱結構、鹽度、海流、風、波浪、降水、氣溫、pH、溶解氧、氨鹽、亞硝酸鹽、硝酸鹽、硅酸鹽、總有機碳、油類（可溶油、乳化油）、鉛、汞、銅、鋅、滴滴涕、多氯聯苯和懸浮固體等。

利用海洋生物個體（或機體某一部分），或生物種群或生物群落對海洋環境污染或其變化所產生的反應，來判定海洋污染狀況的另一種海洋污染監測方法。提供海洋環境影響評估與管理之依據。

(三) 生物監測

生物監測係指利用海洋生物變化作為觀測海域水質污染程度之指標。自1916 年，德國學者首先發現多毛類小頭蟲（*Capitella capitata*）可作為海洋底質污染的指示生物以來，由於用生物監測環境污染，具直觀簡便快速與經濟等優點，逐漸受到重視。進入 1950 年代以來，隨著海洋環境污染日趨嚴重，利用生物污染監測的研究也有了快速長足的發展與進步。

目前海洋污染的生物監測，已由採用單種生物個體數量的變化，發展到用各種生物指數揭示群落種類組成的變化。由採用個體形態、生理和生化變化的指標，進展到用染色體等亞顯微結構的變化。由局部水域的生物監測，發展到地區，以至全球的生物監測。

生物監測中之生物群聚分析指標，依據行政院環境保護署（2007）訂定之海洋生態評估技術規範，包含有：

(1) 豐度（Richness）分析。豐度是被用來表示生物群聚（或樣品）中種類豐富程度的指數。豐度指數適用於海洋中植物性浮游生物、動物性浮游

生物、底棲動物、固著性海洋植物及魚類等項目之海洋生態分析及評估。

(2) 均勻度（Evenness）分析。均勻度可顯示在整個群聚中個體數在物種間分布的均勻程度。均勻度指數適用於植物性浮游生物、動物性浮游生物、底棲動物、固著性海洋植物及魚類等項目之海洋生態分析及評估。

(3) 多樣性（Diversity）分析。多樣性分析可顯示在整個群聚中物種的豐富程度，及整個群聚中個體數在物種間分布的均勻程度。多樣性分析指數適用於海洋中植物性浮游生物、動物性浮游生物、底棲動物、固著性海洋植物及魚類等項目之海洋生態分析及評估。

(4) 優勢度（Dominance）分析。優勢度分析可顯示在整個群聚中存在有某些優勢物種的程度，優勢度與均勻度是相對應的指數。優勢度指數適用於海洋中植物性浮游生物、動物性浮游生物、底棲動物、固著性海洋植物及魚類等項目之海洋生態分析及評估。

(5) 相似度（Similarity）分析。分析或比較不同調查測站、地點、斷面或時間，生物樣本中種類或群聚相似程度。該指數適用於海洋中植物性浮游生物、動物性浮游生物、底棲動物、固著性海洋植物及魚類等項目之海洋生態分析及評估。

(6) 集群分析（Cluster analysis）。對於不同測站或調查時間使用不加權平均法（UPGMA）的分析方法，將具有多項變數的樣本區分歸類，使性質相近者予以歸類，整個分析的結果再以樹狀結構圖（Dendrogram）顯現，得以呈現各樣本間之類緣關係。

(7) 空間排序分析（Ordination）。樣本以不同測站或調查時間作為分類單位（operational taxonomic units），各樣本特徵為物種之有無或豐度作為特徵，採用主成分分析（PCA）、對應分析（Correspondence analysis）或多度空間尺度分析（MDS）等空間排序方法，將分析之對象在新的二度或三度空間上作分布圖，可顯示出各樣本間之類緣關係。

　　應用海洋生物監測環境污染，進行步驟：(1) 先依據監測目的、污染物之時空條件，適當地選擇生物種類做為生物指標。(2) 再者依進行條件試驗，確定觀察的指標與環境污染之間的關係，以及海洋環境、生物體本身內

外因素的影響。(3) 按計畫進行監測。

　　海洋污染監測的生物學指標，類型包括有：(1) 生化效應，(2) 遺傳效應，(3) 生理效應，(4) 型態與病理效應，(5) 行為效應，(6) 生態效應，(7) 生物測試。

　　有鑑於海洋環境的複雜性，以及生物本體的適應性和多變性，因此採用生物監測環境污染時，需要與化學、物理方法相配合，方可獲致準確結果。

7-8 海洋環境影響評估

　　任何大型海洋工程或海岸開發案，都會引來海洋環境不同程度之污染亦或改變海洋（岸）環境，因此對於海洋環境或生態造成衝擊影響。為保護（育）海洋環境，永續海洋，嚴禁或減緩降低環境衝擊，因此任何形式開發案或使用海洋方案，本質上就應進行海洋環境影響評估。

(一) 評估項目

　　評估海洋環境影響，基本上須考慮之面向，包括例如：

(1) 地理位置。應敘明開發行為所在地的正確海岸或海域地理位置。

(2) 海域（岸）環境水質，包括物理性（例如：溫度、溶氧、濁度、鹽度）、化學性（PH、重金屬、營養鹽）、生化性（例如：BOD、COD）等指標

(3) 海域（岸）生態環境

(4) 海域（岸）海象水文及氣象條件。例如：風、溫度、濕度、波浪、潮汐、海流等。

(5) 海域（岸）生態以及底棲生態，例如：浮游生物，如植物群（flora）、動物群（fauna）

(6) 海域（岸）底床地質、土壤特性，包括有特殊的地形，如懸崖、潮間帶灘地、沙丘或沙洲、岩礁、珊瑚礁、海蝕平台、海溝、漂沙活動等。

(7) 海岸地形變遷過程以及海底地形變遷。例如：海岸等水深線、飛沙、漂

砂、海底底質。

(8) 海域（岸）大氣污染

(9) 海域（岸）廢棄物

(10) 海岸或海域交通

(11) 海域（岸）自然景觀

(12) 海域（岸）文化面。例如海岸或海域水下古蹟文化。

(13) 目前海岸或海域使用狀況，例如海洋牧場、海埔地開發、填海造地、海洋棄置區、港口與碼頭區、錨泊區、濱海工業區或工廠、海水浴場、海上娛樂區、海濱公園、海岸風景遊覽區、水產養殖場、海底採礦區、軍事禁區、航道區、取水區、污（廢）水放流區、廢棄土傾倒區、衛生掩埋場、漁業權範圍及其他功能等。

(14) 海洋生物棲地環境狀況與生態相關之特殊位置地區。開發行為所處海域及相鄰地區與海洋生態有關之特殊保護區，如自然保留區、野生動物保護區、國家公園、野生動物重要棲息環境、沿海保護區、人工魚礁區、漁業資源保育區、海岸分區、海岸濕地、海域珊瑚礁區、保護礁區等；以及其他環境敏感區，例如河口、海岸潟湖、紅樹林沼澤、草澤、沙丘、沙洲等。

(二) 調查項目

調查項目包括如前所述之各相關評估項目。其中有關海洋生態調查，依據行政院環境保護署（2007）訂定之海洋生態評估技術規範，必須為之項目有：

(1) 微生物調查。測定海水中之大腸桿菌群落及總菌落數。

(2) 葉綠素 a 調查。測定海水之葉綠素 a 含量。

(3) 基礎生產力調查。測定海水之基礎生產力。

(4) 植物性浮游生物調查。調查植物性浮游生物之種類、組成，細胞密度及總數量。

(5) 動物性浮游生物調查。調查動物性浮游生物之種類、組成，個體量、生

物量、密度及總數量。

(6) 底棲動物調查。調查底棲動物種類和豐度、密度，生物量、群聚結構
（分析數量較多或特定之類群）與物種多樣性。

(7) 固著性植物（海藻、海草）調查。調查海藻與海草等大型固著性海洋植
物的種類、藻體重量或藻體密度、相對豐度與群聚結構。

(8) 魚類（成魚、魚卵及仔稚魚）調查。調查成魚種類、組成、數量及其生
物學特性。調查魚卵及仔稚魚種類，密度與出現季節。

(9) 爬蟲類調查。調查海蛇、海龜等海洋爬蟲類動物出現之種類與數量（含
出現時間、季節、體形大小、出現地點）。

(10) 鳥類調查。調查海洋鳥類出現之種類與數量（含出現時間、季節、出
現地點）。

(11) 哺乳類調查。調查鯨、海豚等海洋哺乳類動物出現之種類與數量、族
群特徵（含出現時間、季節、出現地點與活動範圍）。

(12) 漁業資源調查分析。當地海域或鄰近海域漁業（含淺海養殖、箱網養
殖）漁獲物的經濟種類（含經濟魚苗）、漁獲量及其季節變動，並分
析其資源動態。

(三) 評估方式

　　針對各相關評估項目進行評估之方式，包括有：

(1) 實場觀測調查。

(2) 數值模式模擬。

(3) 水工模型試驗。

(4) 風洞模型試驗。

　　基本上視海洋環境評估案之大小與複雜度，選用一種或綜合數種方式進
行評估。

(四) 評估流程

　　就各種評估項目依據調查數據結果，逐一進行評估對海域（岸）環境衝

擊，影響衝擊如何解決或降低衝擊程度，提出對策方案。在提出對策方案之流程進行，也需考慮評估潛在風險，同時更要提出解決之替代方案，並召開公聽會，以利方案評估具有完整性。

(五) 海洋棄置對海洋環境影響衝擊評估分析

海洋棄置對於海洋環境影響衝擊之分析考量之層面：

(1) 分析污染影響

例如：分析棄置區之海洋函容能力（時間負荷率、擴散能力）、潛藏之污染影響程度、污染物在水體之物理化學或生化變化與擴散特性。

(2) 污染潛在風險之評估

(六) 填海造陸對海洋環境影響衝擊評估分析

海岸地區填海造陸，提供工業區之開發。填海造陸對於海洋環境衝擊影響評估分析，可分為五方面探討與評估：(1) 抽砂填海對海岸地形地貌、海岸潮間帶濕地景觀的影響，(2) 抽砂填海對近岸海域水動力環境的影響，(3) 抽砂填海對海岸潮間帶濕地退化與濕地生態功能的影響，(4) 抽砂填海對近岸海洋生態系統結構與功能的影響，(5) 抽砂填海對鄰近海域漁業資源衰退的影響。

(七) 海域油氣開採平台工程開發對海洋環境影響衝擊評估分析

海域原油或天然氣開採平台工程開發，其對於海洋環境影響評估的內容應當根據各油田所處海域及工程項目的具體情況確定。主要包括：

(1) 工程開發區之海洋環境品質狀況。

(2) 環保潔淨油氣生產技術。

(3) 油氣開採平台之各類污染物（例如：生產水（produced water）、廢棄油基泥漿、含油鑽屑及其他固體廢物）之處理方式原則（例如：減量化、資源化、無害化）及排放數量。

(4) 油氣開採平台之相關污染防治措施的實施狀況及成效。

(5) 海域石油或油氣鑽井開發生產後，其對於周遭海域環境的衝擊程度與影響範圍。

　　海域油氣開採平台開發工程完成進行運作，後續評估的重點應為排污混合區及鑽油平台附近海域，以及鑽油平台上各類環境處理及保護設施的操作。此外必須持續性監測污染物的排放情況，污染防治措施的成效，綜合觀察評估油氣開發生產對海洋環境的影響程度與海域範圍等污染風險控管。

參考文獻

海洋生態評估技術規範，行政院環境保護署，2007 年 8 月。

問題與分析

1. 臺灣在海洋環境污染之監測及調查現況？
2. 海洋環境污染之監測及調查如何與世界接軌，以及交換數據資料與交流？

漢諾威（Hannover）位於萊訥（Leine）河畔，德國下薩克森邦的首府，是德國的汽車、機械、電子等產業中心。漢諾威市政廳（Neues Rathaus），於第二次世界大戰期間被毀壞，現今建築係經過整修。2000 年，世界博覽會在漢諾威舉辦。世界最大工業展，每年定期在德國漢諾威市舉辦。市政廳內最特別的是通往頂層觀光平台的電梯沿著拱頂傾斜 17 度角往上爬升 50 公尺，是歐洲唯一的一座傾斜上升電梯。（*Photo by Bao-Shi Shiau*）

漢諾威（Hannover）位於萊訥（Leine）河畔，德國下薩克森邦的首府，是德國的汽車、機械、電子等產業中心。漢諾威市政廳（Neues Rathaus），於第二次世界大戰期間被毀壞，現今建築係經過整修。2000 年，世界博覽會在漢諾威舉辦。世界最大工業展，每年定期在德國漢諾威市舉辦。市政廳內最特別的是通往頂層觀光平台的電梯沿著拱頂傾斜 17 度角往上爬升 50 公尺，是歐洲唯一的一座傾斜上升電梯。（*Photo by Bao-Shi Shiau*）

威尼斯是義大利東北部著名的旅遊與工業城市，也是威尼托地區的首府。威尼斯城由被運河分隔並由橋梁相連的 121 座小島組成。威尼斯潟湖是位於波河與皮亞韋河河口之間的一個封閉的海灣，威尼斯城就坐落在威尼斯潟湖的淺灘上。威尼斯以其優美的環境、建築和藝術品珍藏而聞名。潟湖和城市的一部分被列為世界遺產。威尼斯的水道舉世聞名，運河就是道路，所以主要的交通模式是步行與水上交通，是歐洲最大的無汽車地區。城市歷史上曾經是威尼斯共和國的首府。威尼斯同時被譽為「主之城」、「尊貴之城」、「亞得里亞王后」、「水之都」、「面具之城」、「橋梁之城」、「漂浮之都」、「運河之城」。也是中世紀和文藝復興時期的主要金融和海運力量，十字軍東征和勒班陀戰役的集結地。從 13 世紀直到 17 世紀末的歐洲非常重要的商業（特別是絲綢，糧食和香料）和藝術中心。（*Photo by Bao-Shi Shiau*）

威尼斯是義大利東北部著名的旅遊與工業城市，也是威尼托地區的首府。威
尼斯城由被運河分隔並由橋梁相連的 121 座小島組成。威尼斯潟湖是位於波
河與皮亞韋河河口之間的一個封閉的海灣，威尼斯城就坐落在威尼斯潟湖的
淺灘上。威尼斯以其優美的環境、建築和藝術品珍藏而聞名。潟湖和城市的
一部分被列為世界遺產。威尼斯的水道舉世聞名，運河就是道路，所以主要
的交通模式是步行與水上交通，是歐洲最大的無汽車地區。城市歷史上曾經
是威尼斯共和國的首府。威尼斯同時被譽為「主之城」、「尊貴之城」、
「亞得里亞王后」、「水之都」、「面具之城」、「橋梁之城」、「漂浮之
都」、「運河之城」。也是中世紀和文藝復興時期的主要金融和海運力量，
十字軍東征和勒班陀戰役的集結地。從 13 世紀直到 17 世紀末的歐洲非常
重要的商業（特別是絲綢，糧食和香料）和藝術中心。（*Photo by Bao-Shi
Shiau*）

第八章

海洋污染防治法與海洋基本法及海岸管理法

臺灣《海洋污染防治法》於民國 89 年 11 月 1 日公布實施，計分九章共六十一條（中華民國 103 年 6 月 4 日修正）。而施行細則，則由行政院環保署於中華民國 90 年 9 月 5 日發布，合計二十二條。《海洋基本法》於中華民國 108 年 11 月 20 日公布。另外海岸管理法於民國 104 年 2 月 4 日公布全文 46 條，海岸管理法施行細則內政部中華民國 105 年 2 月 1 日發布施行，全文 14 條。這些法令對於海洋（海岸）環境以及污染防治管理、生態維護與保育，均有規範原則與罰則，提供臺灣四周海岸與海域環境未來永續發展以及利用管理，於法有據。

8-1 前言

臺灣四面環海，西邊鄰臺灣海峽，東邊接太平洋，南隔巴士海峽。海岸線總長約一千五百多公里，若以單位面積來看，每平方公里面積擁有海岸線長度約三十二公尺，在全世界沿海國家中，係屬海岸線長度高擁有者。另外臺灣四週海洋生物資源也非常豐富，其中海洋生物種類具有多樣性，約占世界海洋物種之十分之一。

然而臺灣地狹人稠，加上經濟高度發展，沿岸濕地（尤其臺灣西部海岸）屢遭因工業區開發，而慘遭破壞。生活與工業污水海洋放流，以及廢棄物之海拋，此等行為皆在在使得四周海洋環境水質惡化，海洋生態破壞。為了有效維護及管理與保育海洋環境，並世代永續經營，達到海洋立國之目標，因此訂定《海洋污染防治法》，以及施行細則，與海岸管理法，以及施行細則，借此有所依循之法令，以完成規劃、指導、監督、及執行之工作。

8-2 海洋污染防治法制訂目的、範圍與主管及執行機關

制定《海洋污染防治法》之目的，主要係為防治海洋污染，保護海洋環境，維護海洋生態，確保國民健康及永續利用海洋資源。（第一條）。而適用範圍則是適用於中華民國管轄之潮間帶、內水、領海、鄰接區、專屬經濟

海域及大陸礁層上覆水域。且於前項所定範圍外海域排放有害物質，致造成前項範圍內污染者，亦適用《海洋污染防治法》之規定。（第二條）。

　　海洋污染防治之主管機關：在中央為行政院海洋委員會；在直轄市為直轄市政府；在縣（市）為縣（市）政府。直轄市、縣（市）主管機關之管轄範圍，為領海海域範圍內之行政轄區；海域行政轄區未劃定前由中央主管機關會同內政部，於本法公布一年內劃定完成。（第四條）。而執行取締、蒐證、移送等事項，由海岸巡防機關辦理。主管機關及海岸巡防機關就前項所定事項，得要求軍事、海關或其他機關協助辦理。（第五條）。

8-3 海洋污染相關專用名詞

　　有關海洋污染與防治，涉及相關所使用之專用名詞，為統一避免爭議，以明確具體該名詞所定義之範圍與內容，依據《海洋污染防治法》第三條定義如下：

一、有害物質：指依聯合國國際海事組織所定國際海運危險品準則所指定之物質。

二、海洋環境品質標準：指基於國家整體海洋環境保護目的所定之目標值。

三、海洋環境管制標準：指為達成海洋環境品質標準所定分區、分階段之目標值。

四、海域工程：指在前條第一項所定範圍內，從事之探勘、開採、輸送、興建、敷設、修繕、抽砂、浚渫、打撈、掩埋、填土、發電或其他工程。

五、油：指原油、重油、潤滑油、輕油、煤油、揮發油或其他經中央主管機關公告之油及含油之混合物。

六、排洩：指排放、溢出、洩漏廢（污）水、油、廢棄物、有害物質或其他經中央主管機關公告之物質。

七、海洋棄置：指海洋實驗之投棄或利用船舶、航空器、海洋設施或其他設施，運送物質至海上傾倒、排洩或處置。

八、海洋設施：指海域工程所設置之固定人工結構物。

九、海上焚化：指利用船舶或海洋設施焚化油或其他物質。

十、污染行為：指直接或間接將物質或能量引入海洋環境，致造成或可能造成人體、財產、天然資源或自然生態損害之行為。

十一、污染行為人：指造成污染行為之自然人、公私場所之負責人、管理人及代表人；於船舶及航空器時為所有權人、承租人、經理人及營運人等。

8-4 海洋污染防治法基本措施

由於《海洋污染防治法》為母法，因此在該法規定一些基本措施，以利制定相關施行細則等子法，以完成母法制訂之目的。例如第八條指出中央主管機關應視海域狀況，訂定海域環境分類及海洋環境品質標準。為維護海洋環境或應目的事業主管機關對特殊海域環境之需求，中央主管機關得依海域環境分類、海洋環境品質標準及海域環境特質，劃定海洋管制區，訂定海洋環境管制標準，並據以訂定分區執行計畫及污染管制措施後，公告實施。前項污染管制措施，包括污染排放、使用毒品、藥品捕殺水生物及其他中央主管機關公告禁止使海域污染之行為。

關於海域環境，各級主管機關應依海域環境分類，就其所轄海域設置海域環境監測站或設施，定期公布監測結果，並採取適當防治措施；必要時，各目的事業主管機關並得限制海域之使用。對各級主管機關依前項設置之監測站或設施，不得干擾或毀損。前述之海域環境監測辦法、環境監測站設置標準及採樣分析方法，由中央主管機關定之。（第九條）。

關於海洋污染相關事件之處理，該法指出：為處理重大海洋污染事件，行政院得設重大海洋污染事件處理專案小組；為處理一般海洋污染事件，中央主管機關得設海洋污染事件處理工作小組。為處理重大海洋油污染緊急事件，中央主管機關應擬訂海洋油污染緊急應變計畫，報請行政院核定之。前項緊急應變計畫，應包含分工、通報系統、監測系統、訓練、設施、處理措施及其他相關事項。（第十條）。

8-5 防止陸上污染源污染

　　爲了防止陸上廢污水污染源污染海域水體，規定：公私場所非經中央主管機關許可，不得排放廢（污）水於海域或與海域相鄰接之下列區域：

一、自然保留區、生態保育區。

二、國家公園之生態保護區、特別景觀區、遊憩區。

三、野生動物保護區。

四、水產資源保育區。

五、其他經中央主管機關公告需特別加以保護之區域。

　　前項廢（污）水排放之申請、條件、審查程序、廢止及其他應遵行事項之許可辦法，由中央主管機關會商相關目的事業主管機關定之。（第十五條）。

8-6 海域工程污染之防止

　　關於海域工程之提出進行，亦即公私場所利用海洋設施從事探採油礦、輸送油及化學物質或排放廢（污）水者，應先檢具海洋污染防治計畫，載明海洋污染防治作業內容、海洋監測與緊急應變措施及其他中央主管機關指定之事項，報經中央主管機關核准後，始得爲之。前項公私場所應持續執行海洋監測，並定期向主管機關申報監測紀錄。公私場所利用海洋設施探採油礦或輸送油者，應製作探採或輸送紀錄。（第十七條）。

　　海域工程之進行開發時，公私場所不得排放、溢出、洩漏、傾倒廢（污）水、油、廢棄物、有害物質或其他經中央主管機關指定公告之污染物質於海洋。但經中央主管機關許可者，得將油、廢（污）水排放於海洋；其排放並應製作排放紀錄。各項紀錄，應依中央主管機關規定製作、申報並至少保存十年。但排放油、廢（污）水入海洋之申請、條件、審查程序、廢止及其他應遵行事項之許可辦法，由中央主管機關會商目的事業主管機關定

之。（第十八條）。

8-7 海上處理廢棄物污染之防止

　　為防止海上處理廢棄物造成海域污染，訂定下列法條以規範相關活動。包括利用船舶或航空器或海洋設施等各種方法進行海洋棄置或海上焚化者，均屬於海上處理廢棄物，從事該等事宜，均應向中央主管機關申請許可。（第二十條）。而實施海洋棄置或海上焚化作業，應於中央主管機關指定之區域為之。前項海洋棄置或焚化作業區域，由中央主管機關依海域環境分類、海洋環境品質標準及海域水質狀況，劃定公告之。（第二十一條）。中央主管機關應依物質棄置於海洋對海洋環境之影響，公告為甲類、乙類或丙類。甲類物質，不得棄置於海洋；乙類物質，每次棄置均應取得中央主管機關許可；丙類物質，於中央主管機關許可之期間及總量範圍內，始得棄置。（第二十二條）。

　　實施海洋棄置及海上焚化之船舶、航空器或海洋設施之管理人，應製作執行海洋棄置及海上焚化作業之紀錄，並定期將紀錄向中央主管機關申報及接受查核。（第二十三條）

　　假若公私場所因海洋棄置、海上焚化作業，致嚴重污染海域或有嚴重污染之虞時，應即採取措施以防止、排除或減輕污染，並即通知主管機關及目的事業主管機關。前項情形，主管機關得命採取必要之應變措施，必要時，主管機關並得逕行採取處理措施；其因應變或處理措施所生費用，由該公私場所負擔。（第二十四條）。

　　棄置船舶、航空器、海洋設施或其他人工構造物於海洋，準用上述海洋棄置及海上焚化之規定。為漁業需要，得投設人工魚礁或其他漁業設施；其申請、投設、審查、廢止及其他應遵行事項之許可辦法，由中央主管機關會同中央漁業、保育主管機關及中央航政主管機關定之。（第二十五條）。

8-8 船舶污染海洋之防止

　　為避免船舶在海域或港口對水域污染，制定下列條文以規範之。

　　船舶應設置防止污染設備，並不得污染海洋。（第二十六條）。船舶對海洋環境有造成污染之虞者，港口管理機關得禁止其航行或開航。（第二十七條）。對於合法遵守規定之船舶，應備有相關文件證明。而港口管理機關或執行機關於必要時，得會同中央主管機關查驗我國及外國船舶之海洋污染防止證明書或證明文件、操作手冊、油、貨紀錄簿及其他經指定之文件。（第二十八條）。

　　為防止船舶污染海域港口，船舶之廢（污）水、油、廢棄物或其他污染物質，除依規定得排洩於海洋者外，應留存船上或排洩於岸上收受設施。各類港口管理機關應設置前項污染物之收受設施，並得收取必要之處理費用。前項處理費用之收取標準，由港口管理機關擬訂，報請目的事業主管機關核定之。（第二十九條）。船舶裝卸、載運油、化學品及其他可能造成海水污染之貨物，應採取適當防制排洩措施。（第三十條）。

　　船舶之建造、修理、拆解、打撈及清艙，致污染海域或有污染之虞者，應採取下列措施，並清除污染物質：

一、於施工區域周圍水面，設置適當之攔除浮油設備。

二、於施工區內，備置適當廢油、廢（污）水、廢棄物及有害物質收受設施。

三、防止油、廢油、廢（污）水、廢棄物、殘餘物及有害物質排洩入海。

四、其他經中央主管機關指定之措施。（第三十一條）。

　　船舶發生海難或因其他意外事件，致污染海域或有污染之虞時，船長及船舶所有人應即採取措施以防止、排除或減輕污染，並即通知當地航政主管機關、港口管理機關及地方主管機關。前項情形，主管機關得命採取必要之應變措施，必要時，主管機關並得逕行採取處理措施；其因應變或處理措施所生費用，由該船舶所有人負擔。（第三十二條）。

8-9 海域污染損害賠償責任與罰則

　　無論以何種型式，已然造成海域污染，造成國家損害，依《海洋污染防治法》第三十三條至三十五條，均應負起損害賠償責任。污染損害之賠償請求權人，得直接向責任保險人請求賠償或就擔保求償之。

　　海域污染罰責分為刑責、拘役以及罰金。造成嚴重海域污染之處罰，最重可處十年以下有期徒刑，得併科新臺幣二千萬元以上一億元以下罰金。（第三十六條）。

　　處罰除另有規定外，在中央由行政院環境保護署為之；在直轄市由直轄市政府為之；在縣（市）由縣（市）政府為之。（第五十五條）。

8-10 海洋污染防治相關法律及法規命令與辦法

　　海洋污染之母法為《海洋污染防治法》（民國 89 年 11 月 1 日公布施行），隨後於民國 90 年 9 月 5 日頒布《海洋污染防治法施行細則》，明定母法之施行相關具體細節，使得母法得以施行。並於民國 90 年 12 月 26 日頒布海域環境分類及海洋環境品質標準，使得臺灣海域環境污染有一具體標準。（詳閱附錄一、二、三）。

　　為了使施行細則中諸多規定能具體施行，行政院環保署逐一以命令公布諸多辦法以利海洋污染處理與保護業務得以施行。相關命令辦法包括有：

(1) 海洋環境污染清除處理辦法（民國 91 年 03 月 06 日發布）

(2) 海域環境監測及監測站設置辦法（民國 91 年 11 月 13 日發布）

(3) 陸上污染源廢（污）水排放於特定海域許可辦法（民國 91 年 12 月 11 日發布）

(4) 海域工程排放油廢（污）水許可辦法（民國 91 年 12 月 11 日發布）

(5) 海洋棄置許可辦法（民國 91 年 12 月 25 日公布，民國 98 年 01 月 08 日修正。原名稱：海洋棄置及海上焚化管理辦法；新名稱：海洋棄置許可

管理辦法）

(6) 海洋污染涉及軍事事務檢查鑑定辦法（民國 92 年 03 月 19 日發布）

(7) 投設人工魚礁或其他漁業設施許可管理辦法（民國 92 年 05 月 21 日發布）

(8) 海洋棄置費收費辦法（民國 92 年 11 月 26 日發布，民國 105 年 05 月 19 日修正）

8-11 海洋環境污染相關國際公約簡介

　　1992 年聯合國環境與發展會議（UNCED，或里約地球高峰會議）所產出之「21 世紀議程」（Agenda 21）中對海洋環境最基本的定義如下：「海洋環境，包括所有的洋和海，以及相鄰的沿岸地區，將之視為一個整體，也是全球維生系統的基本組成，據此得以實現永續發展的珍貴資產」。

　　聯合國議決並指定每年的 6 月 8 日為世界海洋日（World Oceans Day），其主要目的與用意係期望全世界各國政府機關、企業以及每個人，利用這一天認反省思考，到底大家在過去時日對海洋做了些甚麼事？而未來又打算做些甚麼事？

　　其他與海洋環境污染相關之國際公約，擇其重要者簡述如下：

(一) 倫敦海拋公約

　　1972 年訂定《防止廢棄物及其他物質棄置污染海洋國際公約》，或稱為倫敦海拋公約。該公約主要針對船舶、航空器、平臺、其他海上人工構造物、其他廢棄物、或其他物質等，棄置於海洋之行為並污染海洋，以及在海上故意處置船舶、航空器、平臺、或其他海上人工構造物之行為，進行規範，以預防對海洋環境造成污染。

(二) 防止船舶污染國際公約

　　1973 年與 1978 年之「防止船舶污染國際公約」主要針對船舶（包括所有型式之船舶，但不包括軍艦以及國家公務船舶）所造成：(1) 油類物質、

(2) 散裝有毒液體、(3) 任何包裝型式之有害物質、(4) 污水、及 (5) 垃圾等，五類海洋主要污染物質，作成原則性之與技術性之規範。該公約並對船舶設計、建造、設備等標準亦有規定，以及對於在港口內之船舶採取適當之偵查與環境測試與證據蒐集等程序，或以合作方式共同偵查違法行為，與執行各項規定。

(三) 聯合國國際海洋法公約（Convention on the Law of the Sea）

1982 年訂定該公約，該公約第十二部分述及對於國際海洋環境的保護作全面性系統性之規範，以及規定簽約國家應有保護與保全海洋環境之義務，並得個別或聯合採取一切措施，以防止減少與控制任何污染海洋環境之來源。

(四) 1990年油污染整備應變及合作國際公約（International Convention on Oil Pollution Preparedness, Response and Cooperation, 1990）

該公約主要係促進與加強簽約各國油污染防治工作，並經由雙邊或多邊協議，以達到區域性或國際性合作處理方式，使得每次污染事件均得以有效與及時作為處理，而降低海洋環境污染損害。

(五) 亞太地區港口國管制東京備忘錄

由亞太地區 18 個海運國家與地區為加強港口管制合作，於 1993 年在日本東京簽訂東京備忘錄，目的在於針對於港口內之外國船舶執行安檢，以及符合有關國際海事安全與防止污染等公約規定。

(六) 海洋保育之國際公約

海洋保育工作係海洋環境優質化之必須工作，世界自然保育聯盟（IUCN）氣候部門的 Jamie Carr 表示：「全球若失去 1/6 的物種絕對是一場災難，不只是失去珍貴的自然資產而已。生物多樣性提供人類重要功能和

服務。如此巨變將在生物系統產生連鎖反應，可能導致整個系統崩壞。」因此保護生物多樣性以及海洋保育絕對是人類現在與未來一項重要工作。

　　相關重要之國際海洋保育公約列舉如下：(1) 卡塔基納生物安全議定書（Cartagena Protocol on Bio-safety, 2003），(2) 生物多樣性公約（Convention on Biological Diversity, 2000），(3) 拉薩姆國際濕地公約（Ramsar Convention,1971），(4) 二十一世紀議程（Agenda 21）。

　　拉姆薩公約（Ramsar Convention）全名為 The Convention on Wetlands of International Importance especially as Waterfowl Habit，係於 1971 年 2 月 2 日在伊朗北部的拉姆薩這個城市所簽訂的濕地公約。該公約是政府之間的條約（協定），主要目地為提供國際間合作，以及提出給各國一個行動方向，執行保育和審慎的使用濕地資源。紀念公約的簽署，每年的 2 月 2 日則訂為世界濕地日。2014 年 1 月，拉姆薩公約總共有 168 個締約成員國。

8-12 海洋污染防治法之檢討改進方向

　　《海洋污染防治法》自民國 89 年公布施行至今，由於外在因素，例如：國際上海洋環境相關國際法之更新變革，以及內在因素，例如：國內環境變遷，對海洋環境與污染及生態保育之重視，因此該法相關條文確有檢討修正之需要。

　　《海洋污染防治法》可依下述方向進行檢討修正，以符合時代之需求，讓我們四周的海洋環境永續經營與利用。

(1) 預防相關海底開發工程等造成之污染以及發生污染之處置與罰則

(2) 合理之海洋棄置之相關規定與執行

(3) 海域及海岸港口船舶排污水與垃圾管制規定與非法排放罰責

(4) 海域及海岸港口船舶廢氣排放之空污防止與罰則

(5) 海域環境與生態保育及永續

(6) 海域景觀之維護與管理

(7) 海洋污染擔保基金制度之建立與運作，確保海域環境之復育。

8-13 海洋基本法

　　爲打造生態、安全、繁榮之優質海洋國家，維護國家海洋權益，提升國民海洋科學知識，深化多元海洋文化，創造健康海洋環境與促進資源永續，健全海洋產業發展，推動區域及國際海洋事務合作，特制《海洋基本法》。共計 19 條，於民國 108 年 11 月 20 日公布施行（全部條文詳閱附錄四）。《海洋基本法》開啟了國家對於海洋的重視，該法第 3 條更是明確宣示：政府應推廣海洋相關知識、便利資訊，確保海洋之豐富、活力，創造高附加價值海洋產業環境，並應透過追求友善環境、永續發展、資源合理有效利用與國際交流合作，以保障、維護國家、世代人民及各族群之海洋權益。《海洋基本法》呼應實踐以「海洋立國」的精神。

　　《海洋基本法》第 2 條針對海洋，主要區分四大面向：(1) 海洋資源，(2) 海洋產業，(3) 海洋開發，(4) 海洋事務。其中有關海洋污染防治對策及污染防治量能，在第 8 條敘明要求政府應有效因應氣候變遷，審愼推動國土規劃，加強海洋災害防護，加速推動海洋復育工作，積極推動區域及國際合作，以保護海洋環境。

　　《海洋基本法》第 13 條也針對海洋生態保育等問題，敘明要求政府應重視海洋生態，制訂保護政策。該條文載明：政府應本生態系統爲基礎之方法，優先保護自然海岸、景觀、重要海洋生物棲息地、特殊與瀕危物種、脆弱敏感區域、水下文化資產等，保全海洋生物多樣性，訂定相關保存、保育、保護政策與計畫，採取衝擊減輕措施、生態補償或其他開發替代方案，劃設海洋保護區，致力復原海洋生態系統及自然關聯脈絡，並保障原有海域使用者權益。

　　2008 年 12 月 5 日第 63 屆聯合國大會決議 6 月 8 日爲世界海洋日，自 2009 年開始。《海洋基本法》第 18 條規定爲促使政府及社會各界深植海洋意識，特訂定六月八日爲國家海洋日，與世界同步接軌。在 2012 年 6 月 8 日世界海洋日，農委會與海巡署同時啟動海洋保護區的分類標誌，由左而

右第 1 類為「禁止進入或影響（No access / No Impact）」、第 2 類為「禁止採捕（No-Take）」，以及第 3 類為「分區多功能使用（Zoned Multiple-Use）」。如圖 8-1 所示。

圖 8-1　海洋保護區的分類標誌，由左而右第 1 類為「禁止進入或影響」、第 2 類為
　　　　「禁止採捕」，以及第 3 類為「分區多功能使用」
圖片來源：農委會漁業署網站

　　所謂禁止進入或影響，係指唯有在科學研究、環境監測或海洋復育之目的下，須經相關主管機關許可，始得進入；或雖獲得許可進入，但嚴禁任何可能影響亦或破壞該海域之生態系統、相關之文化資產或者是自然景觀等之行動，例如墾丁國家公園之海域生態保護區等等。

　　所謂禁止採捕，係指全面禁止對於自然資源以及相關文化資產之採集捕捉，亦或開發利用等之行為，例如在東沙環礁國家公園之海域特別景觀區等等。

　　分區多功能使用則是指在以永續利用為前提，對於某些採捕或開發利用行為做限制，但可以容許輕度的生態資源利用行為，例如臺灣各地之漁具、漁法及特定漁業之禁漁區等。

　　爾來國際間為落實「永續發展目標」（Sustainable Development Goals, SDGs）中第十四項目標，透過海域空間規劃機制，整合相關法規及組織架構並建立溝通機制，以利有序有效地運用海洋。因此為因應海洋多目標使用需求，協調海域使用及競合，維護海洋自然環境及生態，落實海洋整合管理，以促進海洋永續發展，海洋主管機關海洋委員會依據《海洋基本法》

第四條及第八條所述「因應海洋多目標使用需求，協調海域使用及競合」及「有效因應氣候變遷，推動國土規劃，以保護海洋環境」之精神，使得海域空間之獲得最佳合理配置與使用，推出「海域管理法」專法草案（2021 年 12 月 6 日海洋環字第 11000129501 號公告），未來進行立法以為因應。適用範圍係指自海岸管理法管轄近岸海域向海一側外界線至我國領海外界線；專屬經濟海域、大陸礁層及其他依法令、條約、協定或國際法規定我國得行使主權權利或管轄權之區域，準用之。

8-14　海岸管理法

　　維繫自然系統，確保臺灣自然海岸零損失，並因應氣候變遷，防治海岸災害與環境破壞，保護與復育海岸資源，推動海岸整合管理，並促進海岸地區之永續發展，因此於民國 104 年 2 月 4 日制定公布該海岸管理法，分五章（第一章：總則，第二章：海岸地區之規劃，第三章：海岸地區之利用管理，第四章：罰則，第五章：附則），共計 46 條，詳閱附錄五。

　　該海岸管理法中所稱海岸地區係指中央主管機關依環境特性、生態完整性及管理需要，依下列原則，劃定公告之陸地、水體、海床及底土；必要時，得以坐標點連接劃設直線之海域界線。

　　此管理法第 2 條中提及相關重要名詞分別定義如下：(1) 濱海陸地：以平均高潮線至第一條省道、濱海道路或山脊線之陸域為界。(2) 近岸海域：以平均高潮線往海洋延伸至三十公尺等深線，或平均高潮線向海三浬涵蓋之海域，取其距離較長者為界，並不超過領海範圍之海域與其海床及底土。(3) 離島濱海陸地及近岸海域：於不超過領海範圍內，得視其環境特性及實際管理需要劃定。

　　海岸管理法第 3 條明定主管機關，在中央為內政部；在直轄市為直轄市政府；在縣（市）為縣（市）政府。

　　保護海岸環境，對於海岸地區進行規劃管理採用之原則，優先保護自然海岸，並維繫海岸之自然動態平衡，保育珊瑚礁、藻礁、海草床、河口、潟

湖、沙洲、沙丘、沙灘、泥灘、崖岸、岬頭、紅樹林、海岸林等及其他敏感地區，維護其棲地與環境完整性，並規範人為活動，以兼顧生態保育及維護海岸地形。（參閱第 7 條第 1 項與第三項）。

　　為執行保護、防護、利用及管理海岸地區土地，中央主管機關應擬訂整體海岸管理計畫（參閱第 10 條），計畫區分為：

(1) 海岸保護計畫：分為一級海岸保護計畫〔由直轄市、縣（市）主管機關擬訂。但跨二以上直轄市、縣（市）行政區域或涉及二以上目的事業者，由相關直轄市、縣（市）主管機關協調擬訂。〕，以及二級海岸保護計畫〔由直轄市、縣（市）主管機關擬訂。但跨二以上直轄市、縣（市）行政區域或涉及二以上目的事業者，由相關直轄市、縣（市）主管機關協調擬訂。〕

(2) 海岸防護計畫：分為一級海岸防護計畫（由中央目的事業主管機關協調有關機關後擬訂），以及二級海岸防護計畫（由直轄市、縣（市）主管機關擬訂）。

　　第四章（第 32 條～42 條）為罰則篇，針對在海岸保護區內違法者處以罰緩或情節重大者處以徒刑，最高為十年以下有期徒刑。

　　依據海岸管理法第 45 條規定，制定施行細則，合計 14 條，民國 105 年 2 月 1 日發布施行，條文詳閱附錄六。對於母法所提執行之較為具體說明，例如：

(1) 施行細則第 5 條，測站相關設施具體項目內容，海岸地區基本資料，包括海象、氣象、水文、海洋地質、海底地形、海岸侵蝕與淤積、地層下陷、海岸環境品質、海岸生態環境及其他海岸管理相關資訊。

(2) 管理計畫文字與圖說之規定，施行細則第 7 條明確載明整體海岸管理計畫，應以文字及圖表說明，並檢附明確標示濱海陸地與近岸海域界線之海岸地區範圍圖、海岸保護區位置圖、海岸防護區位置圖、特定區位位置圖、重要海岸景觀區位置圖及自然海岸線標示圖。其中位屬濱海陸地之各項圖資，比例尺不得少於五千分之一。

(3) 管理計畫公告實施後如何進行後續，施行細則第 13 條載明整體海岸管

理計畫、海岸保護計畫或海岸防護計畫公告實施後，計畫擬訂機關應通
知有關機關就區域內之開發計畫、事業建設計畫、都市計畫、國家公園
計畫或區域計畫，配合整體海岸管理計畫、海岸保護計畫或海岸防護計
畫，予以檢討、修正或變更。

參考文獻

1. 海洋污染防治（2018 年 4 月 27 日），海洋委員會主管法規查詢系統。

2. 海洋污染防治法施行細則（2018 年 4 月 27 日），海洋委員會主管法規查詢系統。

3. 海域環境分類及海洋環境品質標準（2018 年 2 月 23 日），全國法規資料庫。

4. 海洋基本法（2019 年 11 月 20 日），全國法規資料庫。

5. 海岸管理法（2015 年 2 月 4 日），全國法規資料庫。

6. 海岸管理法施行細則（2016 年 2 月 1 日），全國法規資料庫。

問題與分析

1. 臺灣海洋污染法對於主管機關之規定，是否能達到最有有效率？亦或疊床架屋？

2. 討論臺灣海洋污染法之修正。

3. 討論歷來臺灣大型海洋污染事例及受到之罰則責與賠償情形。

4. 制定海洋基本法之緣由與必要性，請簡要敘明。

   解答提示：

   臺灣是典型海島國家，海洋治理與藍色經濟攸關國家整體發展及競爭優勢，因此海洋保護管理、永續發展，亟需重視與落實。制定「海洋基本法」，擘劃長遠、宏觀且整體性之海洋政策藍圖，確立國家海洋永續發展之基本原則與方針以及指標性導引功能，據以發揮海洋政策統合及事務協調之效，實屬必要。

5. 依據中華民國 104 年 2 月 4 日公布施行海岸管理法，除由中央主管機關行政院內政部依法訂定公布（中華民國 105 年 2 月 1 日）海岸管理法施行細則外，還有哪些相關辦法審查規則等子法，請簡述之。

   解答提示：

   (1) 特定區位一定規模以上或性質特殊適用範圍及海岸利用管理辦法

   (2) 海岸特定區位申請許可案件審查規則

   (3) 近岸海域與公有自然沙灘獨占性使用及人為設施設置管理辦法

附錄一　海洋污染防治法

（來源：海洋委員會主管法規查詢系統）

中華民國八十九年十一月一日總統華總一義字第八九〇〇二六〇四一〇號令制定公布
全文六十一條
中華民國一百零三年六月四日總統華總一義字第 10300085201 號令修正公布第 13、33
條條文
中華民國一百零七年四月二十七日行政院院臺規字第 1070172574 號公告本法之中央
主管機關原為「行政院環境保護署」自一百零七年四月二十八日起變更為「海洋委員
會」；第 4 條、第 5 條第 2 項、第 6 條第 1 項、第 2 項、第 4 項、第 7 條至第 9 條、
第 10 條第 1 項、第 2 項、第 12 條、第 13 條、第 14 條第 1 項第 3 款、第 2 項、第 3 項、
第 15 條、第 16 條、第 17 條第 1 項、第 2 項、第 18 條至第 24 條、第 25 條第 2 項、第
28 條、第 31 條第 4 款、第 32 條第 2 項、第 33 條第 3 項、第 49 條、第 55 條、第 57 條、
第 59 條第 1 項、第 3 項、第 60 條所列中央主管機關掌理事項，改由「海洋委員會」
管轄；第 5 條所列屬「海岸巡防機關」之權責事項原由「行政院海岸巡防署及所屬機
關」管轄，自一百零七年四月二十八日起改由「海洋委員會海巡署及所屬機關（構）」
管轄

第一章　總則
第 1 條
為防治海洋污染，保護海洋環境，維護海洋生態，確保國民健康及永續利用海洋資
源，特制定本法。本法未規定者，適用其他法律之規定。
第 2 條
本法適用於中華民國管轄之潮間帶、內水、領海、鄰接區、專屬經濟海域及大陸礁層
上覆水域。
於前項所定範圍外海域排放有害物質，致造成前項範圍內污染者，亦適用本法之規定。

第 3 條

本法專用名詞定義如下：

一、有害物質：指依聯合國國際海事組織所定國際海運危險品準則所指定之物質。

二、海洋環境品質標準：指基於國家整體海洋環境保護目的所定之目標值。

三、海洋環境管制標準：指為達成海洋環境品質標準所定分區、分階段之目標值。

四、海域工程：指在前條第一項所定範圍內，從事之探勘、開採、輸送、興建、敷設、修繕、抽砂、浚渫、打撈、掩埋、填土、發電或其他工程。

五、油：指原油、重油、潤滑油、輕油、煤油、揮發油或其他經中央主管機關公告之油及含油之混合物。

六、排洩：指排放、溢出、洩漏廢（污）水、油、廢棄物、有害物質或其他經中央主管機關公告之物質。

七、海洋棄置：指海洋實驗之投棄或利用船舶、航空器、海洋設施或其他設施，運送物質至海上傾倒、排洩或處置。

八、海洋設施：指海域工程所設置之固定人工結構物。

九、海上焚化：指利用船舶或海洋設施焚化油或其他物質。

十、污染行為：指直接或間接將物質或能量引入海洋環境，致造成或可能造成人體、財產、天然資源或自然生態損害之行為。

十一、污染行為人：指造成污染行為之自然人、公私場所之負責人、管理人及代表人；於船舶及航空器時為所有權人、承租人、經理人及營運人等。

第 4 條

本法所稱主管機關：在中央為行政院環境保護署；在直轄市為直轄市政府；在縣（市）為縣（市）政府。

直轄市、縣（市）主管機關之管轄範圍，為領海海域範圍內之行政轄區；海域行政轄區未劃定前由中央主管機關會同內政部，於本法公告一年內劃定完成。

第 5 條

依本法執行取締、蒐證、移送等事項，由海岸巡防機關辦理。

主管機關及海岸巡防機關就前項所定事項，得要求軍事、海關或其他機關協助辦理。

第 6 條

各級主管機關、執行機關或協助執行機關，得派員攜帶證明文件，進入港口、其他場

所或登臨船舶、海洋設施,檢查或鑑定海洋污染事項,並命令提供有關資料。

各級主管機關、執行機關或協助執行機關,依前項規定命提供資料時,其涉及軍事機密者,應會同當地軍事機關爲之。

對前二項之檢查、鑑定及命令,不得規避、妨礙或拒絕。

涉及軍事事務之檢查鑑定辦法,由中央主管機關會同國防部定之。

第 7 條

各級主管機關及執行機關得指定或委託相關機關、機構或團體,辦理海洋污染防治、海洋污染監測、海洋污染處理、海洋環境保護及其研究訓練之有關事項。

第二章 基本措施

第 8 條

中央主管機關應視海域狀況,訂定海域環境分類及海洋環境品質標準。

爲維護海洋環境或應目的事業主管機關對特殊海域環境之需求,中央主管機關得依海域環境分類、海洋環境品質標準及海域環境特質,劃定海洋管制區,訂定海洋環境管制標準,並據以訂定分區執行計畫及污染管制措施後,公告實施。

前項污染管制措施,包括污染排放、使用毒品、藥品捕殺水生物及其他中央主管機關公告禁止使海域污染之行爲。

第 9 條

各級主管機關應依海域環境分類,就其所轄海域設置海域環境監測站或設施,定期公布監測結果,並採取適當防治措施;必要時,各目的事業主管機關並得限制海域之使用。

對各級主管機關依前項設置之監測站或設施,不得干擾或毀損。

第一項海域環境監測辦法、環境監測站設置標準及採樣分析方法,由中央主管機關定之。

第 10 條

爲處理重大海洋污染事件,行政院得設重大海洋污染事件處理專案小組;爲處理一般海洋污染事件,中央主管機關得設海洋污染事件處理工作小組。

爲處理重大海洋油污染緊急事件,中央主管機關應擬訂海洋油污染緊急應變計畫,報請行政院核定之。

前項緊急應變計畫，應包含分工、通報系統、監測系統、訓練、設施、處理措施及其他相關事項。

第 11 條

各類港口管理機關應依本法及其他相關規定採取措施，以防止、排除或減輕所轄港區之污染。

各類港口目的事業主管機關，應輔導所轄港區之污染改善。

第 12 條

經中央主管機關核准以海洋為最終處置場所者，應依棄置物質之種類及數量，徵收海洋棄置費，納入中央主管機關特種基金管理運用，以供海洋污染防治、海洋污染監測、海洋污染處理、海洋生態復育、其他海洋環境保護及其研究訓練之有關事項使用。

海洋棄置費之徵收、計算、繳費方式、繳納期限及其他應遵行事項之收費辦法，由中央主管機關會商有關機關定之。

第 13 條

中央主管機關指定之公私場所從事油輸送、海域工程、海洋棄置、海上焚化或其他污染行為之虞者，應先提出足以預防及處理海洋污染之緊急應變計畫及賠償污染損害之財務保證書或責任保險單，經中央主管機關核准後，始得為之。

前項緊急應變計畫之內容及格式，由中央主管機關定之。

第一項財務保證書之保證額度或責任保險單之賠償責任限額，由中央主管機關會商金融監督管理委員會定之。

各級主管機關於海洋發生緊急污染事件時，得要求第一項之公私場所或其他海洋相關事業，提供污染處理設備、專業技術人員協助處理，所需費用由海洋污染行為人負擔；必要時，得由前條第一項之基金代為支應，再向海洋污染行為人求償。

第 14 條

因下列各款情形之一致造成污染者，不予處罰：

一、為緊急避難或確保船舶、航空器、海堤或其他重大工程設施安全者。

二、為維護國防安全或因天然災害、戰爭或依法令之行為者。

三、為防止、排除、減輕污染、保護環境或為特殊研究需要，經中央主管機關許可者。

海洋環境污染，應由海洋污染行為人負責清除之。目的事業主管機關或主管機關得先行採取緊急措施，必要時，並得代為清除處理；其因緊急措施或清除處理所生費用，

由海洋污染行為人負擔。

前項清除處理辦法,由中央主管機關定之。

第三章　防止陸上污染源污染

第 15 條

公私場所非經中央主管機關許可,不得排放廢(污)水於海域或與海域相鄰接之下列區域:

一、自然保留區、生態保育區。

二、國家公園之生態保護區、特別景觀區、遊憩區。

三、野生動物保護區。

四、水產資源保育區。

五、其他經中央主管機關公告需特別加以保護之區域。

前項廢(污)水排放之申請、條件、審查程序、廢止及其他應遵行事項之許可辦法,由中央主管機關會商相關目的事業主管機關定之。

第 16 條

公私場所因海洋放流管、海岸放流口、廢棄物堆置或處理場,發生嚴重污染海域或有嚴重污染之虞時,應即採取措施以防止、排除或減輕污染,並即通知各級主管機關及目的事業主管機關。

前項情形,地方主管機關應先採取必要之應變措施,必要時,中央主管機關並得逕行採取處理措施;其因應變或處理措施所生費用,由該公私場所負擔。

第四章　防止海域工程污染

第 17 條

公私場所利用海洋設施從事探採油礦、輸送油及化學物質或排放廢(污)水者,應先檢具海洋污染防治計畫,載明海洋污染防治作業內容、海洋監測與緊急應變措施及其他中央主管機關指定之事項,報經中央主管機關核准後,始得為之。

前項公私場所應持續執行海洋監測,並定期向主管機關申報監測紀錄。

公私場所利用海洋設施探採油礦或輸送油者,應製作探採或輸送紀錄。

第 18 條

公私場所不得排放、溢出、洩漏、傾倒廢(污)水、油、廢棄物、有害物質或其他經中

央主管機關指定公告之污染物質於海洋。但經中央主管機關許可者，得將油、廢（污）水排放於海洋；其排放並應製作排放紀錄。

前條第三項及前項紀錄，應依中央主管機關規定製作、申報並至少保存十年。

第一項但書排放油、廢（污）水入海洋之申請、條件、審查程序、廢止及其他應遵行事項之許可辦法，由中央主管機關會商目的事業主管機關定之。

第 19 條

公私場所從事海域工程致嚴重污染海域或有嚴重污染之虞時，應即採取措施以防止、排除或減輕污染，並即通知主管機關及目的事業主管機關。

前項情形，主管機關得命採取必要之應變措施，必要時，主管機關並得逕行採取處理措施；其因應變或處理措施所生費用，由該公私場所負擔。

第五章　防止海上處理廢棄物污染

第 20 條

公私場所以船舶、航空器或海洋設施及其他方法，從事海洋棄置或海上焚化者，應向中央主管機關申請許可。

前項許可事項之申請、審查、廢止、實施海洋棄置、海上焚化作業程序及其他應遵行事項之管理辦法，由中央主管機關會商目的事業主管機關定之。

第 21 條

實施海洋棄置或海上焚化作業，應於中央主管機關指定之區域爲之。

前項海洋棄置或焚化作業區域，由中央主管機關依海域環境分類、海洋環境品質標準及海域水質狀況，劃定公告之。

第 22 條

中央主管機關應依物質棄置於海洋對海洋環境之影響，公告爲甲類、乙類或丙類。

甲類物質，不得棄置於海洋；乙類物質，每次棄置均應取得中央主管機關許可；丙類物質，於中央主管機關許可之期間及總量範圍內，始得棄置。

第 23 條

實施海洋棄置及海上焚化之船舶、航空器或海洋設施之管理人，應製作執行海洋棄置及海上焚化作業之紀錄，並定期將紀錄向中央主管機關申報及接受查核。

第 24 條

公私場所因海洋棄置、海上焚化作業，致嚴重污染海域或有嚴重污染之虞時，應即採取措施以防止、排除或減輕污染，並即通知主管機關及目的事業主管機關。

前項情形，主管機關得命採取必要之應變措施，必要時，主管機關並得逕行採取處理措施；其因應變或處理措施所生費用，由該公私場所負擔。

第 25 條

棄置船舶、航空器、海洋設施或其他人工構造物於海洋，準用本章之規定。

為漁業需要，得投設人工魚礁或其他漁業設施；其申請、投設、審查、廢止及其他應遵行事項之許可辦法，由中央主管機關會同中央漁業、保育主管機關及中央航政主管機關定之。

第六章　防止船舶對海洋污染

第 26 條

船舶應設置防止污染設備，並不得污染海洋。

第 27 條

船舶對海洋環境有造成污染之虞者，港口管理機關得禁止其航行或開航。

第 28 條

港口管理機關或執行機關於必要時，得會同中央主管機關查驗我國及外國船舶之海洋污染防止證明書或證明文件、操作手冊、油、貨紀錄簿及其他經指定之文件。

第 29 條

船舶之廢（污）水、油、廢棄物或其他污染物質，除依規定得排洩於海洋者外，應留存船上或排洩於岸上收受設施。

各類港口管理機關應設置前項污染物之收受設施，並得收取必要之處理費用。

前項處理費用之收取標準，由港口管理機關擬訂，報請目的事業主管機關核定之。

第 30 條

船舶裝卸、載運油、化學品及其他可能造成海水污染之貨物，應採取適當防制排洩措施。

第 31 條

船舶之建造、修理、拆解、打撈及清艙，致污染海域或有污染之虞者，應採取下列措施，並清除污染物質：

一、於施工區域周圍水面，設置適當之攔除浮油設備。

二、於施工區內，備置適當廢油、廢（污）水、廢棄物及有害物質收受設施。

三、防止油、廢油、廢（污）水、廢棄物、殘餘物及有害物質排洩入海。

四、其他經中央主管機關指定之措施。

第 32 條

船舶發生海難或因其他意外事件，致污染海域或有污染之虞時，船長及船舶所有人應即採取措施以防止、排除或減輕污染，並即通知當地航政主管機關、港口管理機關及地方主管機關。

前項情形，主管機關得命採取必要之應變措施，必要時，主管機關並得逕行採取處理措施；其因應變或處理措施所生費用，由該船舶所有人負擔。

第七章　　損害賠償責任

第 33 條

船舶對海域污染產生之損害，船舶所有人應負賠償責任。

船舶總噸位四百噸以上之一般船舶及總噸位一百五十噸以上之油輪或化學品船，其船舶所有人應依船舶總噸位，投保責任保險或提供擔保，並不得停止或終止保險契約或提供擔保。

前項責任保險或擔保之額度，由中央主管機關會商金融監督管理委員會定之。

前條及第一項所定船舶所有人，包括船舶所有權人、船舶承租人、經理人及營運人。

第 34 條

污染損害之賠償請求權人，得直接向責任保險人請求賠償或就擔保求償之。

第 35 條

外國船舶因違反本法所生之損害賠償責任，於未履行前或有不履行之虞者，港口管理機關得限制船舶及相關船員離境。但經提供擔保者，不在此限。

第八章　　罰則

第 36 條

棄置依第二十二條第一項公告之甲類物質於海洋，致嚴重污染海域者，處十年以下有期徒刑，得併科新臺幣二千萬元以上一億元以下罰金。

前項之未遂犯罰之。

第 37 條

公私場所違反第十五條第一項規定者，處負責人三年以下有期徒刑、拘役或科或併科新臺幣三十萬元以上一百五十萬元以下罰金。

第 38 條

依本法規定有申報義務，明知為不實之事項而申報不實或於業務上作成之文書為虛偽記載者，處三年以下有期徒刑、拘役或科或併科新臺幣三十萬元以上一百五十萬元以下罰金。

第 39 條

有下列情形之一者，處公私場所負責人三年以下有期徒刑、拘役或科或併科新臺幣三十萬元以上一百五十萬元以下罰金：

一、違反第十七條第一項規定者。

二、違反第二十條第一項規定者。

三、違反第二十條第二項管理辦法之規定，致嚴重污染海域者。

第 40 條

不遵行主管機關依本法所為停工之命令者，處負責人、行為人、船舶所有人一年以下有期徒刑、拘役或科或併科新臺幣二十萬元以上一百萬元以下罰金。

第 41 條

拒絕、規避或妨礙依第六條第一項、第二項、第二十三條或第二十八條規定所為之檢查、鑑定、命令、查核或查驗者，處新臺幣二十萬元以上一百萬元以下罰鍰，並得按日處罰及強制執行檢查、鑑定、查核或查驗。

第 42 條

違反中央主管機關依第八條第二項所定之污染管制措施或第十八條第一項規定者，處新臺幣二十萬元以上一百萬元以下罰鍰，並得限期令其改善；屆期未改善者，得按日連續處罰。

第 43 條

違反第九條第一項限制海域使用或第九條第二項干擾、毀損監測站或設施之規定者，處新臺幣二十萬元以上一百萬元以下罰鍰，並得限期令其改善，屆期未改善者，得按日連續處罰。

第 44 條

未依第十二條第二項所定收費辦法，於限期內繳納費用者，應依繳納期限當日郵政儲金匯業局一年定期存款固定利率按日加計利息，一併繳納；逾期九十日仍未繳納者，除移送法院強制執行外，處新臺幣一千五百元以上六萬元以下罰鍰。

第 45 條

違反第十三條第一項規定者，處新臺幣三十萬元以上一百五十萬元以下罰鍰。

未依第十三條第四項規定協助處理緊急污染事件者，處新臺幣十萬元以上五十萬元以下罰鍰；情節重大者，並得按次連續處罰。

第 46 條

未依第十四條第二項規定清除污染者，處新臺幣三十萬元以上一百五十萬元以下罰鍰。

第 47 條

有下列情形之一者，處新臺幣十萬元以上五十萬元以下罰鍰，並限期令其改善；屆期未改善者，按日連續處罰；情節重大者，得令其停工：

一、違反依第十四條第三項所定之辦法者。

二、違反依第十五條第二項所定之辦法者。

三、違反依第十八條第三項所定之辦法者。

四、違反依第二十五條第二項所定之辦法者。

第 48 條

未依第十六條第一項、第十九條第一項、第二十四條第一項或第三十二條第一項規定為通知者，處新臺幣三十萬元以上一百五十萬元以下罰鍰。

第 49 條

未依第十六條第一項、第十九條、第二十四條或第三十二條規定採取防止、排除或減輕污染措施或未依主管機關命令採取措施者，處新臺幣三十萬元以上一百五十萬元以下罰鍰，並得限期令其改善；屆期未改善者，得按日連續處罰；情節重大者，得令其停工。

第 50 條

有下列情形之一者，處新臺幣二十萬元以上一百萬元以下罰鍰，並得限期令其改善；屆期未改善者，得按日連續處罰：

一、未依第十七條第二項規定監測、申報者。

二、未依第十七條第三項、第十八條第二項規定製作、申報者。

三、未依第二十三條規定記錄、申報者。

第 51 條

違反依第二十條第二項所定之管理辦法者，處新臺幣三十萬元以上一百五十萬元以下罰鍰。

第 52 條

違反第二十一條第一項或第三十三條第二項規定者，處新臺幣六十萬元以上三百萬元以下罰鍰。

第 53 條

違反第二十九條第一項規定者，處新臺幣三十萬元以上一百五十萬元以下罰鍰，並得限期令其改善；屆期未改善者，得按日連續處罰。

第 54 條

違反第三十條或第三十一條規定者，處新臺幣三十萬元以上一百五十萬元以下罰鍰，並得限期令其改善；屆期未改善者，得按日連續處罰；情節重大者，得命其停工。

第 55 條

本法所定之處罰，除另有規定外，在中央由行政院環境保護署為之；在直轄市由直轄市政府為之；在縣（市）由縣（市）政府為之。

第 56 條

依本法所處之罰鍰，經限期繳納，屆期未繳納者，移送法院強制執行。

第九章　附則

第 57 條

主管機關依本法受理各項申請之審查、許可及核發許可證，應收取審查費及證明書費等規費；其收費辦法，由中央主管機關會商有關機關定之。

第 58 條

本法施行前已從事海洋放流、海岸放流、廢棄物堆置處理、海域工程、海洋棄置、海上焚化之公私場所或航行之船舶，其有不符合本法規定者，應自本法施行之日起半年內，申請核定改善期限；改善期限未屆滿前，免予處罰。但對造成之污染損害，仍應負賠償責任。

依前項核定之改善期限，不得超過一年。

第 59 條

公私場所違反本法或依本法授權訂定之相關命令而主管機關疏於執行時，受害人民或公益團體得敘明疏於執行之具體內容，以書面告知主管機關。主管機關於書面告知送達之日起六十日內仍未依法執行者，受害人民或公益團體得以該主管機關為被告，對其怠於執行職務之行為，直接向行政法院提起訴訟，請求判令其執行。

行政法院為前項判決時，得依職權判令被告機關支付適當律師費用、偵測鑑定費用或其他訴訟費用予對海洋污染防治有具體貢獻之原告。

第一項之書面告知格式，由中央主管機關定之。

第 60 條

本法施行細則，由中央主管機關定之。

第 61 條

本法自公布日施行。

附錄二　海洋污染防治法施行細則

（來源：海洋委員會主管法規查詢系統）

中華民國九十年九月五日（90）環署水字第五○九八八號令發布

中華民國一百零七年四月二十七日行政院院臺規字第 1070172574 號公告本細則之中央主管機關原為「行政院環境保護署」，自一百零七年四月二十八日起變更為「海洋委員會」；第 2 條序文、第 6 條、第 7 條序文、第 8 條序文、第 9 條第 1 項、第 11 條第 7 款、第 12 條第 1 項第 8 款、第 13 條第 5 款、第 14 條第 7 款、第 8 款、第 15 條、第 16 條第 1 項第 4 款、第 2 項、第 17 條第 1 項第 5 款、第 2 項、第 18 條第 1 項第 6 款、第 2 項、第 21 條所列中央主管機關掌理事項，改由「海洋委員會」管轄；第 4 條第 1 項、第 3 項、第 4 項、第 7 條第 3 款所列屬「海岸巡防機關」之權責事項原由「行政院海岸巡防署及所屬機關」管轄，自一百零七年四月二十八日起改由「海洋委員會海巡署及所屬機關（構）」管轄

第 1 條

本細則依海洋污染防治法（以下簡稱本法）第六十條規定訂定之。

第 2 條

本法所定中央主管機關之主管事項如下：

一、全國性海洋污染防治政策與計畫之規劃、訂定、督導及執行事項。

二、海洋污染防治法規之訂定、研議及釋示事項。

三、全國性海洋環境品質之監測及檢驗事項。

四、直轄市、縣（市）海洋污染防治業務之督導事項。

五、涉及二直轄市、縣（市）以上海洋污染防治之協調或執行事項。

六、涉及相關部會機關海洋污染防治之協調事項。

七、海洋污染防治之研究發展事項。

八、全國性海洋污染防治之國際合作、宣導及人員之訓練事項。

九、其他有關全國性海洋污染防治事項。

第 3 條

本法所定直轄市、縣（市）主管機關之主管事項如下：

一、直轄市、縣（市）海洋污染防治工作之規劃、協調及執行事項。

二、直轄市、縣（市）海洋污染防治自治法規之訂定及釋示事項。

三、直轄市、縣（市）海洋污染防治之監測及檢驗事項。

四、直轄市、縣（市）海洋污染防治統計資料之製作及陳報事項。

五、直轄市、縣（市）海洋污染防治之研究發展、宣導及人員之訓練事項。

六、其他有關直轄市、縣（市）海洋污染防治事項。

第 4 條

本法所稱執行機關，指海岸巡防機關。

本法第六條所稱協助執行機關，指依本法第五條第二項規定協助辦理取締、蒐證、移送等事項之軍事、海關或其他機關。

主管機關及執行機關得視海洋污染防治需要，共同或分別與協助執行機關組成聯合稽查小組，執行海洋污染事項之檢查、鑑定或取締、蒐證等。

執行機關或協助執行機關依本法執行取締、蒐證海洋污染事項，應分別送請主管機關、目的事業主管機關或司法機關依規定辦理。

第 5 條

本法第八條第三項所稱毒品、藥品，係指氰化物、氰酸鉀、石炭酸或其他散布於海域，足致水生物昏迷、死亡、降低生產力或喪失成長繁殖能力之含毒物質。

第 6 條

中央主管機關應就全國性海域水體，依其海域環境分類設置海域環境監測站；直轄市、縣（市）主管機關應就其轄區內之海域水體，依其海域環境分類設置海域環境監測站。

各級主管機關應於每年四月十五日前，公布前一年之海域環境監測資料。

第 7 條

各級主管機關依本法第九條第一項規定採取之適當防治措施，應包括下列事項：

一、污染改善措施。

二、清除或削減污染源。

三、協調或會同執行機關、協助執行機關進行海洋污染事項之檢查、鑑定或取締、蒐

證等。

第 8 條

各目的事業主管機關,就各級主管機關海域水質監測結果,得依本法第九條第一項採行下列限制海域使用之管制措施:

一、暫停該海域全部或一部分之使用。

二、限制使用之期間。

三、限制使用之範圍。

四、變更或減少海域使用之用途。

五、其他為防止、排除或減輕海洋環境惡化之限制、變更海域使用條件之暫時性措施。

第 9 條

各級主管機關依本法第九條第一項規定設置海域環境監測站或設施者,應公告其所在位置。

本法第九條第二項所稱之干擾,係指下列行為:

一、於海域環境監測站或設施一百公尺內故意施放污染性生物、物質、能量之行為。

二、於海域環境監測站或設施周界五十公尺範圍內撒網、行船、迫近或造波。

第 10 條

行政院依本法第十條第一項規定,設重大海洋污染事件處理專案小組,並依本法第十條第二項所訂重大海洋油污染緊急應變計畫相關程序、分工及應變措施,成立重大海洋油污染緊急應變中心,處理重大海洋油污染事件。

各目的事業主管機關及地方主管機關應依前項重大海洋油污染緊急應變計畫規定內容,擬訂海洋油污染緊急應變計畫,並設置海洋油污染緊急應變小組;必要時,成立海洋油污染緊急應變中心,處理海洋油污染事件。

第 11 條

本法第十三條第一項所稱緊急應變計畫,其內容應包括下列事項:

一、警報、通報方式。

二、操作異常、故障及意外事故排除方法。

三、污染物清理及減輕其危害之方法。

四、須停止操作、棄置、減產之情形。

五、應變所需之器材、設備。

六、參與應變人員之任務編組及其訓練規定。

七、其他經中央主管機關指定之事項。

第 12 條

公私場所、船長或船舶所有人依本法第十六條第一項、第十九條第一項、第二十四條第一項或第三十二條第一項規定所為之通知，其內容包括下列事項：

一、報告人姓名、職稱、單位、場所。

二、污染發生來源、原因。

三、發生事故時間、位置或經緯度。

四、污染物種類及特性。

五、污染程度、數量及已採取措施。

六、氣象狀況及可能之污染影響。

七、緊急通知電話、傳真或其他聯絡方式

八、其他經中央主管機關指定之事項。

受通知機關就前項通知內容應作成紀錄。

第 13 條

公私場所、船長或船舶所有人依本法第十六條第一項、第十九條第一項、第二十四條第一項或第三十二條第一項規定所採取之措施，其內容如下：

一、提供發生海洋污染之相關設施或船體之詳細構造圖、設備、管線及裝載貨物、油量分布圖等。

二、派遣熟悉發生污染設施之操作維護人員或船舶艙面、輪機人員、加油人員處理應變，並參與各機關成立之緊急應變小組。

三、污染應變人員編組、設備之協調、調派。

四、污染物或油之圍堵、清除、回收、處置措施。

五、其他經主管機關或目的事業主管機關規定應採取之措施。

第 14 條

本法第十七條第一項所定海洋污染防治計畫，其應載明事項如下：

一、有廢（污）水產生者，其廢（污）水之生產、收集及處理情形。

二、有廢（污）水排放於海洋者，其廢（污）水排放於海洋之水量及性質。

三、有放流管線、放流口之設置者，其放流管線、放流口之設置位置及周遭生態環境

　　狀況。

四、減輕不利影響之海洋環境管理措施。

五、海洋環境之監測方法、頻率及項目。

六、緊急應變措施。

七、廢（污）水、油、廢棄物、化學物質、有害物質或其他經中央主管機關指定公告
　　之污染物質之回收處理方式。

八、其他經中央主管機關指定之事項。

第 15 條

公私場所利用海洋設施從事探採油礦、輸送油及化學物質或排放廢（污）水者，應於
每年一月、四月、七月及十月，依本法第十七條第二項規定向地方主管機關申報監測
紀錄，轉陳中央主管機關備查。

第 16 條

本法第十七條第三項之探採或輸送紀錄，應記載下列事項：

一、探採、輸送方式、輸送開始與完成時間、油種類與總量、船舶名稱、編號、噸數
　　及國籍。

二、海洋設施內含油殘留物總量及處理方法。

三、其他事故排洩者，應記載排洩時間、油種類、估計量、排出狀況及原因。

四、其他經中央主管機關指定之事項。

前項紀錄，公私場所應於每年一月、四月、七月及十月，向地方主管機關申報，轉陳
中央主管機關備查。

第 17 條

本法第十八條第一項所稱排放紀錄，應記載下列事項：

一、排放時間、地點、方式及排放物種類或成分。

二、排放物性質。

三、排放物數量或濃度。

四、處理過程。

五、其他經中央主管機關指定之事項。

前項紀錄，公私場所應於每年一月、四月、七月及十月，向地方主管機關申報，轉陳
中央主管機關備查。

第 18 條

依本法第二十三條規定製作之紀錄，應置於船舶、航空器或海洋設施明顯之處，並記載下列事項：

一、裝載時間及地點。

二、棄置或焚化物種類及數量。

三、棄置或焚化物貯存處。

四、開始及完成棄置或焚化之時間、位置、航向、航速及當時氣象。

五、棄置或焚化之操作情形、處理速度、焚化殘餘物處理方法。

六、其他經中央主管機關指定之事項。

前項紀錄，管理人應於每年一月、四月、七月及十月，向中央主管機關申報並送地方主管機關備查。

第 19 條

本法第二十六條有關設置船舶防止污染設備、第二十七條有關船舶對海洋環境有造成污染之虞者之認定、第二十九條有關船舶之排洩及第三十條所稱船舶之適當防制排洩措施，依船舶法、商港法及航政主管機關之相關規定與國際公約或慣例辦理。

第 20 條

本法第三十三條第二項規定之擔保，得以現金、銀行本票或支票、保付支票、無記名政府公債、設定質權之銀行定期存款單、銀行開發或保兌之不可撤銷擔保信用狀繳納，或取具銀行之書面連帶保證、保險公司之保證保險單等方式為之。

第 21 條

本法及本細則所定之許可證書、處分書、移送書、申請書或其他書表之格式，由中央主管機關定之。

第 22 條

本細則自發布日施行。

附錄三　海域環境分類及海洋環境品質標準

（來源：全國法規資料庫）

中華民國九十年十二月二十六日行政院環境保護署（90）環署水字第 0081750 號令訂定發布全文 10 條

中華民國一百零七年二月十三日行政院環境保護署環署水字第 1070012375 號令修正發布第 4～7 條條文

第 1 條

海域環境分類及海洋環境品質標準（以下簡稱本標準）依海洋污染防治法第八條第一項規定訂定之。

第 2 條

本標準專用名詞之定義如下：

一、一級水產用水：指可供嘉臘魚及紫菜類培養用水之水源。

二、二級水產用水：指虱目魚、烏魚及龍鬚菜培養用水之水源。

三、工業用水：指可供冷卻用水之水源。

第 3 條

海域環境分為甲、乙、丙三類，其適用性質如下：

一、甲類：適用於一級水產用水、二級水產用水、工業用水、游泳及環境保育。

二、乙類：適用於二級水產用水、工業用水及環境保育。

三、丙類：適用於環境保育。

第 4 條

保護人體健康之海洋環境品質標準，適用於甲、乙、丙三類海域環境，其水質項目及標準值如下表：

水質項目		標準值
重金屬	鎘	五・〇
	鉛	一〇・〇
	六價鉻	五〇
	砷	五〇・〇
	總汞	一・〇
	硒	一〇・〇
	銅	三〇・〇
	鋅	五〇〇
	錳	五〇・〇
	銀	五〇
	鎳	一〇〇
揮發性有機物	四氯化碳	五・〇
	1,2- 二氯乙烷	一〇・〇
	二氯甲烷	二〇・〇
	甲苯	七〇〇
	1,1,1- 三氯乙烷	一〇〇〇
	三氯乙烯	一〇・〇
	苯	一〇・〇
農藥	有機磷劑（巴拉松、大利松、達馬松、亞素靈、一品松、陶斯松）及氨基甲酸鹽（滅必蝨、加保扶、納乃得）之總量	一〇〇・〇
	安特靈	〇・二〇
	靈丹	四・〇
	毒殺芬	五・〇
	安殺番	三・〇
	飛布達及其衍生物（Heptachlor, Heptachlorepoxide）	一・〇
	滴滴涕及其衍生物（DDT,DDD,DDE）	一・〇

水質項目		標準值
	阿特靈、地特靈	三・○
	五氯酚及其鹽類	五・○
	除草劑（丁基拉草、巴拉刈、2、4-地）	一○○・○

備註：
1. 單位：微克／公升。
2. 未特別註明之項目其標準值以最大容許量表示。

第 5 條

甲類海域海洋環境品質標準其水質項目及標準值如下表：

水質項目	標準值
氫離子濃度指數（pH）	七・五-八・五
溶氧量	五・○以上
生化需氧量	二以下
大腸桿菌群（CFU/100ml）	一○○○個以下
氨氮	○・三○
總磷	○・○五
氰化物	○・○一
酚類	○・○○五
礦物性油脂	二・○

備註：
1. 氫離子濃度指數：無單位。
2. 大腸桿菌群：每一○○毫升水樣在濾膜上所產生之菌落數。
3. 其餘：毫克／公升。
4. 未特別註明之項目其標準值以最大容許量表示。

第 6 條

乙類海域海洋環境品質標準其水質項目及標準值如下表：

水質項目	標準值
氫離子濃度指數（pH）	七・五–八・五
溶氧量	五・○以上
生化需氧量	三以下
氰化物	○・○一
酚類	○・○○五
礦物性油脂	二・○
備註： 1. 氫離子濃度指數：無單位。 2. 其餘：毫克／公升。 3. 未特別註明之項目其標準值以最大容許量表示。	

第 7 條

丙類海域海洋環境品質標準其水質項目及標準值如下表：

水質項目	標準值
氫離子濃度指數（pH）	七・○–八・五
溶氧量	二・○以上
生化需氧量	六以下
氰化物	○・○二
酚類	○・○○五
備註： 1. 氫離子濃度指數：無單位。 2. 其餘：毫克／公升。 3. 未特別註明之項目其標準值以最大容許量表示。	

第 8 條

臺灣地區沿海海域環境分類，以臺灣本島及澎湖群島、蘭嶼、綠島等離島，由海岸向外延伸之領海為範圍。

依據海域之最佳用途，涵容能力及水質狀況，訂定臺灣地區沿海海域範圍及海域分類

如下表：

海域範圍	水體分類
鼻頭角向彭佳嶼延伸至高屏溪口向琉球嶼延伸線間海域	甲
高屏溪口向琉球嶼延伸至曾文溪口向西延伸線間海域	乙
曾文溪口向西延伸線至王功漁港向西延伸線間海域	甲
王功漁港向西延伸線至鼻頭角向彭佳嶼延伸線間海域	乙
澎湖群島海域	甲
備註：在右列之一海域水體內之河川、放口出口半徑二公里之範圍內之水體得列為次一級之水體。	

第 9 條

海域環境經自淨後達到相關海洋環境品質標準時，即不得降低其海域環境分類及相關環境標準值。

中央主管機關得於每三年檢討修正現行海域環境分類及海洋環境品質標準。

第 10 條

本標準自發布日施行。

附錄四　海洋基本法

（來源：全國法規資料庫）

中華民國一百零八年十一月二十日總統華總一義字第 10800126571 號令制定公布全文 19 條；並自公布日施行

第 1 條

為打造生態、安全、繁榮之優質海洋國家，維護國家海洋權益，提升國民海洋科學知識，深化多元海洋文化，創造健康海洋環境與促進資源永續，健全海洋產業發展，推動區域及國際海洋事務合作，特制定本法。

第 2 條

本法用詞，定義如下：

一、海洋資源：指海床上覆水域與海床及其底土之生物或非生物自然資源。

二、海洋產業：指利用海洋資源與空間進行各項生產及服務活動，或其他與海洋資源相關之產業。

三、海洋開發：指對海洋資源之永續利用、合理良善治理、育成及經營等行為。

四、海洋事務：指與海洋有關之公共事務。

第 3 條

政府應推廣海洋相關知識、便利資訊，確保海洋之豐富、活力，創造高附加價值海洋產業環境，並應透過追求友善環境、永續發展、資源合理有效利用與國際交流合作，以保障、維護國家、世代人民及各族群之海洋權益。

第 4 條

政府應統籌整合各目的事業主管機關涉海之權責，共同推展海洋事務。

政府應制（訂）定海洋空間規劃之法規，因應海洋多目標使用需求，協調海域使用及競合，落實海洋整合管理。

第 5 條

政府應本尊重歷史、主權、主權權利、管轄權之原則，在和平、互惠與確保我國海洋權益之基礎上，積極參與海洋事務有關之區域與國際合作，共同維護、開發及永續分享海洋資源。

第 6 條

國民、企業與民間團體應協助政府推展國家海洋政策、各項相關施政計畫及措施。

第 7 條

為維護、促進我國海洋權益、國家安全、海域治安、海事安全，並因應重大緊急情勢，政府應以全球視野與國際戰略思維，提升海洋事務執行能量，強化海洋實力，以符合國家生存、安全及發展所需。

第 8 條

政府應整合、善用國內資源，訂定海洋污染防治對策，由源頭減污，強化污染防治能量，有效因應氣候變遷，審慎推動國土規劃，加強海洋災害防護，加速推動海洋復育工作，積極推動區域及國際合作，以保護海洋環境。

第 9 條

政府應積極推動、輔助海洋產業之發展，並結合財稅與金融制度，提供海洋產業穩健發展政策，培植國內人才及產業鏈，促成海洋經濟之發展。

第 10 條

政府應建立合宜機制，尊重、維護、保存傳統用海智慧等海洋文化資產，保障與傳承原住民族傳統用海文化及權益，並兼顧漁業科學管理。

政府應規劃發揮海洋空間特色，營造友善海洋設施，發展海洋運動、觀光及休憩活動，強化國民親海、愛海意識，建立人與海共存共榮之新文明。

第 11 條

政府應將海洋重要知識內涵，納入國民基本教育與公務人員培訓課程，整合相關教學資源、培訓機構或團體，建立各級學校間及其與區域、社會之連結，以推動普及全民之海洋教育。

第 12 條

政府應促成公私部門與學術機構合作，建立海洋研究資源運用、發展之協調整合機制，提升海洋科學之研究、法律與政策研訂、文化專業能力，進行長期性、應用性、

基礎性之調查研究，並建立國家海洋資訊系統及共享平台。

第 13 條

政府應本生態系統為基礎之方法，優先保護自然海岸、景觀、重要海洋生物棲息地、特殊與瀕危物種、脆弱敏感區域、水下文化資產等，保全海洋生物多樣性，訂定相關保存、保育、保護政策與計畫，採取衝擊減輕措施、生態補償或其他開發替代方案，劃設海洋保護區，致力復原海洋生態系統及自然關聯脈絡，並保障原有海域使用者權益。

第 14 條

政府應寬列海洋事務預算，採取必要措施，確保預算經費符合推行政策所需。

政府應依實際需要合理分配、挹注資源，補助、表彰相關學術機構、海洋產業界、民間團體與個人等，共同推動相關海洋事務及措施。

中央政府得設立海洋發展基金，辦理海洋發展及資源永續等相關事項。

第 15 條

政府應於本法施行後一年內發布國家海洋政策白皮書，並依其績效及國內外情勢發展定期檢討修正之。

各級政府應配合國家海洋政策白皮書，檢討所主管之政策與行政措施，有不符其規定者，應訂定、修正其相關政策及行政措施，並推動執行。

第 16 條

各級政府應於本法施行後二年內依本法規定檢討所主管之法規，有不符本法規定者，應制（訂）定、修正或廢止之。

前項法規制（訂）定、修正或廢止前，由中央海洋專責機關會同中央目的事業主管機關，依本法規定解釋、適用之。

第 17 條

各級政府應確實執行海洋相關法規，對於違反者，應依法取締、處罰。

第 18 條

為促使政府及社會各界深植海洋意識，特訂定六月八日為國家海洋日。

第 19 條

本法自公布日施行。

附錄五　海岸管理法

（來源：全國法規資料庫）

中華民國 104 年 2 月 4 日總統華總一義字第 10400012591 號令制定公布全文 46 條；並自公布日施行

第一章　總則

第 1 條

為維繫自然系統、確保自然海岸零損失、因應氣候變遷、防治海岸災害與環境破壞、保護與復育海岸資源、推動海岸整合管理，並促進海岸地區之永續發展，特制定本法。

第 2 條

本法用詞，定義如下：

一、海岸地區：指中央主管機關依環境特性、生態完整性及管理需要，依下列原則，劃定公告之陸地、水體、海床及底土；必要時，得以坐標點連接劃設直線之海域界線。

　　(一) 濱海陸地：以平均高潮線至第一條省道、濱海道路或山脊線之陸域為界。

　　(二) 近岸海域：以平均高潮線往海洋延伸至三十公尺等深線，或平均高潮線向海三浬涵蓋之海域，取其距離較長者為界，並不超過領海範圍之海域與其海床及底土。

　　(三) 離島濱海陸地及近岸海域：於不超過領海範圍內，得視其環境特性及實際管理需要劃定。

二、海岸災害：指在海岸地區因地震、海嘯、暴潮、波浪、海平面上升、地盤變動或其他自然及人為因素所造成之災害。

三、海岸防護設施：指堤防、突堤、離岸堤、護岸、胸牆、滯（蓄）洪池、地下水補注設施、抽水設施、防潮閘門與其他防止海水侵入及海岸侵蝕之設施。

第 3 條

本法所稱主管機關：在中央爲內政部；在直轄市爲直轄市政府；在縣（市）爲縣（市）政府。

第 4 條

依本法所定有關近岸海域違法行爲之取締、蒐證、移送等事項，由海岸巡防機關辦理；主管機關仍應運用必要設施或措施主動辦理。

主管機關及海岸巡防機關就前項及本法所定事項，得要求軍事、海關、港務、水利、環境保護、生態保育、漁業養護或其他目的事業主管機關協助辦理。

第 5 條

中央主管機關應會商直轄市、縣（市）主管機關及有關機關，於本法施行後六個月內，劃定海岸地區範圍後公告之，並應將劃定結果於當地直轄市或縣（市）政府及鄉（鎮、市、區）公所分別公開展覽；其展覽期間，不得少於三十日，並應登載於政府公報、新聞紙，並得以網際網路或其他適當方法廣泛周知；其變更或廢止時，亦同。

第 6 條

中央主管機關應會同有關機關建立海岸地區之基本資料庫，定期更新資料與發布海岸管理白皮書，並透過網路或其他適當方式公開，以供海岸研究、規劃、教育、保護及管理等運用。

爲建立前項基本資料庫，中央主管機關得商請有關機關設必要之測站與相關設施，並整合推動維護事宜。除涉及國家安全者外，各有關機關應配合提供必要之資料。

第二章　海岸地區之規劃

第 7 條

海岸地區之規劃管理原則如下：

一、優先保護自然海岸，並維繫海岸之自然動態平衡。

二、保護海岸自然與文化資產，保全海岸景觀與視域，並規劃功能調和之土地使用。

三、保育珊瑚礁、藻礁、海草床、河口、潟湖、沙洲、沙丘、沙灘、泥灘、崖岸、岬頭、紅樹林、海岸林等及其他敏感地區，維護其棲地與環境完整性，並規範人爲活動，以兼顧生態保育及維護海岸地形。

四、因應氣候變遷與海岸災害風險，易致災害之海岸地區應採退縮建築或調適其土地

　　使用。

五、海岸地區應避免新建廢棄物掩埋場，原有場址應納入整體海岸管理計畫檢討，必
　　要時應編列預算逐年移除或採行其他改善措施，以維護公共安全與海岸環境品質。

六、海岸地區應維護公共通行與公共使用之權益，避免獨占性之使用，並應兼顧原合
　　法權益之保障。

七、海岸地區之建設應整體考量毗鄰地區之衝擊與發展，以降低其對海岸地區之破壞。

八、保存原住民族傳統智慧，保護濱海陸地傳統聚落紋理、文化遺址及慶典儀式等活
　　動空間，以永續利用資源與保存人文資產。

九、建立海岸規劃決策之民眾參與制度，以提升海岸保護管理績效。

第 8 條

為保護、防護、利用及管理海岸地區土地，中央主管機關應擬訂整體海岸管理計畫；
其計畫內容應包括下列事項：

一、計畫範圍。

二、計畫目標。

三、自然與人文資源。

四、社會與經濟條件。

五、氣候變遷調適策略。

六、整體海岸保護、防護及永續利用之議題、原則與對策。

七、保護區、防護區之區位及其計畫擬訂機關、期限之指定。

八、劃設海岸管理須特別關注之特定區位。

九、有關海岸之自然、歷史、文化、社會、研究、教育及景觀等特定重要資源之區
　　位、保護、使用及復育原則。

十、發展遲緩或環境劣化地區之發展、復育及治理原則。

十一、其他與整體海岸管理有關之事項。

第 9 條

整體海岸管理計畫之擬訂，應邀集學者、專家、相關部會、中央民意機關、民間團體
等舉辦座談會或其他適當方法廣詢意見，作成紀錄，並遴聘（派）學者、專家、機關
及民間團體代表以合議方式審議，其學者、專家及民間團體之代表人數不得少於二分
之一，整體海岸管理計畫報請行政院核定後公告實施；其變更時，亦同。

整體海岸管理計畫擬訂後於依前項規定送審議前，應公開展覽三十日及舉行公聽會，並將公開展覽及公聽會之日期及地點，登載於政府公報、新聞紙及網際網路，或以其他適當方法廣泛周知；任何人民或團體得於公開展覽期間內，以書面載明姓名或名稱及地址，向中央主管機關提出意見，併同審議。

前項審議之進度、結果、陳情意見參採情形及其他有關資訊，應以網際網路或登載於政府公報等其他適當方法廣泛周知。

整體海岸管理計畫核定後，中央主管機關應於接到核定公文之日起四十天內公告實施，並函送當地直轄市、縣（市）政府及鄉（鎮、市、區）公所分別公開展覽；其展覽期間，不得少於三十日，並經常保持清晰完整，以供人民閱覽。

第 10 條

第八條第七款所定計畫擬訂機關如下：

一、海岸保護計畫：

　　(一) 一級海岸保護計畫：由中央目的事業主管機關擬訂，涉及二以上目的事業者，由主要業務之中央目的事業主管機關會商有關機關擬訂。

　　(二) 二級海岸保護計畫：由直轄市、縣（市）主管機關擬訂。但跨二以上直轄市、縣（市）行政區域或涉及二以上目的事業者，由相關直轄市、縣（市）主管機關協調擬訂。

　　(三) 前二目保護區等級及其計畫擬訂機關之認定有疑義者，得由中央主管機關協調指定或逕行擬訂。

二、海岸防護計畫：

　　(一) 一級海岸防護計畫：由中央目的事業主管機關協調有關機關後擬訂。

　　(二) 二級海岸防護計畫：由直轄市、縣（市）主管機關擬訂。

　　(三) 前二目防護區等級及其計畫擬訂機關之認定有疑義者，得由中央主管機關協調指定。

整體海岸管理計畫公告實施後，有新劃設海岸保護區或海岸防護區之必要者，得由中央主管機關依前項規定協調指定或逕行擬訂。

第一項計畫之擬訂及第二項海岸保護區或海岸防護區之劃設，如涉原住民族地區，各級主管機關應會商原住民族委員會擬訂。

第 11 條

依整體海岸管理計畫劃定之重要海岸景觀區，應訂定都市設計準則，以規範其土地使用配置、建築物及設施高度與其他景觀要素。

依整體海岸管理計畫指定之發展遲緩或環境劣化地區，主管機關得協調相關機關輔導其傳統文化保存、生態保育、資源復育及社區發展整合規劃事項。

第 12 條

海岸地區具有下列情形之一者，應劃設為一級海岸保護區，其餘有保護必要之地區，得劃設為二級海岸保護區，並應依整體海岸管理計畫分別訂定海岸保護計畫加以保護管理：

一、重要水產資源保育地區。

二、珍貴稀有動植物重要棲地及生態廊道。

三、特殊景觀資源及休憩地區。

四、重要濱海陸地或水下文化資產地區。

五、特殊自然地形地貌地區。

六、生物多樣性資源豐富地區。

七、地下水補注區。

八、經依法劃設之國際級及國家級重要濕地及其他重要之海岸生態系統。

九、其他依法律規定應予保護之重要地區。

一級海岸保護區應禁止改變其資源條件之使用。但有下列情況之一者，不在此限：

一、依海岸保護計畫為相容、維護、管理及學術研究之使用。

二、為國家安全、公共安全需要，經中央主管機關許可。

一級海岸保護區內原合法使用不合海岸保護計畫者，直轄市、縣（市）主管機關得限期令其變更使用或遷移，其所受之損失，應予適當之補償。在直轄市、縣（市）主管機關令其變更使用、遷移前，得為原來之合法使用或改為妨礙目的較輕之使用。

第三項不合海岸保護計畫之認定、補償及第二款許可條件、程序、廢止及其他應遵行事項之辦法，由中央主管機關會商有關機關定之。

第 13 條

海岸保護計畫應載明下列事項：

一、保護標的及目的。

二、海岸保護區之範圍。

三、禁止及相容之使用。

四、保護、監測與復育措施及方法。

五、事業及財務計畫。

六、其他與海岸保護計畫有關之事項。

依其他法律規定納入保護之地區，符合整體海岸管理計畫基本管理原則者，其保護之地區名稱、內容、劃設程序、辦理機關及管理事項從其規定，免依第十條及第十二條規定辦理。

前項依其他法律規定納入保護之地區，為加強保護管理，必要時主管機關得依第一項第三款規定，擬訂禁止及相容使用事項之保護計畫。

第 14 條

為防治海岸災害，預防海水倒灌、國土流失，保護民眾生命財產安全，海岸地區有下列情形之一者，得視其嚴重情形劃設為一級或二級海岸防護區，並分別訂定海岸防護計畫：

一、海岸侵蝕。

二、洪氾溢淹。

三、暴潮溢淹。

四、地層下陷。

五、其他潛在災害。

前項第一款至第四款之目的事業主管機關，為水利主管機關。

第一項第一款因興辦事業計畫之實施所造成或其他法令已有分工權責規定者，其防護措施由各該興辦事業計畫之目的事業主管機關辦理。

第一項第五款之目的事業主管機關，依其他法律規定或由中央主管機關協調指定之。

第 15 條

海岸防護計畫應載明下列事項：

一、海岸災害風險分析概要。

二、防護標的及目的。

三、海岸防護區範圍。

四、禁止及相容之使用。

五、防護措施及方法。

六、海岸防護設施之種類、規模及配置。

七、事業及財務計畫。

八、其他與海岸防護計畫有關之事項。

海岸防護區中涉及第十二條第一項海岸保護區者，海岸防護計畫之訂定，應配合其生態環境保育之特殊需要，避免海岸防護設施破壞或減損海岸保護區之環境、生態、景觀及人文價值，並徵得依第十六條第三項規定核定公告之海岸保護計畫擬訂機關同意；無海岸保護計畫者，應徵得海岸保護區目的事業主管機關同意。

第 16 條

依整體海岸管理計畫、第十二條及第十四條規定，劃設一、二級海岸保護區、海岸防護區，擬訂機關應將海岸保護計畫、海岸防護計畫公開展覽三十日及舉行公聽會，並將公開展覽及公聽會之日期及地點，登載於政府公報、新聞紙及網際網路，或以其他適當方法廣泛周知；任何人民或團體得於公開展覽期間內，以書面載明姓名或名稱及地址，向擬訂機關提出意見，其參採情形由擬訂機關併同計畫報請中央主管機關審議。該審議之進度、結果、陳情意見參採情形及其他有關資訊，應以網際網路或登載於政府公報等其他適當方法廣泛周知，並應針對民眾所提意見，以書面答覆採納情形，並記載其理由。

前項海岸保護計畫之擬訂，涉及限制原住民族利用原住民族之土地、自然資源及部落與其毗鄰土地時，審議前擬訂機關應與當地原住民族諮商，並取得其同意。

海岸保護計畫、海岸防護計畫核定後，擬訂機關應於接到核定公文之日起四十天內公告實施，並函送當地直轄市或縣（市）政府及鄉（鎮、市、區）公所分別公開展覽；其展覽期間，不得少於三十日，且應經常保持清晰完整，以供人民閱覽，並由直轄市、縣（市）主管機關實施管理。

依第一項及前項規定應辦理而未辦理者，上級主管機關得逕為辦理。

第 17 條

前條海岸保護計畫、海岸防護計畫之審議及核定，依下列規定辦理：

一、海岸保護計畫：

    (一) 中央主管機關擬訂者，由中央主管機關會商有關機關審議後，報請行政院核定。

(二) 中央目的事業主管機關擬訂者，送請中央主管機關審議核定。

(三) 直轄市、縣（市）主管機關擬訂者，送請中央目的事業主管機關核轉中央主管機關審議核定。但涉及二以上目的事業者，主要業務之中央目的事業主管機關會商有關機關後核轉，或逕送中央主管機關會商有關機關後審議核定。

二、海岸防護計畫：

(一) 中央目的事業主管機關擬訂者，送請中央主管機關審議後，報請行政院核定。

(二) 直轄市、縣（市）主管機關擬訂者，送請中央目的事業主管機關核轉中央主管機關審議核定。

中央主管機關審議前項海岸保護計畫、海岸防護計畫時，應遴聘（派）學者、專家、機關及民間團體代表以合議方式審議之；其學者專家及民間團體之代表人數不得少於二分之一。

海岸保護計畫、海岸防護計畫之變更、廢止，適用前條、前二項規定。

第 18 條

整體海岸管理計畫、海岸保護計畫、海岸防護計畫經公告實施後，擬訂機關應視海岸情況，每五年通盤檢討一次，並作必要之變更。但有下列情事之一者，得隨時檢討之：

一、為興辦重要或緊急保育措施。

二、為防治重大或緊急災害。

三、政府為促進公共福祉、興辦國防所辦理之必要性公共建設。

整體海岸管理計畫、海岸保護計畫、海岸防護計畫之變更，應依第九條、第十六條及第十七條程序辦理。

第 19 條

整體海岸管理計畫、海岸保護計畫、海岸防護計畫公告實施後，依計畫內容應修正或變更之開發計畫、事業建設計畫、都市計畫、國家公園計畫或區域計畫，相關主管機關應按各計畫所定期限辦理變更作業。

第 20 條

船舶航行有影響海岸保護或肇致海洋污染之虞者，得由中央主管機關會商航政主管機關調整航道，並公告之。

第 21 條

為擬訂及實施整體海岸管理計畫、海岸保護計畫或海岸防護計畫，計畫擬訂或實施機

關得為下列行為：

一、派員進入公私有土地實地調查、勘測。

二、與土地所有權人、使用人或管理人協議，將無特殊用途之公私有土地作為臨時作業或材料放置場所。

三、拆遷有礙計畫實施之土地改良物。

四、為強化漁業資源保育或海岸保護，協調漁業主管機關依漁業法規定，變更、廢止漁業權之核准、停止漁業權之行使或限制漁業行為。

五、協調礦業或土石採取主管機關，於已設定礦區或已核准之土石區依規定劃定禁採區，禁止採礦或採取土石。

前項第一款調查或勘測人員進入公、私有土地調查或勘測時，應出示執行職務有關之證明文件或顯示足資辨別之標誌；土地所有人、占有人、管理人或使用人，不得規避、拒絕或妨礙，於進入設有圍障之土地調查或勘測前，應於七日前通知其所有人、占有人、管理人或使用人。

因第一項行為致受損失者，計畫擬訂或實施機關應給予適當之補償。

前項補償金額或方式，由雙方協議之；協議不成者，由計畫擬訂或實施機關報請上級主管機關核定。但其他法律另有規定者，從其規定。

海岸地區範圍內之土地因海岸保護計畫、海岸防護計畫實施之需要，主辦機關得依法徵收或撥用之。

海岸地區範圍內之公有土地，主辦機關得依海岸保護計畫、海岸防護計畫內容委託民間經營管理。

第 22 條

因海岸防護計畫有關工程而受直接利益者，計畫擬訂及實施機關得於其受益限度內，徵收防護工程受益費。

前項防護工程受益費之徵收，依工程受益費徵收條例規定辦理。

第 23 條

中央水利主管機關應會商相關目的事業主管機關考慮海象、氣象、地形、地質、地盤變動、侵蝕狀態、其他海岸狀況與因波力、設施重量、水壓、土壓、風壓、地震及漂流物等因素與衝擊，訂定海岸防護設施之規劃設計手冊。

第 24 條

海岸防護設施如兼有道路、水門、起卸貨場等其他設施之效用時，由該其他設施主管機關實施該海岸防護設施之工程，並維護管理。

第三章　海岸地區之利用管理

第 25 條

在一級海岸保護區以外之海岸地區特定區位內，從事一定規模以上之開發利用、工程建設、建築或使用性質特殊者，申請人應檢具海岸利用管理說明書，申請中央主管機關許可。

前項申請，未經中央主管機關許可前，各目的事業主管機關不得為開發、工程行為之許可。

第一項特定區位、一定規模以上或性質特殊適用範圍與海岸利用管理說明書之書圖格式內容、申請程序、期限、廢止及其他應遵行事項之辦法，由中央主管機關定之。

第 26 條

依前條第一項規定申請許可案件，經中央主管機關審查符合下列條件者，始得許可：

一、符合整體海岸管理計畫利用原則。

二、符合海岸保護計畫、海岸防護計畫管制事項。

三、保障公共通行或具替代措施。

四、對海岸生態環境衝擊採取避免或減輕之有效措施。

五、因開發需使用自然海岸或填海造地時，應以最小需用為原則，並於開發區內或鄰近海岸之適當區位，採取彌補或復育所造成生態環境損失之有效措施。

前項許可條件及其他相關事項之規則，由中央主管機關定之。

第 27 條

區域計畫、都市計畫主要計畫或國家公園計畫在海岸地區範圍者，區域計畫、都市計畫主要計畫或國家公園計畫審議機關於計畫審議通過前，應先徵詢主管機關之意見。

第 28 條

中央主管機關對於具有公共利益之海岸保護、復育、防護、教育、宣導、研發、創作、捐贈、認養與管理事項得予適當獎勵及表揚。

第 29 條

主管機關為擴大參與及執行海岸保育相關事項，得成立海岸管理基金，其來源如下：

一、政府機關循預算程序之撥款。

二、基金孳息收入。

三、受贈收入。

四、其他收入。

第 30 條

海岸管理基金用途限定如下：

一、海岸之研究、調查、勘定、規劃、監測相關費用。

二、海岸環境清理與維護。

三、海岸保育及復育補助。

四、海岸保育及復育獎勵。

五、海岸環境教育、解說、創作及推廣。

六、海岸保育國際交流合作。

七、其他經主管機關核准有關海岸保育、防護及管理之費用。

第 31 條

為保障公共通行及公共水域之使用，近岸海域及公有自然沙灘不得為獨占性使用，並禁止設置人為設施。但符合整體海岸管理計畫，並依其他法律規定允許使用、設置者；或為國土保安、國家安全、公共運輸、環境保護、學術研究及公共福祉之必要，專案向主管機關申請許可者，不在此限。

前項法律規定允許使用、設置之範圍、專案申請許可之程序、應具備文件、許可條件、廢止及其他相關事項之辦法，由中央主管機關定之。

第四章　罰則

第 32 條

在一級海岸保護區內，違反第十二條第二項改變其資源條件使用或違反第十三條第一項第三款海岸保護計畫所定禁止之使用者，處新臺幣六萬元以上三十萬元以下罰鍰。

因前項行為毀壞保護標的者，處六月以上五年以下有期徒刑，得併科新臺幣四十萬元以下罰金。

因第一項行為致釀成災害者，處三年以上十年以下有期徒刑，得併科新臺幣六十萬元以下罰金。

第 33 條

在海岸防護區內違反第十五條第一項第四款海岸防護計畫所定禁止之使用者，處新臺幣三萬元以上十五萬元以下罰鍰。

因前項行為毀壞海岸防護設施者，處五年以下有期徒刑，得併科新臺幣三十萬元以下罰金。

因第一項行為致釀成災害者，處一年以上七年以下有期徒刑，得併科新臺幣五十萬元以下罰金。

第 34 條

在二級海岸保護區內違反第十三條第一項第三款海岸保護計畫所定禁止之使用者，處新臺幣二萬元以上十萬元以下罰鍰。

因前項行為毀壞保護標的者，處三年以下有期徒刑、拘役或科或併科新臺幣二十萬元以下罰金。

因第一項行為致釀成災害者，處六月以上五年以下有期徒刑，得併科新臺幣四十萬元以下罰金。

第 35 條

規避、妨礙或拒絕第二十一條第一項第一款之調查、勘測者，處新臺幣一萬元以上五萬元以下之罰鍰，並得按次處罰及強制檢查。

第 36 條

違反第二十五條第一項規定，未經主管機關許可或未依許可內容逕行施工者，處新臺幣六萬元以上三十萬元以下罰鍰，並令其限期改善或回復原狀，屆期未遵從者，得按次處罰。

第 37 條

違反第三十一條第一項規定，在近岸海域及公有自然沙灘為獨占性使用或設置人為設施者，經主管機關制止並令其限期恢復原狀，屆期未遵從者，處新臺幣一萬元以上五萬元以下罰鍰，並得按次處罰。

第 38 條

主管機關對第三十二條第一項、第三十三條第一項或第三十四條第一項規定行為，除處以罰鍰外，應即令其停止使用或施工；並視情形令其限期回復原狀、拆除設施或增建安全設施，屆期未遵從者，得按次處罰。

第 39 條

法人之代表人、法人或自然人之代理人、受雇人或其他從業人員，因執行業務犯本法之罪者，除處罰其行為人外，對該法人或自然人亦科以各該條之罰金。

第 40 條

犯第三十二條至第三十四條之罪，於第一審言詞辯論終結前已作有效回復或補救者，得減輕其刑。

第 41 條

因第三十二條第一項、第三十三條第一項或第三十四條第一項之行為所生或所得之物及所用之物，得沒入之。

第 42 條

犯本法之罪，其所生或所得之物及所用之物，沒收之。

第五章　附則

第 43 條

整體海岸管理計畫及海岸保護計畫、海岸防護計畫涉及相關機關執行有疑義時，得由主管機關協調；協調不成，由主管機關報請上級機關決定之。

第 44 條

中央主管機關應於本法施行後二年內，公告實施整體海岸管理計畫。

第 45 條

本法施行細則，由中央主管機關定之。

第 46 條

本法自公布日施行。

附錄六　海岸管理法施行細則

（來源：全國法規資料庫）

內政部 105.2.1 台內營字第 1050801310 號令訂定發布全文 14 條；並自發布日施行

第 1 條

本細則依海岸管理法（以下簡稱本法）第四十五條規定訂定之。

第 2 條

海岸巡防機關為辦理本法第四條第一項前段所定事項，得視實際需要會同主管機關及相關機關，共同組成聯合稽查小組執行之。

主管機關辦理本法第四條第一項後段所定事項，應利用衛星影像或其他適當可行技術，適時監控海岸地區之利用行為。

第 3 條

中央主管機關依本法第五條規定劃定海岸地區範圍，應考量管理必要性及可行性、海陸交界相互影響性、生態環境特性及完整性。

第 4 條

本法第五條所定公告，應包括海岸地區之範圍說明及範圍圖。

前項範圍圖之製作，濱海陸地及平均高潮線部分比例尺不得小於五千分之一；近岸海域部分之轉折點，為判定界線及執法明確，得以坐標標示，並以坐標點直線連接劃設。但範圍說明足以判識範圍界線者，公告時得以適當圖幅之示意圖代替範圍圖。

第 5 條

本法第六條第二項所稱必要之測站與相關設施，指為蒐集、監測、記錄或測繪海岸地區基本資料所必要之測站及設施。

前項海岸地區基本資料，包括海象、氣象、水文、海洋地質、海底地形、海岸侵蝕與淤積、地層下陷、海岸環境品質、海岸生態環境及其他海岸管理相關資訊。

中央主管機關得商請有關機關新設第一項測站及相關設施，或於其既有測站及相關設

施增加蒐集、監測、記錄或測繪海岸地區基本資料之功能。

中央主管機關為整合推動維護海岸地區基本資料庫，應統籌商請有關機關持續維護測站及相關設施，並配合提供必要之資料。

第6條

地方環境保護主管機關應依本法第七條第五款規定，避免於海岸地區新建廢棄物掩埋場，並應就原有場址分布、處理情形，提供中央主管機關納入整體海岸管理計畫檢討；必要時，應編列預算逐年移除或採行其他改善措施。

第7條

中央主管機關擬訂整體海岸管理計畫，應依本法第七條所定規劃管理原則辦理。

前項整體海岸管理計畫，應以文字及圖表說明，並檢附明確標示濱海陸地與近岸海域界線之海岸地區範圍圖、海岸保護區位置圖、海岸防護區位置圖、特定區位位置圖、重要海岸景觀區位置圖及自然海岸線標示圖。其中位屬濱海陸地之各項圖資，比例尺不得少於五千分之一。

第8條

中央主管機關擬訂整體海岸管理計畫，涉及本法第八條第七款規定之內容，應請下列有關機關協助提供資料及表示意見：

一、海岸保護區：

    (一) 重要水產資源保育地區：漁業主管機關。

    (二) 珍貴稀有動植物重要棲地及生態廊道：動物保護、林業主管機關。

    (三) 特殊景觀資源及休憩地區：觀光主管機關。

    (四) 重要濱海陸地或水下文化資產地區：文化資產或水下文化資產保護主管機關。

    (五) 特殊自然地形地貌地區：自然地景、地質景觀主管機關。

    (六) 生物多樣性資源豐富地區：生物多樣性主管機關。

    (七) 地下水補注區：地下水補注主管機關。

    (八) 經依法劃設之國際級及國家級重要濕地及其他重要之海岸生態系統：濕地保育主管機關、野生動物保育主管機關。

二、海岸侵蝕、洪氾溢淹、暴潮溢淹、地層下陷等海岸防護區：水利主管機關。

第9條

本法第十一條第一項所稱都市設計準則，指於整體海岸管理計畫中所定重要海岸景觀

區之指導原則。

中央主管機關應將都市設計準則納入本法第二十六條第二項所定之許可條件，並應通知及協調該管海岸地區之土地使用主管機關配合訂定或檢討修正土地使用管制、都市設計或保護利用管制原則等相關規定。

第 10 條

本法第十二條第二項第一款所定一級海岸保護計畫之相容使用，應以不影響同條第一項各款核心保護標的，且其使用區位無替代性者爲限。

第 11 條

本法第十三條第二項規定依其他法律規定納入保護之地區，如已擬定其保護標的之經營管理或保護等相關計畫，目的事業主管機關應將該計畫送請中央主管機關徵詢是否符合整體海岸管理計畫基本管理原則。

前項計畫經確認符合者，其保護區名稱、內容、劃設程序、辦理機關及管理事項，免依本法第十條及第十二條規定辦理；保護區之範圍及等級併同整體海岸管理計畫依本法第九條規定公告實施。其不符合或尚未擬定計畫者，應依該二條規定辦理。

第 12 條

本法第十四條第三項規定有執行疑義時，由中央水利主管機關負責協調指定之。

第 13 條

整體海岸管理計畫、海岸保護計畫或海岸防護計畫公告實施後，計畫擬訂機關應通知有關機關就區域內之開發計畫、事業建設計畫、都市計畫、國家公園計畫或區域計畫，配合整體海岸管理計畫、海岸保護計畫或海岸防護計畫，予以檢討、修正或變更。

第 14 條

本細則自發布日施行。

萊茵瀑布（Rheinfall）位於波登湖以及巴塞爾之間，地處瑞士北部的沙夫豪森州境內，瀑布旁城鎮為萊茵河畔紐豪森。萊茵瀑布大約在 1 萬 4 千年前到 1 萬 7 千年年形成，是目前歐洲流量最大的瀑布，寬約 150 公尺、高低落差約 23 公尺，水量可達 600CMS。（*Photo by Bao-Shi Shiau*）

萊茵瀑布（Rheinfall）位於波登湖以及巴塞爾之間，地處瑞士北部的沙夫豪森州境內，瀑布旁城鎮為萊茵河畔紐豪森。萊茵瀑布大約在 1 萬 4 千年前到 1 萬 7 千年年形成，是目前歐洲流量最大的瀑布，寬約 150 公尺、高低落差約 23 公尺，水量可達 600CMS。（*Photo by Bao-Shi Shiau*）

　　樂山大佛，全名嘉州凌雲寺大彌勒石像，又稱凌雲大佛。位於中華人民共和國四川省樂山市市中區的岷江、青衣江、大渡河三江交匯之處，是世界上高度最高的石佛像。樂山大佛開鑿於中國唐代開元元年（713年），完成於貞元十九年（803年），先後歷經3位負責人，最早是由貴州僧人海通和尚主持修建的，接續為劍南節度使章仇再次開工，再者西川節度使韋皋，第三次開工，歷時約九十年。總高71公尺，頭寬10公尺，高14.7公尺，耳長7公尺，眼長3.3公尺，鼻長5.6公尺，嘴寬3.3公尺，頸長3公尺，肩寬24公尺，手部中指長24公尺，腳背寬9公尺、長11公尺，頭上有1021個螺髻。1996年被聯合國教科文組織列入世界遺產。（*Photo by Bao-Shi Shiau*）

樂山大佛，全名嘉州凌雲寺大彌勒石像，又稱凌雲大佛。位於中華人民共和國四川省樂山市市中區的岷江、青衣江、大渡河三江交匯之處，是世界上高度最高的石佛像。樂山大佛開鑿於中國唐代開元元年（713年），完成於貞元十九年（803年），先後歷經 3 位負責人，最早是由貴州僧人海通和尚主持修建的，接續為劍南節度使章仇再次開工，再者西川節度使韋皋，第三次開工，歷時約九十年。總高 71 公尺，頭寬 10 公尺，高 14.7 公尺，耳長 7 公尺，眼長 3.3 公尺，鼻長 5.6 公尺，嘴寬 3.3 公尺，頸長 3 公尺，肩寬 24 公尺，手部中指長 24 公尺，腳背寬 9 公尺、長 11 公尺，頭上有 1021 個螺髻。1996 年被聯合國教科文組織列入世界遺產。（*Photo by Bao-Shi Shiau*）

第九章

臺灣沿海環境與濕地及海域港口污染防治

在海岸濕地的海草床、紅樹林、鹽沼地等地區，該等地區之光合作用產生的固碳能力與效率遠大於陸上的熱帶雨林，因此海岸濕地又被稱為「藍碳」（blue carbon）或「海岸藍碳」（coastal blue carbon）。本章就臺灣海岸濕地環境特性、污染防治，以及沿岸海域環境物理特性、港口污染狀況、海域珊瑚礁污染以及污染防治措施，分別陳述，以供我國海洋污染與防治之參考及了解。

9-1 臺灣沿海濕地環境與特性

以下先介紹濕地，再談臺灣沿海濕地環境與特性，簡述如下：

(一) 濕地（wetland）

1907 開始使用之名詞，係描述濕地上土壤－水－植物－動物之彼此相互關係。以區別傳統之沼澤、濫地、排水不良、或泥沼之較具有負面之名稱。由於具有較為負面之名稱，使得人們理所當然的將濕地轉為他用。實際上，濕地正為許多水生物賴以生存之地方，並且濕地同時具有滯洪與淨化水質之功能。

國際拉姆薩濕地公約（Ramsar Convention）對濕地的定義：「濕地是指沼澤（marsh）、泥沼地（fen）、泥煤地（peatland）或水域所構成之地區，無論是天然或人為、永久或暫時、靜止或流動的、淡水、鹹水或兩者混和，其水深在低潮位時不超過 6 公尺者。」

事實上濕地具有調解水患、淨化水質、保護海岸線、生態保育等功能，同時濕地之生產力也遠高於一般農地，尤其河口入海處之沼澤地更是魚蝦繁殖場所，其佔全世界漁業產量有重要之地位。生態學家歐頓（E. Odum）指出，濕地的總生產能量，是一般良田的 2 倍半到 4 倍，其產生之生態系統能量是地球上各種生產排名第一名。當中又以河口的濕地生態系的生產力最高。

(二) 臺灣沿海濕地特色

(1) 生物資源豐富且多元

以下各種濕地處所，例如河口濕地、海口濕地、河海交會紅樹林沼澤地、潮間帶泥灘地、離岸沙洲、潟湖等，皆充滿了各種生物物種，堪稱豐富。

(2) 國際候鳥休憩與暫停之處所

(3) 特殊生物物種之保育處所

(三) 臺灣沿海濕地環境

沿海許多海埔地（所謂潮間帶）都是典型之濕地，實際上濕地未必時時都是濕的，例如漲潮是濕的，退潮則是乾的，因此稱為沿海濕地。

沿海濕地，係隨海洋潮汐運動而分別以下列幾種形式存在。

(1) 沼澤。

(2) 灘地：例如蘭陽溪口、曾文溪口、高屏溪口。

(3) 林沼澤：例如淡水河口竹圍段沿岸、新竹紅毛港、嘉義布袋沿海。

(4) 潮間帶或離岸沙洲：例如台南北門濕地、新竹香山潮間帶。

(5) 潟湖或鹽湖：例如台南七股潟湖。

(6) 小島：例如基隆外海之棉花嶼。

沿海濕地泥土組成包括有：

(1) 砂灘，係為一粒砂子粒徑小於 0.2 公分，例如桃園海邊之圳頭濕地。

(2) 礫石灘，係為一片礫石粒徑大於 0.2 公分，例如台東知本溪夢幻湖。

(3) 粗泥灘，砂質與泥質顆粒組成，其中砂質成分多於泥質，例如宜蘭多山河口五十二甲濕地、曾文溪口之七股濕地。

(4) 細泥灘，砂質與泥質顆粒組成，其中泥質成分多於砂質，例如台北關渡濕地、新竹客雅溪口濕地。

由於臺灣河川特色為坡陡流急，砂石沿河流下，大顆粒時頭在上游就被留下，依序中顆粒留在中游，到下游時，則留下小顆粒，此時流速變緩，流

至河口入海處，流速更緩，使得更細微之顆粒泥沙得以沉澱累積，在河口出海處附近形成沙灘地。例如台北淡水河、新竹客雅溪、台中大甲溪、彰化大肚溪、雲林濁水溪、嘉義朴子溪、台南曾文溪、高雄與屏東間之高屏溪、宜蘭蘭陽溪、花蓮秀姑巒溪、台東卑南溪等河口皆是。

　　沿海濕地，例如台南市沿海就有二處屬於國際級濕地，包括：曾文溪口濕地、四草濕地；另外有四處國家級濕地，包括：八掌溪濕地、北門濕地、七股鹽田濕地、鹽水溪口濕地。潟湖沙洲，以台南市 69.3 公里的海岸線為例，包括有：北門沙洲潟湖、青山港沙洲潟湖、網仔寮沙洲潟湖、頂頭額沙洲潟湖、新浮崙沙洲潟湖、曾文溪口離岸沙洲潟湖、台南城西濱海沙洲潟湖。

(三) 臺灣沿海濕地老化與劣化現象

　　海岸之沿海濕地形成原因可分為：沉積、或沖蝕，主要由河川、海浪、潮汐之流況等因素決定；而未成熟、成熟、或老化之濕地狀況則由潮汐小溝判斷。所謂潮汐小溝係指自海岸線向濕地內延伸之水溝。潮汐小溝愈是密集，表示沿海濕地形成時間愈短，屬於幼年期濕地，反之愈成熟之濕地，潮汐小溝逐漸被淤塞。老化之沿海濕地，則潮汐小溝幾乎消失，因此老化為一種自然程序。

　　目前有些臺灣海濕地出現一種現象，「劣化」。劣化不是老化，劣化係人為方式對沿海濕度之不當開發與使用，使其濕地環境品質劣化，進而威脅、影響甚至破壞濕地之生物生存與棲息地生物之多樣性。

9-2 臺灣沿海濕地環境污染與防治管理

(一) 濕地環境之污染與破壞原因

　　目前我國的濕地，遭受各種有形無形之污染，並潛藏許多危機，造成污染之原因，例如：

(1) 經濟開發與環境保護二者失衡：

　　由於二者之間失衡，爲了經濟發展因素，過度不合理開發海岸或過度的海洋工業開採活動，使得海事濕地環境遭受污染破壞，犧牲了環境保護，嚴重時使得濕地逐漸消失不再復返。

(2) 濫採與盜採河川與海口砂石

　　爲了取得砂石，包括過度開採，甚至盜採河川、海口、海岸等砂石，從而影響破壞濕地。

(3) 廢棄物或污水任意拋棄或排放於海岸與海洋

　　廢棄物包括垃圾或各種工業廢棄物與污水，任意惡意拋棄或排放於沿海濕地或河川與海口等，使得海岸濕地或近岸海域水質遭受污染，影響或破壞濕地之生態環境。

(4) 不當與任意在濕地開發魚塭，進行漁業養殖。

(5) 相關法令規範不周全甚或衝突，以及政府管理機構權責紊亂不明。

(二) 海岸濕地污染之防治管理

　　針對沿海諸多濕地遭受上述許多危機與污染破壞，藉由下述方向努力，可以達到防治管理之功效。

(1) 進行海岸濕地生態保育、轉換爲觀光以及文化再造等多層面進行，並透過媒體傳播、宣導教育等方式，擴大民眾熱烈參與，提升人民保護海洋與海岸濕地環境生態等意識。

(2) 將濕地環境與生態保育觀念納入國家政策方向，以利整合有效對沿岸濕地污染之防治管理。各級政府機關並在政策上鼓勵產業界參與認養或加入濕地生態與環境保護行動。

(3) 加強並鼓勵學界對於濕地環境與生態保育之相關學術基礎與應用研究。

(4) 凝聚並結合民間各環保團體力量，發揮進而強化保護海岸濕地環境與保育濕地生態，以達到防治海岸濕地污染。

9-3 臺灣沿海環境物理特性與狀況

　　基本上，影響臺灣沿海環境物理特性與狀況之主要因素，可歸類為海流、潮汐、河口環流與波浪等四方面。分述如下：

(一) 海流

　　所謂海流，指的是穩定恆流。我國東部沿海黑潮（Kuroshio）終年流經過，由於黑潮流之表面波浪起伏較大，透光度較差，因此由空中來看，其為深藍近似黑色，故而得名黑潮。黑潮寬度約 100 公里，深度約 700 公尺，表面流速可達 100 公分／秒，有些地方高達 200 公分／秒。

　　黑潮在臺灣東北海域轉向東北向流動，流至日本附近海域與由北方南下之親潮會合（參閱圖 9-1）。由於黑潮汐來自於低緯度之北赤道洋流，因此黑潮海水之特徵為溫度與鹽度較高。在夏季時，海面水溫可達攝氏 28 度。

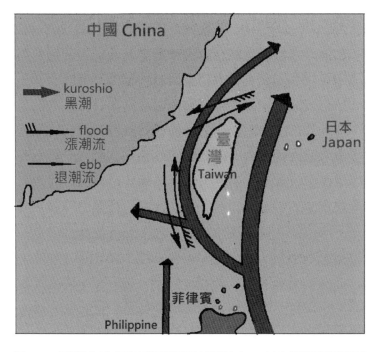

圖 9-1　黑潮主流行經我國東海岸與日本，支流行經臺灣海峽

在臺灣海峽之海流可分成兩種型態，在春末秋初，西南季風盛行，中國南海之海流流經臺灣海峽；在冬季時，因東北季風盛行，由東北風吹起之海流流入臺灣海峽北部，而臺灣海峽南部之海流則來自於黑潮之支流，這兩種不同水溫之水團相會於澎湖群島附近，然後一起流向中國南海。參閱圖9-2。

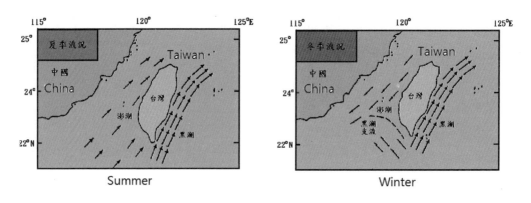

圖 9-2　臺灣附近海域夏季與冬季之流況（范，1993）

臺灣海域冬季盛行東北風，也稱為東北季風，而夏季則盛行西南風。依據艾克曼螺旋法則（Ekman spiral），在海域因風引發之風流在冬季流向為偏西，夏季時風流之流向則為偏東。參閱圖9-3。

夏季時，臺灣東部沿海仍是黑潮流經過，西部沿海則是來自中國南海，二者水溫都很高，故而造成臺灣沿岸地區，白天吹海風，而晚上吹陸風。圖9-4所示夏季時臺灣沿海常見之海陸風示意圖。

冬季時，由於東北季風吹起之水溫較低之海流南下，在澎湖群島附近海域與水溫較高黑潮支流相會，冷暖水團相遇，在海洋鋒面附近海面，水溫變化較大。因此在每年冬至前後10天左右，鋒面附近水溫若在攝氏21度左右，則恰巧是烏魚之適當環境，故有大群烏魚洄游至臺灣西南沿海，此時也正是烏魚產卵季節，母烏魚之卵巢可製成烏魚子，為漁民帶來財富。

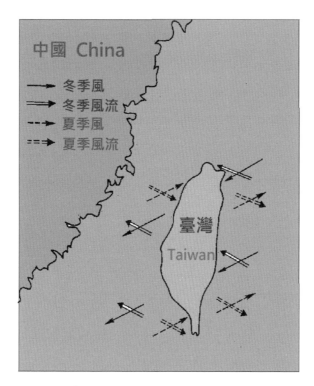

圖 9-3　臺灣四周海域夏季與冬季之風流之流向

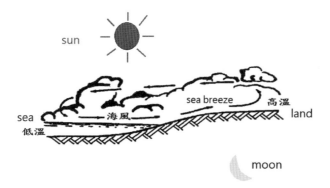

圖 9-4　夏季時臺灣沿海常見之海陸風

　　在冬季臺灣海峽南北部由於上述溫差不同之水團流經過，因此南北部沿海氣溫相差很多，可達攝氏 5 度以上。可參閱圖 9-5。

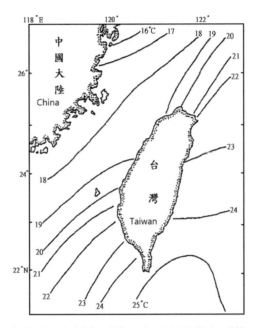

圖 9-5　臺灣附近海域冬季常見海面水溫分布（范，1993）

　　一般海水緩面上升之現象稱為上升流，上升速度約 10 公分／秒左右，因此一天可上升數公尺。上升流之現象可把二、三百公尺深含有豐富營養鹽之中水層海水，帶上來到表水層。由於含有豐富之營養鹽，因此使浮游生物旺盛地繁殖生長，因而引來魚群覓食，形成良好之魚場。世界上五大漁場，皆是在上升流顯著之海域。由於表層水流係水下數百公尺處升上來的，水溫相較鄰近表層水溫為低。因此在上升流旺盛之海域，水溫與鄰近表層水溫差距可達攝氏五至六度，故很容易辨識。

　　黑潮流經臺灣，在兩處引起上升流，形成良好漁場。其一為臺灣東南沿海，其二臺灣為東北海域。示如圖 9-6。在東南沿海，係由於：(1) 受地形影響（參閱圖 9-7）：因為綠島附近海底地形水深約五百公尺，而黑潮海

圖 9-6　臺灣附近主要上升流海域（圓圈區域）（范，1993）

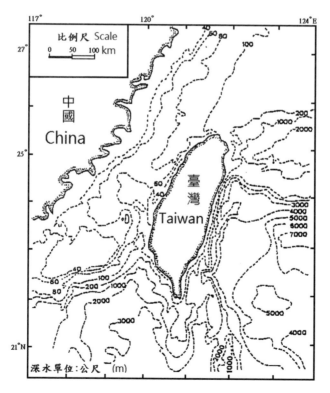

圖 9-7　臺灣附近海域海底等深線圖（范，1993）

流深七八百公尺，因此水流上升；(2) 受地球自轉柯氏力影響：由於柯氏力（Coriolis force）影響，使得黑潮洋流左方上升。因此我國東部沿海多少都有上升流現象，故而其營養鹽也較鄰近海域高。另外東北海域則主要係地形關係，黑潮流至三貂角，此處海深約二百公尺，故而引發上升流現象。

　　臺灣海峽目前由於沿岸污染排放，以及過度捕撈，使得該海域漁產日漸耗減。參閱圖 9-8，此處海域平均而言，海流以北向為主，因此若在海峽南部進行污染排放，例如海拋污水排放，應提防廢物污染被擴散傳輸至海峽北部淺處。

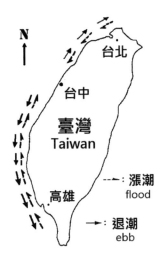

圖 9-8　臺灣西部沿海一般漲退潮流之流向分布特性（范，1993）

(二) 潮汐

　　海平面規律地升降，即是所謂之潮汐。我國西海岸之漲落潮之流動方向，可參考圖 9-8。漲潮時南北均流向中部，而退潮時則分別流向南北。完成依次之漲落潮需時約 12 小時 25 分。此係漲退潮主要受到月球吸引力之吸引，月球擾地球一周需 24 小時 50 分，正巧引起兩次漲潮，兩次退潮，意即潮流流向經六個多小時改變一次。西海岸之近岸潮流流向一般與海岸線平行，因此海岸污染不易擴散。

　　西南沿海之二仁溪附近海域，漲潮時潮流平行海岸線，往北北西流，而退潮時，則往南南東流，流速一般為 10 至 30 公分／秒，完成依次漲退潮約六個多小時，因此河口南北各約 4 至 5 公里，離岸 2 至 3 公里之範圍，都受到二仁溪所排放污水之影響。圖 9-9 所示為二仁溪污水在漲潮退潮時所涵蓋之海域範圍。

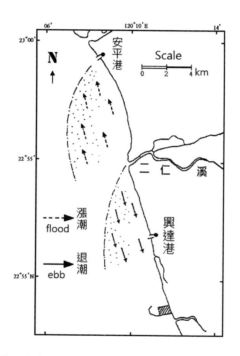

圖 9-9　二仁溪污水在漲潮與退潮時所涵蓋之海域範圍（范，1993）

　　圖 9-10 為中洲海洋放流管位置圖，中洲海洋放流管游離案三公里處排放，但該海放管北方三公里處就是其高雄旗津海水浴場，此處近岸處之漲潮流向往南，而退潮流向往北，因此退潮約 2 至 3 小時，排放之污水將流至海水浴場。夏季若有西南風之助，則流速更快，污水更早到達海水浴場。

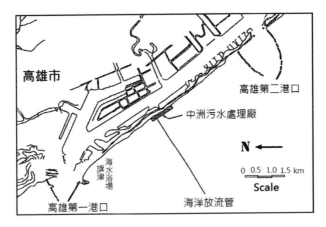

圖 9-10　中洲海洋放流管位置圖（范，1993）

　　另外潮差也會影響海岸環境。所謂潮差指的是高潮與低潮之間水位差。臺灣西海岸潮差分布變化，南北兩端潮差較小，而中部之台中港附近最大，平均達 3.3 公尺左右。圖 9-11 所示爲臺灣西岸沿海的平均潮差分布情形。

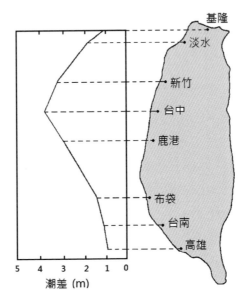

圖 9-11　我國西岸沿海的平均潮差分布（范，1993）

潮差大，海水交換量大，因此有利於污染之稀釋擴散，河口港灣之自淨能力相對比較好。據此，台中港附近河口之生態環境較佳，而潮差較小之基隆港、高雄港，其海水交換量小，自淨能力相對較差，因此污染較嚴重。

(三) 河口環流

河口處海水河水交會，由於海水密度大，因此出海口處河川底層為海水，而河水為淡水，浮於上層。在下層之水流緩慢，因此容易淤積泥沙，使河道淤淺，同時降低河川自淨能力。當水中溶氧濃度降至 5mg/l 時，魚類就很難生存。

圖 9-12 所示為河流口淤積受柯氏力效應之影響。在北半球，因地球自轉柯氏力影響（逆時針方向），使得吾人面向河口方向時，柯氏力將使河流右側流速加快，而左側流速減緩，故而在左側容易產生淤積現象。

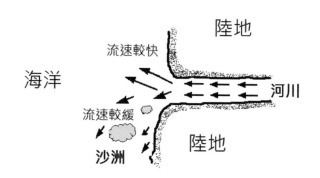

圖 9-12　河流口淤積受柯氏力效應之影響

(四) 波浪

1. 海岸地形對波浪之影響效應

當波浪進入淺水區時，因受到海底地形摩擦之影響，波浪上端水粒子運動速度遠超過下端水粒子，使得波浪破碎。碎浪之衝力可將海底砂石衝向岸邊；當海浪退後時，則又將砂石帶回海中。一般說來，較小波浪破碎後之上

衝力大於回衝大海之力，故使海岸之沙灘平坦些。較大之湧浪則反之，會使
海岸侵蝕，海岸將變得較為陡峻。

2. 沿岸流之效應——裂流現象

　　在凹入之海灘，在碎波帶與海岸間將產生向中央匯合的沿岸流，這些匯
合的水流會在海灣內形成離岸流動的狹窄水流，稱為裂流（rip current）。
參閱圖 9-13。

　　裂流之範圍一般甚為狹窄，沿著平行岸的方向移動一些距離，即離開其
範圍。

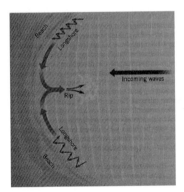

圖 9-13　裂流（rip current）示意圖與照片（Stowe, 1995）

3. 漂沙

　　圖 9-14 所示為波浪破碎引起沿岸流。當波浪到達海岸前，其方向並非
垂直於海岸線，則波浪破碎後，將會產生與海岸平行之沿岸流。沿岸流會輸
送污染物，也會攜帶泥沙，形成所謂漂沙。該漂沙活動可能對海岸環境造成
堆積或侵蝕現象。

圖 9-14　波浪破碎引起沿岸流（*Photo by Bao-Shi Shiau*）

4. 突堤效應

　　海岸突伸之結構物（例如防波堤），改變沿岸海流，因此影響漂沙活動，例如向流面會造成淤積，而背流面則可能較少積沙甚或侵蝕。此即所謂突堤效應，示如圖 9-15。

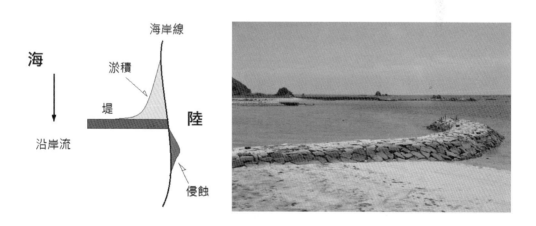

圖 9-15　突堤效應（*Photo by Bao-Shi Shiau*）

　　關於突堤效應，列舉數例說明：(1) 參閱圖 9-16，花蓮港港口朝南，沿岸流主要往南，在冬季吹東北時特別顯著，因此突堤效應，造成港口北側淤

沙，而部分漂沙繞過堤防，進入港內，使得每年需浚渫。另外南側之河濱公園則遭受侵蝕。(2) 我國東北部三貂灣之和美港，其沿岸流主要往南，漁港竣工後，也因突堤效應，造成該港南側之白沙灣沙灘地被侵蝕，使海水浴場之沙灘地幾乎快消失。而大量漂沙進入港內，使其淤塞，幾乎無法使用。

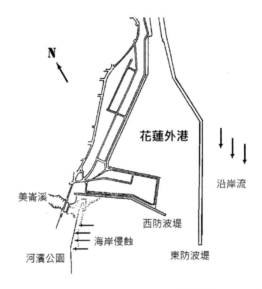

圖 9-16　花蓮港南側受到嚴重侵蝕（范，1993）

5. 海岸之保全之生態工程方法

　　針對海岸受到前述波浪、海流等之破壞影響，可採用較具環保之生態工程方式進行保全海岸線，以取代傳統之海堤、消波塊等工程設計方式。

(1) 採用人工岬灣方式，並配合養灘方式，進行海岸線之保護，從而獲得海岸線之穩定，創造出近似自然之海岸線。

(2) 使用地工沙管以替代傳統的海堤，並以適當寬度的海灘、沙丘及種植沙丘植物替代消波塊，以增加海岸之自然景觀性及維護海岸生物之棲地，而達到保護海岸生態環境之目的。

(3) 在航行安全無慮下，可採用不破壞海岸景觀的離岸潛堤方式養灘，以控制海岸線的形狀，而儘量不要採用會破壞景觀之突堤的方式保護海岸。

6. 海岸防災設施

(1) 高潮之防制策略設施

　　(a) 海岸築堤

　　(b) 構建房波堤

　　(c) 護岸及閘門與泵浦排水輔助設施

(2) 海岸侵蝕防制策略設施

　　(a) 護岸

　　(b) 堤防

　　(c) 突堤

　　(d) 離岸堤

　　(e) 人工海灘

圖 9-17　離岸堤照片（*Photo by Bao-Shi Shiau*）

9-4 港口污染源與防治對策及臺灣海岸環境品質

　　以下分別就一般海岸港口之污染源與防治對策，以及我國沿岸環境品質與海域污染現況，包括：海水水質、海域底泥沉積物，以及貝類含生物累積

性污染物質等方面說明。

(一) 港口污染狀況

一般港口污染來源情況，分述如下：

1. 水域水污染

(1) 港區周遭陸上污染

例如：(a) 事業廢水、(b) 生活廢水、(c) 地表逕流污水、(d) 注入港區水域之河川或排水溝等之污水。

(2) 港區進出各式船舶或碼頭修（造）船廠（或船舶解體作業）

例如：

(a) 艙底污水（bilge）。一般不同船舶之艙底水含油量介於 2000～5000 mg/l 之間、

(b) 壓艙污水（dirty ballast）。一般在天候狀況良好時，近岸油輪壓艙裝載水量為總載油量 20%～25%，而遠洋油輪則較高為 35%～40%。天候狀況惡劣時為 40%～50%。在特殊海況時，甚至高達 50%～60%。

(c) 洗艙污水（tank waste water），一般油輪之洗艙污水含油量約 1000～30000mg/l，洗艙水的使用水量一般均按每萬噸級油船一次洗艙水量 400～800 噸估算、

(d) 油泥污水（sludge oil waste water）、

(e) 廢棄油污水（collect oil waste water）、

(f) 船舶生活廢水、

(g) 含有害化學物質之清洗廢水。

(3) 港區施工產生之廢水污染

例如：海事工程施工砂石料溢漏或施工攪動水域底床，造成懸浮粒子使水體濁度增加，降低透光度。

2. 空氣污染

例如：

(1) 港區進出船舶煙囪廢氣污染排放、

(2) 碼頭砂石或煤或礦砂等裝卸作業、

(3) 進出港區碼頭貨車。

3. 廢棄物垃圾

例如：

(1) 港區陸域產生之廢棄物

(2) 船舶產生之廢棄物

4. 港區土壤或地下水污染

例如：港區油品與化學品儲槽，以及裝卸作業過程溢漏造成污染。

5. 港區噪音

例如：港區交通（連港鐵路運輸專線、貨櫃車輛）噪音、港域船舶運轉噪音、港區相關輔助機具設施運作噪音、港區工程或海事工程施作機具車輛噪音。

(二) 港口污染防治策略

針對一般港口污染防治執行之策略，概略分述如下：

1. 港區周遭陸上污染排放源積極有效管理

2. 進出船舶之污染排放稽查及管理

3. 油品或化學品溢漏與裝卸作業之疏失風險降低與有效管理

4. 港區進出船舶煙囪廢氣污染排放稽查與有效管理，例如：港區船舶鼓勵或規定使用電力減少燃油，可避免煙囪廢氣污染排放。

5. 港區海事工程施工產生各種污染之有效管理

6. 具體有效管理港區修（造）船廠，或船舶解體作業排放之各種污染。

7. 強化港區及鄰近海域海上污染稽查實力，例如：除定時相關執法單位海上及空中巡查外，也可不定期配合衛星遙測、或無人遙控飛機等科技，強化海污稽查能力，藉以有效打擊與嚇阻不法污染排放。

(三) 臺灣沿岸海域海水水質狀況

1. 水質溫度污染方面

　　水溫係影響海中生物生長之主要物理性因素之一。沿岸海域水體溫度升高造成水污染，例如民國八十二年八月，核二廠溫排水出水口附近海域，發現畸形花身雞魚（Therapon jarbua）與大鱗鱙（Liza macrolepis），經實場調查（水溫攝氏 37.5 度）與實驗證實係電廠溫排水之高溫排水所造成。

2. 耗氧性有機物

　　臺灣 21 條主要河川，調查顯示均已遭受家庭污水、畜牧污水、及工業如食品類廢水等嚴重污染。其中大甲溪，家庭污水與畜牧廢水中之耗氧性有機物質佔總廢水量之 98.9%，顯然可見耗氧性有機物質問題必須重視。

　　這些耗氧性有機物質污染終究隨河川入海，排放至沿岸海域。海洋水體則承受這些來至陸域之消化耗氧性有機物質。

　　另外研究調查指出，在海域水中種植大型藻類，有利於增加水體之溶氧量。因此顯示藻類使得水體之溶氧量增加，有助於海水中微生物分解有機物，降低 BOD 值。

3. 海域生物累積性污染物

　　生物累積性污染物，例如重金屬、農藥、石油碳氫化合物與放射性物質，也是海域污染之一種指標。正常海域環境背景海水中金屬含量為：汞 $< 0.05\mu g/L$、鎘 $< 0.05\mu g/L$、鉛 $< 0.03\mu g/L$、鋅 $< 5\mu g/L$、銅 $< 3\mu g/L$、砷 $< 2.3\mu g/L$、鉻 $< 0.6\mu g/L$。

(四) 海底沉積物含重金屬狀況

臺灣沿岸海底表層沉積物經挖泥器採集分析重金屬含量，結果示如表 9-1（洪楚璋，1996）。結果顯示高雄港沉積物重金屬含量均偏高。

表 9-1　我國沿岸海域沉積物重金屬含量（$\mu g/g$，乾重）（洪，1996）

地點	鎘	銅	鉛	鋅	鎳	鉻
雲林	0.04	8	19	65	--	49
淡水	0.04	69	14	73	55	81
台中	0.03	6	8	30	23	36
高雄	0.08	16	21	90	12	46
高雄港	0.09	74	68	511	59	98
曾文	0.05	3.35	9.4	32.9	--	--
嘉義	0.06	21	18	88	85	47
茄定	0.33	62.8	44.9	116	--	4.03
屏南	0.05	21	21	107	26	61
金門	0.11	14.7	34.3	69.2	77.1	--
馬祖	0.14	44	13.1	53.9	--	--

曾經在茄定海域發生綠牡蠣事件（民國 75 年 1 月），係導因於銅污染問題。

(五) 貝類含生物累積性污染物質狀況

貝類棲息於固定水域，可累積化學污染物，如重金屬、農藥、石油碳氫化合物、及放射性物質，其累積倍率可高達數千倍至數十萬倍。

生物累積重金屬量，隨生物種類、年齡、性別、大小、健康狀況及生長環境不同而有所差異。例如牡蠣對於銅、鋅，淡菜對於銅，海瓜子與魁蛤對於鎳，以及藤壺對於鋅，均有累積之喜好現象。

(六) 改善沿海海域水質污染物方法

1. 管控水污染，使污水不直接排放入海。經污水處理，合於法令排放標準，始得排放入海。
2. 海域大型藻類（海草海藻，seagrass, seaweed）可行光合作用，增加水體之溶氧量，亦即顯示藻類提供氧氣，有助於海水中微生物分解有機物，降低水體 BOD 值。如同路上植樹綠化，改善空氣污染。因此在海灣水域整理海床，種植海草海藻，可改善水質。

9-5 臺灣沿岸海域之珊瑚礁與污染危機

(一) 珊瑚

　　珊瑚是相當原始的生物，屬於腔腸動物門，以珊瑚礁蟲作爲其組成的單元。共生藻（蟲黃藻）是珊瑚蟲能量提供者，共生藻行光合作用，並釋出許多有機物，提供珊瑚細胞使用，故二者是共生關係。而珊瑚蟲的骨骼，堆久成礁，堅凝如石，高出海面，稱之爲珊瑚礁。陽光、水質、含氧量以及鹹度等充足、加上溫度穩定的海水（約攝氏 18 到 36 度），方可造形成珊瑚礁。因此在潔淨熱帶淺海地區（水深 50 公尺以內）才容易見到珊瑚礁存在。

　　在共生關係中，造礁珊瑚利用蟲黃藻所製造的有機物質（佔全部的 94%-98%）作爲糧　食，而珊瑚則保護蟲黃藻及提供其居所與營養（主要爲含氮及磷之物質）及二氧化碳。蟲黃藻的光合作用可促進珊瑚的鈣化作用達 2-3 倍，使碳酸鈣骨骼的生長超過 被海浪及其他生物侵蝕的速度，故此可形成珊瑚礁。

(二) 珊瑚生長的條件

　　影響珊瑚生長之外在水體環境條件，例如：溫度、鹽度、深度、海流、沉積物等方面。以下就該等條件，分別探討其效應。

1. 溫度：水溫在 23℃～28℃之間是最適合珊瑚生長範圍。由於溫度常隨緯

度增加而遞減，所以珊瑚通常分布在南北緯 30 度海域。

2. 鹽度：適合珊瑚生長的海水鹽度範圍是在 25～40ppt 之間，如果低於 20ppt 超過 24 小時珊瑚即會死亡。

3. 深度：與珊瑚共生的藻類因要行光合作用，所以必須要生存在陽光充足 的有光帶，因此珊瑚的生長範圍也被侷限在 100 公尺以上的淺海域。

4. 海流：我國東部有黑潮流過，且冬季時，它會由巴士海峽流入臺灣海 峽，在流入臺灣海峽時會經過墾丁而提升冬季墾丁海水溫度，形成珊瑚 生長有利條件。

5. 沉積物：珊瑚只能生長在清淨的海域裡，因為沉積物的存在會使珊瑚窒 息死亡，同時，沉積物也是細菌的溫床，細菌會分解珊瑚組織並會妨礙 其發育並改變其生長形態。

(三) 珊瑚礁生態系

1. 珊瑚礁海洋生態角色

珊瑚礁（coral reefs）有「海洋中的熱帶雨林」之稱，主要原因是其在 海洋生態系中，珊瑚礁生長地區生物多樣性最為豐富，因此具有高基礎生產 力及高生物歧異度。

由於高基礎生產力以及高生物歧異度，因此珊瑚礁具有學術研究價 值。珊瑚礁同時也是提供沿岸漁業的重要來源，並可提供海岸休閒遊憩，以 及海洋環境與生態教育的多面向功能。

2. 海域珊瑚礁的危機─珊瑚白化

在環境變動或惡劣時，珊瑚會失去共生藻。譬如水溫變動（太高或太 低）、海水鹽度改變、光度（混濁度）改變都會使珊瑚白化，因為珊瑚的顏 色多半是由共生藻造成，一旦失去共生藻，珊瑚白色的骨骼，透過透明的組 織就顯現出來，稱為珊瑚白化現象。在珊瑚發生白化時，就是面臨生死存亡 的關頭。

　　面對全球氣候變遷，地球暖化，導致海水溫度持續上升，將是缺乏耐熱型共生藻系群之珊瑚生存一大挑戰。例如印度洋中部的查格斯群島（Chagos Archipelago）環礁之珊瑚。目前學術研究找尋部分較能耐熱型共生藻，研究耐熱基因，研究透過生物科技基因轉殖，將不耐熱蟲黃藻改良爲較能耐熱，藉此減緩因地球暖化導致珊瑚白化現象，解救海洋熱帶雨林逐漸消失的危機。

(四) 珊瑚礁分布的範圍

　　珊瑚礁是由造礁珊瑚及石灰質藻類經由千萬年的生物累積作用所形成，而這種緩慢的造礁作用卻受到其本身生物特性的限制而使得大部分的珊瑚礁只能分布在赤道及南北緯線附近。珊瑚礁在全球只分布在南北緯約 30 度間之熱帶水淺的岩礁海域，主要以印度太平洋區爲主，西太平洋較少。因此，珊瑚礁分布的範圍其實事很窄的。

　　由於大部分的瑚瑚礁只分布在赤道及南北緯線附近，這些擁有珊瑚礁的國家，除了澳洲、美國、日本等國之外，絕大部分的國家都是開發中國家，也就因此在這些國家積極的從事經濟發展的同時，因爲海洋環境之污染，故使得珊瑚礁也面臨了大規模衰敗的挑戰。

(五) 臺灣海域珊瑚礁的危機

　　人爲破壞環境與污染排放所造成的，其中包括：(1) 不正當的土地使用，其所引發土壤顆粒進入海洋後的沈澱；(2) 家庭、農業、和工業廢棄物所帶來的污染和過度的營養；(3) 海岸的建築物對珊瑚礁的修改；(4) 傷害性或破壞性的捕魚方式：例如毒魚或炸魚；(5) 盜採珊瑚製成珊瑚骨骼等商品；(6) 沿海觀光事業的發展，浮潛遊客不當行爲、人爲破壞。

　　目前臺灣幾個珊瑚礁海域，例如墾丁國家公園海域、澎湖海域、綠島及蘭嶼海域也都正面臨上述各種人爲破壞環境與污染排放而造成危機，有待改善保護珊瑚礁環境與生態。

9-6 臺灣海域及港口污染防治管理措施

(一) 臺灣海域海洋污染防治途徑

臺灣海域污染防治可分下列途徑進行：

1. 港口污染防治

港口各種污染，包括船舶油污染、廢棄物、污水以及煙囪廢氣排放，皆是管理防治重點。另外流入港淤內之排水溝或河流之污水或垃圾，除在入流口攔截處理，防治重點更在於源頭管制污染，使其無法流入港區水域。

臺灣各港口在污染防治與管理工作重點，例如：

(1) 基隆港

港埠水域及沿岸碼頭功能多樣化，提升環境品質，造就優質親水空間。

港區意外溢油及化學災害之環境污染緊急應變處理。

港埠水域及港區之環境監控（含空污、水污、垃圾、噪音等），以及污染處理與防治。

(2) 臺中港

港區景觀規劃以及環境綠美化。

港埠水域及港區之環境監控（含空污、水污、垃圾、噪音等），以及污染處理與防治，包括港區毒性化學物質污染災害處理與監督管理。

排入港區水域主要排水溝以及各式污染源入流點，進行長期完整之環境污染監測。

(3) 高雄港

港區船舶廢棄物收受與處理系統之建置，包括岸上系統與海上系統。

港區空氣品質、水質、噪音、油污染等環境污染監測系統。

港區環境綠美化。

(4) 其它港口及漁港

主要項目為船舶（漁船）污染，包括廢水、油水、垃圾廢棄物。例

如：漁船艙底污水、船上漁艙清洗及甲板清洗等作業廢水、漁獲保鮮冰塊廢
水、船上生活廢水、作業及生活產生之廢棄物。

2. 陸域防治

由於陸域各種污染經油河川流入海洋，因此陸域污染源頭防治，將有助
於海域污染之整治。

3. 海域防治

海岸地區包括都市及工業區污水排放，或海洋放流等污染，嚴格控
管。工業區廢氣排放管制，達到空氣污染防治之功效。廢棄物應依規定地
點，進行海拋棄置。

4. 合理海拋（海洋棄置）

在保護海洋環境的考量下，臺灣對海拋廢棄物採取了高標準。除了理應
禁止的生垃圾、放射性廢料外，連廢酸、爐石、煤灰等都一一加以管制。大
部分海上的污染，如重金屬、農藥、肥料、有機物質、垃圾、細菌等，絕大
多數是經由河流而輸入海洋的。也就是說，這些污染物先污染了河川、陸
地，最後還進入海域污染海洋。

臺灣國土面積小，人口稠密，從國土最佳化規劃使用，某些廢棄物能
（除了毒性物質外）海洋棄置，應可考慮合理海洋棄置。

(二) 海洋環境污染防治管理措施

為了達到上述之至海域污染防治，可依循下列之海洋環境保護措施，概
略言之，可分八方面，分別為：

1. 規劃與制定臺灣沿海地區自然環境保護計畫方案：由於海洋保護區係以
   生態系為基礎，達到保護生物棲地與生態系統之功能，藉此可減緩與調
   適因氣候變遷對生物及生態的衝擊。
2. 劃定沿岸漁業資源保護區

3. 辦理海域環境與水質監測計畫

4. 推動陸域河川流域整體性環保計畫

5. 推動港灣污染整治計劃

6. 修正提高海洋放流水標準

7. 增加污染物排放者進行海洋環境監測應負之責任

8. 積極參與國際海洋資源與生態保育工作

參考文獻

1.　Stowe, K. (1995), "Exploring Ocean Science", 2nd ed.

2.　張文亮，臺灣沿海濕地生態環境，1999。

3.　范光龍，臺灣海岸之環境品質現況及問題，工程環境，第十三期，第 35-54 頁，1993。

4.　張金豐，我國港灣及海洋污染防治策略，港灣及海洋污染防治研討會論文集，第 139-147 頁，台北市，行政院環保署，1996。

5.　洪楚璋，臺灣沿岸海洋污染現況與展望，港灣及海洋污染防治研討會論文集，第 101-154 頁，台北市，行政院環保署，1996。

6.　邵廣昭，海洋生態學，明文書局，1999 年。

7.　方力行，珊瑚學。

8.　陳明義，海岸及鹽濕地綠化，臺灣林業（*Taiwan Forestry Journal*），Vol.32 No.1，pp.27-29，2006。

問題與分析

1. 臺灣西海岸濕地如何進行環境保育與永續？

2. 臺灣西海岸諸多開發案（例如填海造陸工業區、煉鋼廠…），其對海洋環境污染與海岸濕地及珊瑚礁之未來命運為何？

3. 臺灣海岸濕地環境保育與觀光之關聯？

4. 臺灣主要港口之污染防治改進之處？

5. 濕土、水域與水生植群是濕地之三要素。按所分布之植群，可將濕地概分為草澤（marsh）與林澤（swamp）。按鹽分之多寡，濕地可概分為鹽水濕地、淡水濕地，以及中間型的半鹽生濕地。紅樹林為海岸鹽濕地之木本植群，生長在風浪小、坡度緩、土質細軟之海岸或河口區。紅樹林原大量分布於臺灣西海岸，惟部分已消失。陳（2006）之研究指出：目前全臺灣現存的紅樹林大約只有 300 公頃，較值得重視的紅樹林區如下：(1) 淡水河口紅樹林（水筆仔）。(2) 新豐紅樹林（水筆仔、海茄苳）。(3) 布袋好美寮紅樹林（海茄苳）。(4) 北門紅樹林（海茄苳）。(5) 七股紅樹林（海茄苳、欖李）。(6) 台南市四草與四鯤鯓紅樹林（欖李、五梨跤、海茄苳）。(7) 永安紅樹林（海茄苳）。(8) 高雄旗津紅樹林（海茄苳、欖李）。(9) 東港紅樹林（海茄苳）。由於紅樹林是獨特的濕地森林，具有保安與科學教育價值。如何增植紅樹林與復育，請簡述之。

解答提示：

紅樹林生長與復育地需求條件較為特殊，在下述不利條件之海岸地區，紅樹不易成活或復育成林，不利條件包含：(1) 易淤沙地區、(2) 海岸地區風浪過大、(3) 海岸地區潮水進出易受阻、(4) 水草競爭劇烈、(5) 海岸地區蚵貝類養殖與紅樹林爭地、(6) 海岸地區之地層急速下陷。因此欲進行紅樹復育與造林，除應先行審慎評估排除不利生育地條件外，同時也應評估其對區域排水、水鳥、蟹類、植物等生物多樣性等之可能衝擊影響。

漢堡港（德語：Hamburger Hafen）位於德國北部易北河（Elbe）下游的右岸，
離出北海出海口約 116 km，是德國最大的港口，也是歐洲第二大貨櫃港（僅
次於荷蘭鹿特丹）。始建於 1189 年，迄今有 800 多年的歷史，已發展成為世
界上最大的自由港，在自由港的中心有世界上最大的倉儲城，面積達 50 萬平
方公尺。高雄港在 1999 年就與漢堡港結為姐妹港。（*Photo by Bao-Shi Shiau*）

漢堡港（德語：Hamburger Hafen）位於德國北部易北河（Elbe）下游的右岸，離出北海出海口約 116 km，是德國最大的港口，也是歐洲第二大貨櫃港（僅次於荷蘭鹿特丹）。始建於 1189 年，迄今有 800 多年的歷史，已發展成為世界上最大的自由港，在自由港的中心有世界上最大的倉儲城，面積達 50 萬平方公尺。高雄港在 1999 年就與漢堡港結為姐妹港。（*Photo by Bao-Shi Shiau*）

照片為德國柏林地標布蘭登堡門（Brandenburg Gate），高 26 公尺，寬 65.6 公尺。腓特列二世為慶祝普魯士王國在七年戰爭中取勝而建造布蘭登堡門，該建築見證了無數次政治文化變遷。二戰後柏林分裂，布蘭登堡門成了柏林圍牆的一部分。（*Photo by Bao-Shi Shiau*）

照片為柏林圍牆的一部分，全長 43 公里水泥圍牆的目的在於阻止東德居民通過西柏林前往西德。因為柏林圍牆把西柏林地區如孤島一般地包圍封鎖在東德範圍之內，所以也被稱之為「自由世界的櫥窗」。（*Photo by Bao-Shi Shiau*）

國家圖書館出版品預行編目資料

海洋環境污染與防治管理／蕭葆羲作. -- 初
版. -- 臺北市：五南圖書出版股份有限公
司, 2022.04
　面；　公分
ISBN 978-626-317-645-4（平裝）

1.CST：海洋汙染　2.CST：水汙染防制

445.96　　　　　　　　111002153

5I66

海洋環境污染與防治管理

作　　　者 ― 蕭葆羲（389.5）

發 行 人 ― 楊榮川

總 經 理 ― 楊士清

總 編 輯 ― 楊秀麗

主　　編 ― 高至廷

責任編輯 ― 張維文

封面設計 ― 姚孝慈

出 版 者 ― 五南圖書出版股份有限公司

地　　址：106台北市大安區和平東路二段339號4樓

電　　話：(02)2705-5066　　傳　　真：(02)2706-6100

網　　址：https://www.wunan.com.tw

電子郵件：wunan@wunan.com.tw

劃撥帳號：01068953

戶　　名：五南圖書出版股份有限公司

法律顧問　林勝安律師事務所　林勝安律師

出版日期　2022 年 4 月初版一刷

定　　價　新臺幣650元

經典永恆・名著常在

五十週年的獻禮——經典名著文庫

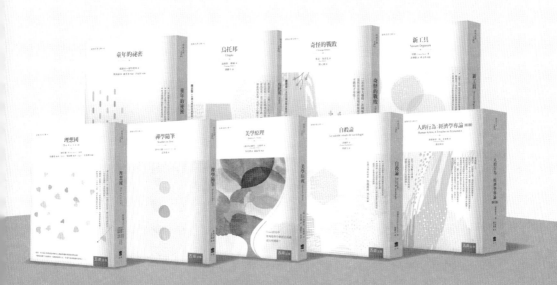

五南，五十年了，半個世紀，人生旅程的一大半，走過來了。

思索著，邁向百年的未來歷程，能為知識界、文化學術界作些什麼？

在速食文化的生態下，有什麼值得讓人雋永品味的？

歷代經典・當今名著，經過時間的洗禮，千錘百鍊，流傳至今，光芒耀人；

不僅使我們能領悟前人的智慧，同時也增深加廣我們思考的深度與視野。

我們決心投入巨資，有計畫的系統梳選，成立「經典名著文庫」，

希望收入古今中外思想性的、充滿睿智與獨見的經典、名著。

這是一項理想性的、永續性的巨大出版工程。

不在意讀者的眾寡，只考慮它的學術價值，力求完整展現先哲思想的軌跡；

為知識界開啟一片智慧之窗，營造一座百花綻放的世界文明公園，

任君遨遊、取菁吸蜜、嘉惠學子！